가장 완벽한 시작

가장
완벽한 시작

알,
새로운 생명의 요람

팀 버케드 지음
소슬기 옮김

가장 완벽한 시작 알, 새로운 생명의 요람

초판 1쇄 인쇄	2017년 05월 22일
초판 1쇄 발행	2017년 05월 29일

지은이	팀 버케드
옮긴이	소슬기

펴낸곳	MID(엠아이디)
펴낸이	최성훈

편 집	최종현
디자인	OON
마케팅	백승진
경영지원	윤 송

주 소	서울시 마포구 토정로 222 한국출판콘텐츠센터 303호
전 화	02-704-3448
팩 스	02-6351-3448
이메일	mid@bookmid.com
홈페이지	www.bookmid.com
등 록	제2011-000250호

ISBN	979-11-87601-27-2 03470

이 도서의 국립중앙도서관 출판예정도서목록(CIP)은 서지정보유통지원시스템 홈페이지(http://seoji.nl.go.kr)와 국가자료공동목록시스템(http://www.nl.go.kr/kolisnet)에서 이용하실 수 있습니다. (CIP제어번호: CIP2017011961)

○

특별해 보일 것 없는 알의 특별함

작년 영국왕립학회 과학도서상 최종후보에 오른 이 책을 보았을 때, 어떤 내용일지 도무지 감을 잡을 수 없었다. 그때까지만 해도 새알이라고 하면 냉장고 속 달걀밖에 떠오르는 것이 없었기 때문이다. 새알에 대해 도대체 할 말이 얼마나 많다고 책 한 권이 몽땅 새알 이야기라는 것인지. 그래서 당시에는 이 책을 두고 일종의 새알 도감이리라 막연히 짐작했던 것이 기억난다. 원서 표지에 늘어선 다양한 새알의 모습도 그런 인상을 강화시키는 데 한몫했던 것 같다.

이 책을 다시 만나 번역하게 된 것은 무척 행운이었는데, 이번 기회가 없었다면 나는 영영 엉뚱한 오해를 하고 말았을 뻔했기 때문이다. 책을 열자 튀어나온 것은 일련의 새알 사진과 그에 대한 묘사가 아니었다. 책에 담긴 것은 노른자, 흰자, 껍데기가 전부일 것 같던 새알의 경이로운 화학적, 생물학적, 진화론적 특성에 대한 이야기였다. 또 새 알을 좇는 알 수집가와 연구자들의 이야기였다.

저자가 처음 소개한 사람은 연구자가 아닌, 부유한 변호사이자 편집증적인 알 수집가였던 조지 루프턴이다. 루프턴은 아름다운 알을 수집하기도 했지만 알들을 아름답게 배치하는 데도 일가견이 있었다. 또 난쟁이 알이나 망고 모양 알처럼 독특한 형태의 알도 수집했다. 그의 수집품을 보면 그가 얼마나 고심해서 알을 배치하고, 부족한 알을 찾아다녔을지 어렵지 않게 짐작할 수 있을 정도였다. 아쉬운 점은 연구 자료로 삼기에는 루프턴이 남긴 기록이 부실하다는 것이다. 그럼에도 저자는 벰턴 절벽을 거닐며 알을 구매하는 루프턴의 모습과 그가 배치한 아름다운 알들을 생생하게 묘사한다. 저자의 의도는 단순히 독자의 흥미를 자극하기 위해서였는지도 모른다. 하지만 나는 어쩌면 이것이 우리가 평소에는 인지하지 못했지만 우리에게 본능적으로 내재되어 있던, "모든 생명의 기원"인 알에 대한 경이감을 다시 일깨우기 위해서일지도 모른다는 생각이 든다. 실제로 저자의 묘사를 읽으며 알의 아름다움이 마음속에 그려지기 시작하면서 설명할 수 없는 강렬한 기시감이 들었기 때문이다.

그 다음 저자는 알의 껍데기인 난각에서부터 시작하여 흰자와 노른자로 이어지는 순서를 따라서 알에 대해 설명한 뒤, 부화에 대해 이야기하며 대미를 장식한다. 특히 난각과 관련된 부분에 많은 페이지를 할애하는데, 난각이 만들어지는 원리 뿐 아니라 그 모양과 색과 무늬가 다양한 종과 개체에 따라 어떻게 그토록 다양하게 나타나는 지를 설명한다. 과학자답게 "어떻게"와 "왜"를 질문한 것이다.

"어떻게"라는 질문은 기술적인 부분에 대한 것인 반면 "왜"라는 질문은 더 근원적인 것이다. 예를 들어 티나무새 알의 난각에서 광택이 나는 이유를 두고 "난각의 재질이 특별해서"라고 답한다면 이것은 어떻게라는 질문에 답한 것이다. 반면 "티나무새 알이 맛이 없다는 것을 포식자에게 알리기 위해서"라고 답한다면 이것은 왜라는 질문에 답한 것이다. 저자가 말했듯이 모든 생물학 연구에서 "어떻게"와 "왜"는 결코 혼동해서는 안 되는 질문인데, 그는 새알에 대한 어떻게와 왜를 설명함으로써 이 두 질문이 지니는 차이점을 매우 효과적으로 독자에게 전달한다.

어디에서도 찾아볼 수 없을 만큼 많은 정보를 전달하고 있지만, 놀랍게도 이 책은 새알에 대한 모든 것을 담고 있지는 못하다. 새알이 무척 단순해 보이긴 해도 아직 우리가 밝혀내지 못한 부분이 많이 남아있기 때문이다. 대신 저자는 과거부터 현재까지, 수많은 연구자들이 답을 찾아온 여정을 보여줌으로써 서론에서 언급했던 대로 "언제, 어떻게 주요 발견이 이루어졌는지 감지하는 감각을 제공"하고 있다. 이런 저자의 노력 덕분에 책을 다 읽고 난 뒤에는 풀지 못한 숙제에 대한 답답함보다는, 앞으로 진행될 연구에 대한 기대감이 남는다.

무엇보다도 이 책이 특별한 이유는 우리가 거의 매일 만나는 평범한 것을 새롭게 보이도록 만들어주기 때문이다. 저자는 동식물학자이자 탐험가로 과학과 역사에 대해 설명할 뿐 아니라 다양한 바닷새 서식지를 오가며 우리에게 생생한 이야기를 전해준다. 저자는 한겨울 새벽에 바다오리를 관찰하기 위해 차를 몰고 벰턴 절벽을 방문하기도 했고, 큰바다쇠오리 알의 난각 표면에 약품처리가 되어있다는 사실을 깨닫고 실망한 적도 있다. 이런 이야기들은 저자가 왜 그토록 새알에 관심을 쏟고 몰두하는지 관심이 생기게 하고 덩달아 새알에 대해 다시 생각해보게 만든다. 또 과학자인 저자와는 방향이 다르긴 하지만 수많은 알 수집가들의 이야기도 새알이 지닌 매력에 대한 호기심을 불러일으킨다.

투명하고 특별할 것 없어 보이는 흰자가 사실은 네 가지 영역으로 분리된다는 사실, 노른자가 사실은 양파처럼 겹겹이 쌓여있다는 사실, 믿기지 않게도 알들이 서로 소통한다는 사실을 알게 되는 것 역시 물론 재미있다. 그러나 평소 무심코 지나치던 냉장고 속 달걀을 다시 유심히 돌아보는 순간이 얼마나 더 특별할지는 이 책을 읽은 독자만이 이해할 것이다.

2017년 5월
소슬기

차례

○

들어가는 말

가장 완벽한 것의 이름을 대야 한다면

이 책은 오랜 부화기를 거쳐 우연한 기회로 삶을 얻었다.

2012년의 어느 저녁, 나는 야생동물을 다룬 텔레비전 프로그램을 보고 있었다. 유명한 진행자가 박물관의 알 보관장 옆으로 등장해 서랍에서 알 하나를 꺼내는 장면이 나왔다. 내가 기억하기로 알은 하얬고, 진행자는 알을 카메라 쪽으로 들어서 그 크기와 독특하게 뾰족한 모양을 보여주었다. "이것은 바다오리_{guillemot}의 알입니다." 진행자가 말했다. "비범한 모양 덕에 축을 중심으로 회전할 수 있는 이 알은, 바다오리가 번식하는 절벽의 좁은 바위 턱에서도 굴러 떨어지지 않을 것입니다." 설명을 위해 진행자는 알을 보관장 위에 두고 회전시키는 모습을 보여주었는데, 당연하게도 알은 회전하는 팽이처럼 한 자리에서 원을 그렸다.

나는 방금 본 것이 믿기지 않았다. 놀랍기 때문이 아니라, 자연사에 대한 지식으로 존경받는 누군가가 이런 실수를 저질렀다는 사실에 경악했기 때문이었다. 바다오리 알이 한 점에서 회전한다는 이야기는 이미 한 세기도 전에 틀렸다고 밝혀졌지만, 이제 수백만 명의 시청자들에 의해 새 생명을 얻어버렸다.

바다오리의 알을 긴 축을 중심으로 회전시키는 것은 텔레비전 사회자처럼 속을 비운 박물관의 알을 이용하는 경우에나 가능하다. 하지만 노른자와 흰자, 또는 발달중인 배아로 가득 찬 "진짜" 바다오리 알은 사정이 다르다.

나는 진행자에게 편지를 보내 그가 말했던 내용이 틀렸다고 지적했는데, 당연히도 처음에 그는 언짢아했다. 나는 진행자가 관련 연구를 읽어볼 수 있도록 이 주제와 관련된 과학 논문들을 보내주겠다고 제안했다. 그런데, 진행자에게 논문을 보내기 직전에 나는 갑자기 자신감을 잃었다. 내가 틀렸을지도 모르는 상황에서 텔레비전에 출연하는 유명인에게 어떻게 행동해야 할지를 말하고 있는 것이었다. 나는 논문들을 다시 읽어보기로 했다.

나는 잉글랜드, 웨일스, 스코틀랜드, 뉴펀들랜드, 래브라도, 캐나다 북극 지역에서 1970년대 초반부터 줄곧 바다오리를 연구해왔다. 40년 동안 바다오리와 함께 숨 쉬며 살았고, 바다오리에 대한 거의 모든 글을 읽었다. 그러나 바다오리 알의 모양에 대해 다룬 논문을 마지막으로 읽은 것은 거의 20년이 더 지난 일이었기에 내 기억력에 의문이 들었고, 논문을 다시 읽기로 결정한 것이다. 오히려 이렇게 결정하길 다행이었는데, 자료와 결론이 모두 불분명하고 내 기억보다 훨씬 지저분했기 때문이다. 또 나는 바다오리 알의 모양에 대한 과학 논문 대다수가 독일어로 되어있다는 사실을 깨닫고 충격을 받았다. 일부는 영어로 된 개요가 있긴 했다. 그러나 모든 과학자들이 알고 있듯, 개요나 초록은 논문 내용을 정확하게 요약하고 있다기보다는 매장의 진열장처럼 저자의 연구 결과를 실제보다 더 강하게 보이도록 서술해둔 경우가 허다했다.

첫 번째 논문은 바다오리 알이 떨어지지 않는 이유에 대한 일반적인 통념을 제시하는 논문이었다. 그에 의하면 모양이 뾰족한 바다오리의 알은 팽이처럼 제자리에서 도는 것이 아니라 호$_{arc}$를 그리며 굴러가고, 바로 이 성질 덕분에 추락을 피한다고 적혀 있었다.

먼저 논문의 개요를 읽고 표와 그래프에 달린 주석을 해독하기 위해 독일어 사전을 뒤적이던 나는 무언가 잘못되었다고 느꼈다. 말의 앞뒤가 맞지 않았던 것이다. 나는 학과에서 독일어가 모국어인 학생을 찾아서 (상당히 많은) 돈을 지불하고 논문을 꼼꼼히 번역하도록 맡겼다. 연구의 결과는 명확함과는 거리가 멀었고, 호를 그리며 구르는 성질 역시 특별히 설득력 있게 느껴지지는 않았다.

나는 재조사에 돌입하기로 결심했다. 아주 오래된 문제였음에도 불구하고 바다오리 알의 세계로 재돌입하는 일은 신세계를 탐험하는 것 같았다. 모든 길은 각기 새로운 방향을 가리키고 있었기에 시작부터 매우 즐거운 여정이 되어왔다. 어찌 보면 바다오리 알이라고 하는 문제는 하찮게 들릴 수도 있다. 바다오리가 뾰족한 알을 낳는 이유를 누가 신경이나 쓸까? 하지만 다른 면에서 이 문제는 경이롭기 그지없으며 과학이 갖춰야 할 모든 것을 망라하고 있다. 과장해서 하는 말이 아니다. 최근의 과학은 상당 부분 왜곡되었다. 정부가 주관하는 평가 활동은 재정적 이유로 실행되는 단기 연구로 이어졌고, 이는 연구 결과를 부풀리거나 심지어 때때로는 결과를 가짜로 꾸며내는 경우도 만들어냈다. 내 알 프로젝트는 모험의 성격을 띠고 있다. 내 생각에, 이것이야말로 과학의 미덕이다. 모험 말이다.

내가 처음 발견한 사실 중 하나는 바다오리―다른 언급이 없는 한 바다오리는 일반 바다오리를 말한다*―의 알이 수집품으로서 가장 큰 인기를 누렸고 수요가 많았다는 사실이다. 알 수집이 크게 유행했던 과거에는 바다오리 알 몇 개 없이는 수집품을 완성할 수 없었다. 왜일까? 바다오리 알은 매혹적이게 아름답고, 커다란 데다가, 수없이 다양한 색과 무늬가 뚜렷하게 존재하며, TV에서 보았듯 형태가 매우 특이하기 때문이다.

나는 1972년에 남웨일스의 서쪽 끝에서 떨어진 스코머 섬Skomer Island에서 바다오리 연구를 시작했고 이후 매년 이곳을 방문해왔다.

---

* 바다오리 속(Uria)에는 두 가지 종이 있다. 하나는 일반 바다오리(Uria aalge)로 영국 주변에서도 번식하며, 다른 하나는 큰부리바다오리(U. lomvia)로 훨씬 더 북쪽에서 번식한다. 두 종 모두 대서양과 태평양에 서식한다. 흰죽지바다비둘기black guillemot를 비롯하여 조금 먼 친척 종도 존재하는데, 바다오리와는 번식상태가 꽤나 다르다.

60미터 높이의 현무암 절벽에 둘러싸인 스코머 섬은 영국에서 가장 중요한 바닷새 서식지이다. 오늘날 스코머 섬은 완벽하게 보호받고 있지만, 과거 이 섬의 절벽에서는 영국의 다른 바닷새 서식지 대부분에서 그랬듯 바닷새의 알이 약탈당하곤 했다.

카디프동식물학자협회Cardiff Naturalists' Society의 창립멤버인 로버트 드레인Robert Drane은 1896년 5월 조슈아 제임스 닐Joshua James Neale과 그의 부인 및 열 명의 자녀를 데리고 스코머 섬으로 여행을 떠났다. 이들의 방문에는 두 가지 이유가 있었다. 닐의 경우는 완전히 평범했지만 드레인의 경우는 다소 이상했다. 드레인은 자신의 방문 목적을 "골고다 언덕을 향한 순례"라고 이름 붙였지만 골고다 언덕이 어디인지, 혹은 무엇인지는 밝히지 않았다. 그는 "다음에 등장하는 기록의 장소가 대중에게 전면적으로 밝혀짐으로써 자신들의 발견이 자연사에 악영향을 미치는 일을 피하기 위해서" 그렇게 했다고 한다. 골고다 언덕은 그리스도가 십자가에 못박힌 곳을 암시하는 말이지만, 문자 그대로 하면 해골들이 있는 장소를 뜻한다. 지금도 마찬가지이지만 당시 스코머 섬에는 바닷새, 주로 큰검은등갈매기black-beaked gull에 사냥당해 죽은 맨섬슴새Manx shearwater의 해골이 어지럽게 널려있었다. 해골과 시체의 수는 놀랍도록 많은 듯 했지만(그리고 지금도 여전히 그렇게 보이지만), 번식 중인 야행성 맨섬슴새의 개체 수 역시 마찬가지여서 현재 200,000쌍이 넘는 것으로 추산된다.

드레인과 닐 가족이 방문해 있는 동안 닐의 아들 둘은 절벽 주위를 잽싸게 돌아다니며 드레인을 위해 바다오리와 레이저빌Razorbill의 알을 모았다. 위험도 있었다. 닐은 어떤 글에서 자신의 큰아들이 배에서 나와 바다오리 무리를 향해 벼랑을 오르다가 추락한 순간을 간결하게 설명하고 있다. 큰아들이 얼마나 높은 곳에서 떨어졌는지는 분명치 않지만, 다행히도 의식을 잃을 정도로 크게 다치지는 않아서 바다에 떨어진 후에는 바위 쪽으로 헤엄쳤다고 한다. 가까이에 있던 작은 아들은 큰아들을 배로 끌어올렸다. 하루 이틀이 지나자 큰 아들은 추락했던 충격에서 회복했고, 그의 아버지는 "그 사건으로 절벽을 오르는 행동이 치료되었다"고 적었다.

닐은 어디에서 이 사건이 일어났는지 말하지 않고 있지만, 스코머섬에는 작은 배에서 바로 절벽으로 오를 수 있는 장소가 많지 않다. 내 추측으로는 섬 동쪽 끝의 섀그홀만Shag Hole Bay이라는 장소에서 사건이 일어난 것으로 보이는데, 이곳에는 한때 둥지를 틀었던 가마우지shag들이 떠났어도 여전히 수많은 바다오리가 있다.

사고가 일어나기 전 닐의 아들들은 상당히 많은 양의 알을 채집했는데, 이후 속을 비운 알들은 카디프 박물관에 전시되어 있던 수백 개의 알 컬렉션에 추가되었다. 박물관의 알들은 "매년 남웨일스 해안을 방문하는 친절한 분들"이 모아준 것이었다. 드레인은 카디프동식물학자협회회보에 이 알들의 아름다움과 다양성을 찬양하는 논문을 발표했다. 그는 스코머 절벽에서 채취한 바다오리 알 36개와 레이저빌 알 28개를 선정하여, 한쪽당 네 개의 석판인쇄물이 들어가게 배치하고, 그 색과 무늬, 모양, 크기의 범위가 얼마나 놀라운지를 전무후무한 방식으로 보여주었다. 그림들은 대단히 훌륭했지만, 드레인이 곁들여 쓴 스코머 섬 방문기와 알에 대한 설명은 형편없었다.[1]

분명한 것은 드레인이 스코머 섬에서 처음으로 바다오리 알을 수집한 사람은 아니었다는 것이다. 1800년대 후반에 찍은 한 사진에는 본 팔머 데이비스Vaughan Palmer Davies의 이십대 딸과 친구들이 자기가 갖거나 기념품으로 선물하기 위해 바다오리 알의 속을 비우는 장면이 담겨있다.[2]

개인이나 박물관의 소장품으로 남은 것은 결국 난각卵殼이었다. 생명이 없는 새알의 가장 바깥쪽 덮개 말이다. 나머지 부분이자, 새로운 생명의 탄생에 일조할 수도 있었던 알의 내용물은 먹히거나 버려졌다. 우리 대다수는 새알에 대한 두 가지 반대되는 모습을 마음속에 지니고 있다. 하나는 책이나 박물관의 전시장에서나 볼 수 있는 것들이다. 이들의 껍질은 아름답고, 흔히 유혹적인 색을 띠고 있다. 다른 하나는 어디에서나 볼 수 있는 달걀이다. 이들은 플라스틱 칸막이 상자에 통째로 들어있거나, 노란색 노른자가 투명한 흰자에 둘러싸인 모습으로 그릇에 담겨지고는 한다.

하지만 새의 알에는 이런 심상들이 암시하는 것 이상의 가치가 있다. 나는 40년 동안의 환상적인 연구 인생에 걸쳐 수없이 다양한 새와 새알을 연구해왔으며, 내 목표는 여러분을 데리고 어디에도 없던 여행을 떠나는 것이다. 이 여행은 새알의 비밀스런 세계를 향한 항해이다. 이 길은 소수의 사람만이 다녀갔으며, 내가 계획한 길은 누구도 발을 들이지 않았던 영역이다. 우리는 알의 바깥에서부터 유전적으로 가장 중심이 되는 곳을 향해 이동할 것이며, 가는 길목에서 새의 중대한 번식 사건 세 가지를 목격하고 그 진가가 무엇인지를 알게 될 것이다. 새알이 독립적이고, 자족적인 배아 발달 시스템이라는 것을 깨닫게 될 것이다.

1장에서 너무나도 매혹적인 알에 대해 살펴본 다음 우리는 알에서 가장 알기 쉬운 부분인 난각으로 넘어갈 것이다. 2장에서 난각이 어떻게 형성되는지를 살펴보고, 3장에서 그것이 어떻게 그렇게 멋진 모양을 얻는지를 알아볼 것이며, 4장에서는 새알에서 흔히 찾아볼 수 있는 난각의 아름다운 색을 살펴볼 것이다. 그리고 5장에서 우리는 새의 일생에서 알의 색과 무늬가 어떤 의미를 갖는지에 대해 살펴보면서 그렇게 알이 진화한 이유를 물을 것이다. 난각에서부터 안쪽으로 이동하면 우리가 다음에 만나는 것은 6장에서 마주하게 될 흰자, 또는 난백卵白이다. 흰자의 신선하고 차진 상태에 대해서는 별로 생각해본 적이 없겠지만, 흰자는 여러분이 상상해왔던 것보다 더 세련되고 엄중하게 배아의 발달과정을 보호하는 것으로 드러났다. 계속해서 안쪽으로 이동하면 노른자에 다다른다. 7장에서 다룰 노른자는 엄밀하게 말하면 난자이며, 새의 경우 성장하는 배아를 위한 음식—액체 상태의 노른자 자체—으로 가득 차 있기 때문에 거대하다는 점을 제외하면 인간의 난자와 비슷하다고 할 수 있다. 암컷의 유전물질은 노른자 표면에 존재하는 작고 창백한 점인데, 만약 충분히 운이 좋아서 하나 또는 그 이상의 정자에 있는 수컷의 유전물질과 만난다면 배아가 된다. 바깥에서 안으로 향하는 우리의 여정은 최단거리를 따르지 않는다. 우리는 가끔씩 짧게 우회하여 전망탑에 들러서 우리가 어디에 있었고, 어디로 가고 있는지 전체 풍경을 바라볼 필요가 있다. 예를 들어 노른자에 대해 이야기할 때, 나는 잠시 쉬어가면서 노른자가 새의 자궁에서 탄생하는 원리를 이야기할 것이다. 상상하고 있을지 모르겠지만 이 모든 일들이 초래하는 궁극적인 결과는 암컷의 유전물질이 수컷의 유전물질과 섞이는 "수정"이다. 하지만 수정은 알의 삶에서 일어나는 세 가지 주요 사건 중 맨 첫 번째에 불과하다. 8장에서 우리는 다른 두 가지인 "산란"과 새의 종에 따라 열흘에서 80일이 지나 마침내 새끼가 태어나는 "부화"를 살펴볼 것이다.

이 책을 유일무이한 여정을 담은 여행 안내서라고 생각하길 바란다. 대부분의 안내책자처럼 내 책 역시 지도를 담고 있다. 이 경우에는 암컷 새의 자성생식수관reproductive tract을 간략하게 보여줄 것이다 (63쪽). 지도는 상당히 읽기 쉽다. 기본적으로 도로에는 입구와 출구가 있고 몇 군데 눈에 띄는 지점이 있지만, 분기점은 없어서, 가끔씩 여러분이 위치를 알고 싶어지면 지도를 참고할 수 있다. 또 나는 세 가지 주요 구조물에 관한 그림을 책에 담아두었다. 두 개는 알의 내용물이 배치되는 방식을 보여줄 것이다(60쪽과 214쪽). 나머지 하나는

87쪽에서 보여주고 있는 난각의 내부 구조이다. 몇 가지 다른 그림도 있지만, 이 세 가지야말로 가장 중요하다.

새알에 대한 문헌은 어마어마하게 많은데, 주로 가금류 업계가 완벽한 알을 생산하기 위해 수백만 파운드를 투자했기 때문이다. "완벽한 알"이란 시장에서 완벽한 알을 말하는 것이지 꼭 닭에게도 완벽하다는 것은 아니다. 우리가 알고 있는 새알에 대한 모든 것들은 상당부분이 가금류 생태학자들이 처음 수행했던 연구결과에서 나온 것들이다. 적어도 일정 부분은 상업적으로 성공하고자 하는 동기에서 진행하는 이 연구는, 다른 생물학자들은 꿈만 꿀 수밖에 없는 규모로 진행되곤 하는 강력한 과학 연구이다. 그러나 이러한 대규모 연구에서 무엇이 발견되었는지를 알아보기 전에 명심해야 할 것은, 나를 비롯해 과학계의 상당수가 알에 대한 모든 것을 알고 있지는 못하다는 것이다. 이렇게 오랜 기간 연구를 진행했음에도 불구하고, 대부분의 연구는 한 종을 대상으로 진행했기 때문에, 우리는 여전히 상당히 많은 것에 대해서 모르고 있다. 현재의 경제 기후에서 연구자들은 결과를 부풀리고 지식을 과장함으로써 자신의 존재를 정당화시키는 경향이 있다. 나는 우리가 무엇을 모르는지 아는 것이 매우 중요하며 연구를 더 신나게 만들어 준다고 생각한다. 나는 우리의 지식에 공백이 있다는 사실을 강조한 것이 미안하지 않다. 내가 이렇게 행동함으로써 다른 연구자들이 용기를 얻어 몇몇 뛰어난 질문을 붙잡고 늘어지길 희망하기 때문이다.

나는 내 생각에 생물학적 관점에서 흥미롭다고 할 수 있는 알의 양상을 전부 한 데 모으려 시도했다. 또 나는 언제, 어떻게 주요 발견이 이루어졌는지를 감지하는 감각을 제공하려 노력했다. 알은 인류 역사에서 흔하게 존재해왔음에도, 우리는 알에 대해 재고해본 적이 거의 없다. 아주 가끔씩 멈춰 서서 알이 어떻게 구성되어 있는지, 또는 각 부분이 어떤 일을 하는지 생각해봤을 뿐이다. 물론 우리가 슈퍼마켓에서 구매하는 달걀은 수정되지도 않았고 부화하지도 않기 때문에, 우리가 보는 알의 생물학적 기적은 일부일 뿐이긴 하다. 우리는 특정 종의 알과 친숙한 나머지 전 세계에 현존하는 일만 종의 새가 낳은 알의 엄청나게 다양한 크기와 모양과 구조를 보지 못하고 있었다. 간단히 말해, 내 목표는 우리가 아는 것을 여러분에게 이야기해주고, 이 일상적인 자연의 기적이 지닌 몇 가지 경이로움을 다시 소개하는 것이다.

1862년에 미국의 여성 인권 운동가 토머스 웬트워스 히긴슨Thomas Wentworth Higginson은 "죽음을 각오하고 세상에서 가장 완벽한 것의 이름을 즉각 대야 한다면, 나는 새알에 운명을 걸 것이다"[3]라고 말했다.

히긴슨 여사가 말한 바와 같이, 알은 수많은 측면에서 완벽하다. 알은 실제로 완벽해야"만" 한다. 새들은 믿기 어려울 정도로 다양한 서식지와 상황에서 알을 낳아 부화시키기 때문이다. 극지방에서 아열대 지방에 이르는 습하고, 건조하고, 깨끗하고, 미생물이 우글거리는 조건에서, 둥지를 트거나 트지 않고, 체온으로 품거나 그렇지 않은 채 말이다. 알의 모양과 색과 크기는 노른자와 흰자의 구성과 더불어 가장 특이한 일련의 적응과정을 이루고 있다. 생물학자들이 인류의 번식에 대한 첫 번째 통찰을 새알에서 얻었다는 사실 역시 우리의 이야기를 중요하게 만든다.

우리는 스코머 섬이 아니라 잉글랜드 동부 해안에 자리한 플램보로우Flamborough 곶의 벰턴 절벽Bempton Cliffs에서 여행을 시작할 것이다.

○

1

클리머와
알 수집가

○

새에 대한 지식이 없는 자연철학은
매우 불완전하다.

—에드워드 톱셀Edward Topsell,
『하늘의 새 또는 새의 역사』(1625)

거대하고 순수한 석회암 절벽이 밝은 햇빛을 받아 선명한 흰색으로 반짝거린다. 날카로운 육지의 경계를 따라 동쪽으로 가면 플램보로우 곶이 보인다. 북쪽으로는 휴양도시인 파일리Filey가 자리하고 있으며, 남쪽으로 훨씬 더 멀리 떨어진 곳에는 또 다른 휴양지 브리들링턴Bridlington이 있다. 그러나 여기 뱀턴 절벽의 꼭대기는 파일리나 브리들링턴과는 무척 거리가 멀다고 할 수 있는데, 이곳이 야생의 지역이기 때문이다. 햇빛이 비출 때면 상냥하지만, 습하고 바람이 부는 날엔 끔찍한 곳이다. 그러나 여름에 들어선지 얼마 지나지 않은 이날은 해가 쨍쨍 내리쬐고 있다. 종다리skylark와 옥수수멧새corn bunting는 노래하기 바쁘고, 벼랑 꼭대기에서는 붉은 석죽과 식물campion이 반짝거린다. 절벽 꼭대기를 따라 난 길은 허술하게 농지와의 경계를 그리며 구불구불한 선을 남기고, 연속해서 이어지는 곳에서는 저마다 불협화음과 냄새가 아래에서부터 뿜어져 올라온다. 진청색 바다로 나가면 셀 수 없이 많은 바닷새가 공중을 선회하며 솟아오르고, 그보다도 훨씬 더 많은 새들이 소함대를 이루며 물 위에 머물고 있다.

　절벽 가장자리를 유심히 살펴보면 수만 마리의 새들이 말 그대로 가파른 절벽에 붙어 있다. 가장 눈에 띄는 것은 길고 어두운 선을 그리며 빽빽이 들어찬 바다오리들이다. 떼로 몰려있는 바다오리는 검정색에 가까워 보이지만, 이 발이 길고 펭귄같이 생긴 새는 태양 아래에서 한 마리씩 살펴보면 머리와 등이 초코우윳빛 갈색이고 배는 흰색이다. 빽빽하고 부드러운 머리깃털과 검은 색 눈 덕분에 매우 점잖아 보이는 바다오리는 대부분의 경우에 얌전하지만, 화가 나면 길고 뾰족한 부리로 대참사를 일으킨다. 바다오리의 위아래로는 야생 흰세가락갈매기white kittiwake가 배설물을 덮은 풀 둥지에서 끼익끼익거린다. 레이저빌은 수가 좀 적고 흔히 바위틈에 숨어 사는데, 등에 난 거무튀튀한 깃털 때문에 지역 사람들에게는 땜장이라고 불린다. 부리와 발이 빨갛게 빛나는 퍼핀puffin은 훨씬 널찍이 자리를 잡고 있으며 레이저빌과 마찬가지로 석회암 틈 사이에 둥지를 감춰둔다. 이곳에선 세가락갈매기가 끼익대는 소프라노에 바다오리가 으르렁대며 테너 코러스를 깔고, 가끔씩 자신감에 가득 찬 퍼핀이 고음으로 흥얼거리면서 소리의 풍경을 이룬다. 그리고 냄새는… 글쎄, 나는 냄새를 비롯하여 냄새와 관련된 것들을 좋아하는데 —이런 비유가 적절할지 모르겠지만— 이런 내 취향은 후천적으로 습득한 것이다.

1935년 6월 스테이플 뉴크Staple Newk*라는 곳에서는 숨이 턱 막히는 광경이 펼쳐진다. 한 남자가 바다 위에서 약 45미터에 달하는 밧줄에 매달려 있다. 순수한 석회암 표면에서 위태롭게 흔들리던 남자는 다시 바위벽을 향해 활공한 다음, 멈춰서 게처럼 절벽에 달라붙는다. 절벽 꼭대기의 안전한 장소에서 이 광경을 쌍안경으로 지켜보고 있는 사람은 조지 루프턴George Lupton이라는 부유한 변호사이다. 50대 중반인 루프턴은 평균보다 키가 크고, 콧수염이 점잖게 나고, 눈이 움푹 들어가고, 코가 높게 솟아있다. 옷깃과 넥타이, 트위드 자켓과 몸짓은 모두 루프턴이 부유함을 말해준다.

루프턴은 밧줄에 매달린 남자 때문에 바다오리가 허둥대며 소란스레 도망가고, 남겨진 소중하고 뾰족한 알 일부가 굴러 떨어지면서 아래쪽 바위에 부딪혀 깨지는 모습을 보고 있다. 떨어지지 않은 알은 대부분 뾰족한 부분이 바다 쪽을 향하고 있다. 밧줄에 매달린 남자는 알을 하나씩 꺼내서 어깨에 메고 있던, 이미 전리품으로 두둑한 천 가방에 담는다. 바위 턱에서 알을 모두 꺼내고 나면 남자는 다리를 박차고 절벽을 따라 약간 더 떨어진 곳으로 휙 이동하여 어설픈 약탈을 계속한다. 등반가의 안전에 대해서는 생각지도 않은

---

* ㄷ자 모양 구조물 또는 기둥과 모서리라는 뜻이다.

채, 루프턴은 천가방 안에 들어있는 것에 정신이 팔려있다. 절벽 꼭대기에는 세 명의 다른 남자가 일렬로 앉아서 허리에 밧줄을 단단하게 묶고 있는데, 신호를 받으면 등반가가 안전하게 절벽 끝으로 올라올 때까지 노 젓는 사람처럼 등반가를 끌어당길 준비를 하고 있는 것이다.

요크셔 지방에서는 이 등반가(climber)를 "클리머(climmer)"라고 불렀다.

조지 루프턴은 랭커셔Lancashire에 있는 집에서부터 기차를 타고 왔다. 여기에 온 지는 한 달이 넘었으며 다른 알 수집가와 마찬가지로 브리들링턴에 머물고 있다.[1]

이 아름다운 아침에 절벽 꼭대기는 사람들로 붐벼 휴양지 같은 분위기를 내고 있다. 옹기종기 모인 관광객들은 클리머가 하강하고, 매달리고, 포획물과 함께 바위 표면에서 다시 끌려 올라오는 모습을 경탄 섞인 눈길로 바라본다.

가방은 텅 비고 알은 커다란 고리버들 바구니로 옮겨진다. 알의 두꺼운 난각이 서로 부딪히는 소리가 루프턴의 귀에는 음악처럼 들린다. 아직 경찰용 안전 헬멧을 벗지 않은 클리머 헨리 챈들러Henry Chandler는 속으로 미소를 짓고 있는데, 자신의 가방 어딘가에 루프턴이 간절히 원하는 —큰돈을 지불할 용의가 있는— 표본이 있다는 것을 알고 있기 때문이다. 인근 농장의 소유지인 절벽의 이름을 따서 "메트랜드 알Metland egg"이라고 부르는 이 특별한 색의 알들은 "연한 갈색 바탕에 더 어둡고 붉은 빛이 도는 갈색 부분"이 있다. 알은 1911년부터 매년 몇 제곱센티미터밖에 되지 않는 똑같은 지점에서 20년이 넘도록 매년 채집당했다.[2]

조지 루프턴은 바다오리 알에 사로잡혀 있다. 메트랜드 알이 특이하긴 해도 다른 많은 알 중 하나일 뿐이다.

클리머들이 수십 년 동안, 어쩌면 수백 년 동안 알고 있던 바에 의하면 암컷 바다오리는 매년 정확하게 같은 장소에 같은 색의 알을 낳는다. 실제로 클리머들은 산란기에 첫 번째로 알을 가져오는 첫 "수확"을 끝내고 나면 2주 후에 암컷이 같은 장소에 거의 동일한 알을 다시 낳을 것이라는 사실도 알고 있다. 두 번째 알을 가져가고 나면 암컷들은 세 번째, 아주 가끔은 네 번째 산란을 할 것이다. 루프턴의 욕망이 의미하는 것은 근 20년 동안 번식활동을 하면서 알을 부화시키거나 새끼를 키우는 데 성공해본 암컷이 단 한 마리도 없다는 것이다. 이 절벽을 따라 서식하는 바다오리와 레이저빌 수천 마리의 사정도 다를 바가 없는데, 클리머들이 큰 규모로 알을 수확하고 있기 때문이다.

1500년대부터 남자들은 벰턴 절벽을 내려가서 바닷새의 알을 수확해왔다. 벼랑 가장자리까지 이어지는 진흙 밭을 소유한 농부들은 바다까지 수직으로 내려가는 땅의 소유권을 주장했다. 남자들은 보통 클리머 하나와 줄 당기는 사람 셋으로 이루어진 무리를 짓는데, 대개는 같은 가족이 몇 대에 걸쳐서 절벽에서 일하며 한해 한해를 보

내고 수십 년을 보낸다.[3]

사람들은 처음에 먹기 위해 바다오리 알을 채집했다. 바다오리 알은 달걀보다 두 배는 무겁고 팬 위에서 뒤적이며 익혀 먹기에도 훌륭하다. 적어도 나에게 있어 삶은 알은 약간 덜 매력적인데, "흰자"에 약간 푸른빛이 돌아 삶은 달걀보다 덜 단단하기 때문이다. 그렇다고 해도 벰턴 절벽을 비롯하여 바다오리 알을 얻을 수 있는 북반구의 전 해안가에서는 상상할 수 없을 만큼 많은 알을 먹었다.

북미지역처럼 바다오리가 번식하는 곳이 저지대 섬일 경우, 바다오리는 쉽게 착취당하고 종종 지엽적으로 멸종당하기도 했다. 지나치게 간단한 일이었다. 바다오리는 무척 밀집해서 번식하기 때문에 서식지를 발견하는 것은 복권에 당첨되는 것과 같았다. 결국 가장 외지거나 접근할 수 없는 장소에서 번식하는 새들만이 새끼를 키울 기회가 있었다. 알을 얻으러 갔던 가장 먼 서식지는 뉴펀들랜드Newfoundland의 최북단 해안에서 65킬로미터 가량 떨어진 펑크 섬Funk Island인데, 이름에서 추측해볼 수 있듯 수십 만 마리의 새가 모여 악취를 뿜어내는 곳이다. 신세계가 발견되기 전부터 미대륙 원주민인 베오투크Beothuk 족은 위험한 바다로 용감하게 나갔는데, 카누를 타고 펑크 섬으로 가서 바다오리와 큰바다쇠오리great auk의 알은 물론이고 새까지도 잡아먹었다. 베오투크족은 펑크 섬에 자주 방문한 것이 아니었기 때문에 별 해를 끼치진 않았다. 하지만 유럽 선원들이 1500년대에 펑크 섬을 비롯하여 세인트로렌스 강St. Lawrence River 북부 연안을

따라 자리한 바닷새 서식지들을 발견한 뒤로 새들은 비극적인 운명을 맞이했다.[4]

벰턴 지역 클리머들이 채집한 알의 신선도를 보장했던 방법은 다른 곳과 마찬가지로 단순했는데, 첫 번째 방문했을 때 발견한 알을 모두 싹쓸이하고 나서, 산란기 동안 며칠마다 재방문하며 새로운 알이 보일 때마다 수집하는 것이었다. 매년 벰턴 절벽에서 채집한 알을 추정한 수치는 절망적으로 다양하다. 누군가는 10만 개 이상이라고 하고 누군가는 수천 개 정도라고 한다. 만 단위였던 것만은 분명한데, 루프턴이 알을 수집할 당시인 1920년대에서 1930년대까지 한해 수집 총량의 최적 추정치는 4만8천 개였다. 벰턴 절벽에는 한때 바다오리가 많이 살았지만, 알 채집이 계속되면서 필연적으로 새의 수가 줄었다. 1846년에는 브리들링턴까지, 그 다음 해에는 벰턴의 마을까지 철도를 깔면서 감소 추세는 더 빨라졌는데, 총으로 바닷새를 쏜다는 값싼 흥분을 느끼고자 하는 이들이 런던과 다른 도회지에서 쉽게 벰턴으로 갈 수 있게 되었기 때문이다. 사격은 주로 바다오리와 세가락갈매기를 비롯하여 수백 마리의 새를 죽이고 불구로 만들었을 뿐 아니라, 알을 품고 있던 새를 쏘아 바위 턱에서 떨어뜨릴 때마다 바위와 바다 위로 알들이 폭포처럼 쏟아지게 하기도 했다.[5]

루프턴은 벰턴 절벽 클리머들과 제휴를 맺었던 몇몇 수집가 중 하나였다. 죽음의 위험을 무릅쓰고 밧줄의 끝에 매달리는 사람들은 높은 수입을 보장받도록 합의를 이끌어냈는데, 수집가의 눈에 담긴 반짝임과 특별한 알을 찾는 끝없는 열정을 잽싸게 눈치챘기 때문이었다. 가장 중요한 것은 소지하고 있는 물건(알)이었으며, 수집가들은 클리머들과 물물교환을 하는 동시에 다른 수집가와도 경쟁을 해야 했다. 클리머 무리들은 서로의 영역을 침범하지 않으면서 원만하게 지냈지만, 개별 수집가들 사이의 경쟁은 자주 격해졌다. 특히 귀중한 알을 두고 언쟁을 벌이다가 다른 사람에게 총을 겨누기도 했다.[6]

1912년에 태어난 샘 롭슨Sam Robson은 루프턴에게 알을 제공하던 클리머 중 하나였는데, 멋진 요크셔 억양으로 다음과 같이 회고했다.

수집가를 위한 알은 대개 색을 기준으로 평가했다. 독특하게 무늬가 나 있는 알을 발견하면 조심스레 보관해두고 이 수집가라는 작자들이 오기를 기다렸다. 당시에는 알 수집이 동전 수집과 마찬가지였다. 사람들은 준비를 마치고 나서 알을 교환하거나 팔았다. 수집가들을 비롯한 사람들은 한꺼번에 몰려오곤 했다. 그리고 길게는 나흘에서 닷새가량 마을에서 머물렀다. 알을 수집하여 파는 것이 그들의 직업이었다. 다른 수집가를 위한 중개상도 많이 있었다… 때문에 절벽 위에서 경매 비슷한 것이 열리기도 했다… 도박에 돈을 쓰는 것과 같았다. 우리는 너무나도 많은 것을 원했고, 그들은 여력이 있는 한 계속 물건을 교환하며 우리를 만신창이로 만들었다. 우리는 받을 수 있는 것은 가리지 않고 받았는데, 알을 없애버리고 싶었기 때문이다. 우리는 알이 아니라 돈을 원했다.[7]

상품목록을 확인하거나 유럽과 북미 각지의 박물관에 있는 알 더미를 보면, 클리머와 수집가의 활동 규모가 전부 명백하게 드러난다. 대부분의 박물관이 소장한 알들은 벰턴 절벽에서 가져온 것이 다른 그 어떠한 지역에서 가져온 것보다 많았다. 내가 관장했던 셰필드 Sheffield의 작은 박물관조차 1830년대 바다오리 알 두 상자를 보유하고 있었는데, 대부분에는 벰턴, 벅턴, 파일리, 스카보로, 스피턴이라고 반쯤 알아볼 수 있게 연필로 휘갈겨져 있었다. 모두 플램보로우 곳에서 알을 얻었던 위치이다.

나는 요크셔에서 태어나고 자랐을 뿐 아니라 박사과정 학생이던 시절에는 스코머 섬에 들어갈 수 없는 겨울 동안 벰턴 절벽으로 와서 바다오리들이 산란기도 아닌데 왜 찾아오는지를 관찰하였다. 리즈Leeds 근처에 있는 부모님의 집을 새벽 3시에 나서서 어둠을 뚫고 차를 몰다보면, 날이 밝아올 무렵 바다오리가 바다에서 날아오르기 시작하기 바로 직전에 절벽에 도착했다. 바다오리들은 날이 반쯤 밝았을 때 갑자기 집단적으로 모습을 드러내고는 무언가를 축하하는 것처럼 들리는 시끄러운 협주를 했는데, 그것이 정답이었다. 시끌벅적하고 열광적으로 짝과 이웃을 만나는 바다오리판 재회의 장이 열리는 것이었다.

겨울에 벰턴 절벽을 방문하면 늘 믿기 어려울 정도의 추위를 느꼈다. 일반적으로 북해에서 강한 바람이 휘몰아쳐왔기 때문에, 나는 절벽 꼭대기 아래서 몸을 옹송그리고 체온을 일부라도 지키려고 애처로운 시도를 했다. 공책을 손에 쥐고 망막을 피로하게 하는 내 헤르텔&로이스 망원경을 들여다보면서 새들의 활동을 끊임없이 기록했고, 지금도 마찬가지지만 당시에도 몹시 경이로웠던 야생의 모습에 황홀해했다. 새들과는 반대로 나에게는 극도로 고독한 경험이었다. 당시에는 건물이나 주차장이나 사람들이 없었기 때문이다. 특히나 한겨울에는 이곳을 찾는 사람을 찾아보기 힘들었다.

나는 뱀턴 절벽과 사실상 플램보로우 곶 전역에 크게 친밀감을 느끼는데, 절벽 자체에서 떨어지는 바다오리의 조분석$_{guano}$마냥 이 지역의 역사는 내 상상력 속으로 방울방울 떨어지고 줄줄 흘러들어온다. 내가 특히 좋아하는 점은 클리머와 아마추어 조류학자인 수집가 사이에서 바다오리 생태학의 과학적인 토대가 탄생했다는 사실이다.

루프턴이 살던 시절에는 절벽에서 알을 채취하는 일이 관광객들의 볼거리였다. 인근 휴양지에서 살 수 있는 엽서에는 클리머가 밧줄 끝에 매달려 있거나 알이 가득 찬 바구니를 들고 벼랑 꼭대기에 서 있는 모습이 담겨있었고, "가득 찬 가방" 또는 "풍성한 수확"이라는 제목이 달려있었다. 벼랑에서 알을 수확하는 일은 다양한 고객의 입맛을 맞춰줄 사업이기도 했다. 바다오리 알을 그저 기념품 삼아 갖고 싶어하는 평범한 방문객에서부터, 절벽에서 스스로 알을 줍고 싶어하는 더 대담한 관광객을 넘어, 포식자처럼 절벽 꼭대기를 순찰하면서 클리머가 특이한 표본을 가져오길 성마르게 기다리는 루프턴 같은 광신적인 수집가까지 모두를 포함하는 사업 말이다. 심지어 루프

턴은 11살 난 딸 패트리시아가 벼랑 아래로 내려가 알을 주워오는 것을 허락하기까지 했다.[8]

　바다오리 알은 다양한 측면에서 특이하지만, 특히 크기와 색과 무늬가 독특하다. 바다오리 알 관련 논문의 초기 저자 대다수는 똑같은 알이 두 개 이상 존재하지 않는다고 말했으며, 조지 루프턴의 마음을 완전히 사로잡았던 것 역시 이 끝없이 다양해 보이는 색이었다. 루프턴뿐만이 아니었다. 수십 명의 수집가들이 바다오리 알을 탐욕스레 원했다. 하지만 루프턴이 특이했던 이유는 거의 모든 신경에너지와 지갑 속 내용물을 바다오리의 난소에서 나온 생산물에 집중시켰던 유일한 수집가 또는 자칭 조란학자oologist였기 때문이다. 또 다른 벰턴 알 수집가이자 노팅엄Nottingham에 사는 조지 리카비George Rickaby는 1934년에 독특한 바다오리 알이 천 개가 넘는 루프턴의 수집물을 두고 "세계 제일"이라고 설명한 바 있다.[9]

　루프턴과 리카비와 다른 수집가들이 벰턴 절벽 꼭대기를 따라 왕성히 활동하던 1930년대는 영국 알 수집의 전성기였다. 우리는 그 시절을 경탄과 경악을 담아 바라본다. 한때는 모든 시골 소년이 어린 시절에 경험하는 위험하지 않은 일로 여겨졌고, 가끔 어른의 취미로까지 몸집을 부풀리기도 했던 알 수집은 이제 용납할 수 없는 일이며 불법적인 일이 되었다. 얄궂은 점은 과거에는 알 수집이 자연과 소통하는 수많은 방법 중 하나일 뿐이었다는 것이다. 루프턴처럼 청소년기의 취미를 졸업하지 못한 사람들은 알 수집에 집착하기 시작

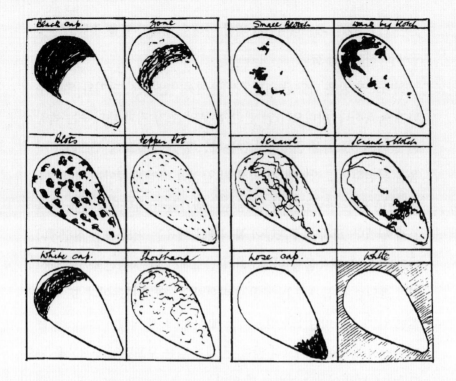

1. 벰턴의 클리머들이 카테고리화하고자 했던 바다오리의
알 모양. 좌측에서 우측으로 (위) 검은 모자, 영역, 작은 얼
룩. (중간) 얼룩, 후추통, 휘갈긴 낙서, 낙서와 얼룩. (아래) 하
얀 모자, 속기체, 주둥이덮개, 그리고 흰 알.
조지 리카비의 일기에서 가져옴.

했다. 루프턴이 소장하고 있던 바다오리 알을 팔았던 때는 새 보호법이 과거에 괴짜에 불과했던 이들을 범죄자로 탈바꿈시켰던 1954년보다 10년 앞선 때였다.[10]

새알 수집이 시작된 것은 1600년대였는데, 임상의나 학자, 그리고 자연세계에 관심이 있는 여타 사람들이 공예품을 습득하고 진기한 것들을 담는 보관장을 만들기 시작하면서부터였다. 이들 중 최초는 이탈리아의 위대한 동식물학자인 울리세 알드로반디Ulisse Aldrovandi로, 그의 박물관은 1617년에 개관했다. 알드로반디의 수집품에는 다른 것들도 많이 있었지만, 그 크기만으로도 놀라운 타조 알을 비롯하여, 괴물처럼 거대하고 이상한 형태의 달걀이 몇 개 들어있었다. 또 쌍란으로 추정되는 커다란 거위 알과 새끼 때 수컷이었던 암탉이 낳은 알도 들어있었다.[11]

보관장에 알을 담아두었던 또 다른 르네상스 시대 사람으로는 영국 노리치Norwich에 살았던 뛰어난 의사 토마스 브라운Thomas Browne이 있다. 브라운의 넓은 관심사 중에는 새롭고 과학적인 자연사 역시 들어있었고, 그가 이뤘던 많은 업적 중에는 노퍽Norfolk의 새를 최초로 설명했다는 것도 있다. 작가이자 정원사이자 사뮤엘 페피스Samuel Pepys와 동시대를 살았던 존 에블린John Evelyn은 1671년에 브라운을 방문하고 난 뒤, 1671년 10월 18일에 일기를 남겼다.

다음날 아침 나는 (가끔씩 서신을 왕래한 적은 있지만 만난 적은 한번도 없는) 토마스 브라운 경을 보러 갔다. 브라운 경의 집과 정원은 전체가 낙원 같았는데, 진귀한 것들과 최고의 수집품, 특히나 메달, 책, 식물, 자연물을 보관한 보관장 덕분에 지난 밤 혼란을 겪었던 나는 빨리 활기를 되찾을 수 있었다. 토마스 경은 다른 진귀한 것들 중에서도 새알을 구할 수 있는 한 전부 수집했는데, (토마스 경이 말했듯) 이 나라(특히 노퍽)를 자주 방문하는 몇 가지 좋은 두루미, 황새, 수리류에 속하는 다양한 종의 물새처럼 육지로 멀리 날아가 버리는 경우가 드물거나 거의 없었기 때문이다.[12]

초창기 알에 관심을 두었던 동식물학자들 중 가장 중요한 인물은 아마 프랜시스 윌러비Francis Willughby였을 것이다. 윌러비는 존 레이John Ray와 함께 1676년 최초로 새에 대한 "과학적인" 책을 펴냈다. 레이는 이 책을 저술하고 제목을 『프랜시스 윌러비의 조류학』이라고 붙였는데, 1672년에 36살이라는 어린 나이로 세상을 떠난 그의 친구이자 협력자를 기리기 위해서였다. 1676년에 라틴어로 처음 출간되었고, 1678년에 영어로 번역되어 출간된 이 중요한 책을 나는 『조류학』이라고 부른다.

윌러비가 브라운을 알았던 것으로 미루어볼 때 서신을 주고받았을 수는 있지만, 서로 만난 적이 있거나 브라운이 윌러비를 부추겨서 알과 여타 자연사적 공예품을 수집하도록 했는지는 알 수 없다. 하지만 우리는 윌러비가 한 때 진귀한 것들을 보관하는 장을 갖고 있었다는 사실을 확실하게 알고 있는데, 딸인 카산드라가 선친의 소지품을 모으고 나서 쓴 편지에서 여기에 대해 언급하며 다음과 같은 것들이 들어 있다고 말했기 때문이다. "귀중한 메달을 모은 멋진 소장품, 아버지가 모았던 말린 새, 물고기, 곤충, 조개, 씨앗, 광물, 식물 등의 진귀한 것들…"[13]

나는 이것을 읽으면서, 생물학적으로 진귀한 것을 모은 윌러비의 소장품들 역시 알드로반디나 토머스 브라운과 같은 많은 사람들의 소장품처럼 소실된 지 오래일 것이라고 생각했다. 썩어버리거나 내다버렸을 것이라고. 그러니 알을 포함한 프란시스 윌러비의 보관장이 가족 유산의 일부로서 남아있다는 사실을 발견했을 때 내가 얼마나 놀랐을지 상상해보길 바란다.

보관장에는 서랍이 열두 개 있었는데 대부분 식물 표본이 들어있었고, 나는 친구를 위해 표본들의 사진을 찍으면서 제일 아래 서랍을 열었다. 서랍을 열자 보이는 새알에 나는 말문이 막히고 말았다. 위 서랍에 들어있던 식물 표본과 마찬가지로 알은 다양한 모양의 칸에, 꼭 집고 넘어가자면 "느슨하게" 담겨있었다. 많은 알들이 부서진 상태였고, 모든 알들을 덮고 있는 끈적거리는 검댕이 층은 이 가족의 집이 한때 영국 광산지역의 중심부에 있었다는 사실을 말해주고 있었다. 일부 알에는 갈색 잉크로 종의 이름이 적혀있었다. 되새*Fringilla*, 까마귀 또는 떼까마귀*Corvus*, 말똥가리*Buteo*, 청딱따구리*Picus viridis*, 왜가리*herne*.

알이 남아있다는 사실은 기적이었다. 알에 이름표가 붙어있었다는 사실은 더 큰 기적이었는데, 알의 진위여부를 확인할 수 있었기 때문이다. 조지 루프턴을 포함한 여러 20세기 수집가들은 알에 표시를 제대로 해두지 않아서 본인들을 제외한 다른 누군가가 알의 역사를 조사하기 어려웠다. 하지만 윌러비의 알 다수에는 새의 이름이 분명한 그의 필체로 껍질에 적혀있었다.

나는 자연사박물관의 알 전시관장인 더글러스 러셀Douglas Russell에게 연락을 해서, 윌러비의 보관장을 나와 함께 조사하고 전문가적 의견을 달라고 청했다. 더글러스 역시 나처럼 소장품을 보고 놀랐다. 대부분의 알은 깜짝 놀랄 만큼 연약했고, 더 큰 종의 알마저도 이만큼 시간이 흐르고 나니 검댕이가 묻었음에도 거의 투명해진 상태였다. 더글러스는 재빨리 수집품이 진짜인지 가짜인지, 역사적 가치는 어떤지를 살펴보았다. 그리고는 나에게 이렇게 오래된 수집품은 전 세계 어디에도 없다고 말했다. 더글러스가 이 말을 하기 전까지, 모든 과학적 수집품 중에 가장 오래된 것으로 알려진 알은 이탈리아의 위대한 사제 겸 과학자인 라자로 스팔란자니Lazzaro Spallanzani가 1760년에 소유했던 큰바다쇠오리 알이었을 것이다. 윌러비의 알은 한 세기나 더 오래되었다.

개인이 진귀한 것들을 담았던 보관장이 1800년대에 공공 박물관으로 변하면서, 새알을 수집하려는 열정에 기름을 부었다. 국가의 자부심이라는 이름하에 획득물을 얻는다는 것은, 알과 연구자료 형태인 새의 가죽 및 뼈가 상상을 초월한 규모로 축적된다는 것을 의미했다. 이후 기간 동안 주로 부유한 아마추어들이 진두지휘했던 조류학의 과학은 박물관, 그리고 수집의 동의어가 되었다.

다른 종류의 자연사 표본 수집 역시 사정은 마찬가지였으며, 나비를 모으는 것과 새알을 모으는 데는 특히 공통점이 많았다. 양쪽 모두 어느 정도는 미학적인 동기에서 움직이는 면이 있었지만, 특정 종에 존재하는 다양한 표본을 전부 채집하겠다는 발상으로 움직이는 면도 있었다. "아름다움을 향한 열정과 진귀함을 향한 욕망"이었다. 심지어 나비 수집가 중 일부는 루프턴처럼 거의 하나의 종에만 전적으로 집중했다. 그리고 역시나 루프턴처럼 기록카드가 필요하다는 데는 고개를 끄덕이지 않은 채 생명 없는 생물학적 전리품으로 시각적인 경이로움을 만들어내고자 하는 동기를 지닌 사람들도 있었다. 여전히 개인의 손에도 많이 남아있고 주립이나 국립 박물관에도 있는 대규모의 나비 수집품은 만족할 줄 모르는 여정에 대한 증거이다. 그러나 채집한 표본의 수를 고려할 때 나비 수집가는 알 수집가처럼 악랄하게 여겨지지 않아왔다는 점은 신기할 따름이다.[14]

1850년대에 설립된 영국조류학자조합British Ornithologists' Union의 설립 멤버이자 수집가이기도 한 알프레드 뉴턴Alfred Newton은 알 수집의 미덕을 흔한 빅토리아 시대의 방식으로 장황하게 극찬했다. "이 소년다운 취미에 느끼는 매력은 나이가 들어서도 감소하지 않는다. 자연사를 실용적으로 연구하는 그 어느 학파라도 질문자가 다양한 비밀과 이 토록 가까이서 접촉할 수 있는 경우가 매우 드물다는 점을 고려하면, 이는 어쩌면 당연한 일이다."[15] 뉴턴이 지적했듯, 소년들의 알 수집(소녀들이 알을 수집한 적은 없다)은 자연사 연구에서 꼭 필요한 부분이다. 데이비드 아텐보로우David Attenborough와 빌 오디Bill Oddie와 마크 코커Mark Cocke를 비롯한 20세기의 유명한 동식물학자이자 환경보호활동가들은 모두 어린 시절에 알을 수집했다고 인정했다. 그러나 단지 그 경험이 훗날의 직업에 얼마나 중요한 역할을 미쳤는지 강조해기 위해서일 뿐이었다.[16]

처음에 새알 수집을 정당화했던 이유 중 하나는, 새알을 새의 가죽이나 골격과 함께 이용하면 새의 자연적 질서를 유추할 수 있는 자료가 된다는 것이었다. 실제로 윌러비와 레이의 『조류학』을 요약해보면, 과학으로서 조류학의 주요 목표는 하느님의 위대한 계획을 확인하는 것이었다. 동물학과 식물학 모두를 포함한 전체 생물학이 마찬가지였다. 다른 종은 어떻게 서로 연결될까? 분명 규칙이 존재했다. 방울새greenfinch는 오색방울새goldfinch와 서로 더 비슷하고, 물떼새dotterel나 논병아리dabchick와는 덜 비슷하지만, 이런 관계의 근거는 대개 찾기 어렵다. 당시에는 새의 배열을 시각화할 수 있는 유일한 단서가 눈으로 볼 수 있는 외부적이거나 내부적인 특징이었다. 한편으로는 깃털 색과 무늬, 다른 한편으로는 내장이나 머리뼈나 울대가 있었다.

하지만 알의 경우에는 색, 모양, 구조가 사람들이 생각하기에 과학적 노력에 공헌할 수 있을 듯 했다.

하느님이 수수께끼처럼 막무가내로 움직였거나 신도들을 위해 흥미롭고 지적인 도전과제를 만들어낸 것이 아니라면, 규칙은 명백할지도 모른다. 하지만 새의 배열은 하느님의 지혜의 소산이 아니다. 종종 수수께끼 같은 방식으로 작용하는 진화가 수백만 년에 걸쳐서 이루어진 결과이다. 진화 과정은 방법 면에서 특히 파격적인데, 때로는 관계없는 종에서 유사한 구조를 만들어내기 때문이다. 신대륙의 벌새hummingbird와 구대륙의 태양조sunbird는 둘 다 긴 혀와 부리로 꽃에서 꿀을 빨아먹고 깃털이 무지갯빛이다. 신체적 유사성에도 불구하고 벌새와 태양조는 바로 위 조상이 다르다. 제각기 진화해온 것이다. 유사한 환경이 유사한 선택 압박을 가했고, "수렴진화convergent evolution"라고 알려진 과정을 통해 유사한 신체를 갖게 된 것이다. 자연신학이라는 형태를 하고 있던 "하느님의 지혜"라는 발상은 오랜 시간이 지난 후에 다윈의 자연선택으로 교체된다. 수렴진화이론은 계속해서 자연선택의 가장 중요한 증거가 되었을 뿐 아니라 새들 사이의 관계를 이해하려고 노력하는 사람들에게 근심거리를 안겨주었다. 21세기 초에 유전적 특징을 판단하는 분자생물학적 방법이 진정으로 객관적인 방법을 제공하고 난 뒤에야, 과학자들은 마침내 새의 진화사와 새들 사이의 관계에 대한 타당한 그림을 얻었다고 느꼈다.[17]

서로 다른 새 무리 사이의 관계를 이해하기 위해 조류학이 분투했던 400년의 세월을 통틀어 박물관 표본은 무척 중요했다. 가죽과 뼈는 필수적이었는데, 적어도 여기에서 몇 가지 규칙을 찾을 수 있었기 때문이다. 하지만 이런 측면에서 볼 때 알은 전적으로 쓸모가 없다. 이 사실을 만년에 깨달은 알프레드 뉴턴은 이런 글을 남겼다. "조란학이 체계적인 조류학에 가져다줄 것으로 기대했던 이득은 상당히 큰 실망만을 안겨주었음을 나는 고백해야 한다… 조란학을 단독으로 사용한다면 다른 모호한 성질만큼이나 잘못된 방향으로 이끌려 간다는 것이 증명되었다."[18] 채 많은 시간이 흐르기도 전에 과학 분야에서는 알 수집을 계속 옹호하기가 점점 더 어려워졌다.

알에는 감각적인 무언가가 있다. 당연하다. 알은 유성생식의 일부이지만, 자신만의 성적인 분위기를 풍긴다. 어쩌면 멋진 곡선이 남성들 사이에 깊이 뿌리내린 시각적이고 촉각적인 감각의 방아쇠를 당기는지도 모른다. 이것을 증명이라도 하듯, 내가 찾은 어느 알 수집에 대한 책에서는 알과 여성의 육체를 평행선상에 두면서 매혹적인 일련의 타원과 구형으로 여성의 육체를 표현하기도 했다.[19] 이것은 파베르제의 달걀Faberge's egg이 인기 있는 이유 중 하나일 수도 있다. 이 비싼 결혼 선물은 감각적인 형태와 궁극적인 생명잉태의 상징을 혼합하고 있으니 말이다.

필립 맨슨-바Philip Manson-Bahr가 회상한 알프레드 뉴턴은 알에게 성적인 무언가를 분명하게 드러내고 있었다. "공인된 여성혐오자임에도 불구하고 뉴턴은 여성에게 매력적이고 정중하게 굴 줄 알았는데, 그럼에도 자신의 박물관과 그 속의 보물은 여성이 볼 수 없다는 원칙을 굳건하게 지켰으며, 심지어 알 수집품을 곁눈질하는 것조차 절대 용납하지 않았다…뉴턴이 자신의 알에 추파를 던지는 모습은 또 다른 볼거리였다. 뉴턴은 알을 사랑했다."[20]

알의 삼차원 모양이나 그 형태가 아름다움을 함축하고 있다고 생각하는 추가적인 이유가 있다. 예술작품에서 광범위하게 등장하는 새에 비해 알의 그림은 극도로 드문데, 알을 이차원으로 만드는 것은 대부분의 사람에게 매력이 없기 때문이라고 단순하게 추측해볼 수 있다. 반면 알 모양의 조각은 —예를 들면 바바라 햅워스Barbara Hepworth와 헨리 무어Henry Moore의 작품처럼— 큰 매력을 지니고 있다.[21]

2014년 초 어느 추운 겨울날 나는 하트퍼트셔Hertfordshire 트링Tring에 있는 자연사박물관의 조류학 부서를 방문하여, 루프턴이 모은 천 개 이상의 벰턴산 알을 감상했다. 알 수집가 대부분은 표본을 언제 어디서 얻었는지 기록해두기 때문에 나는 순진하게 루프턴도 마찬가지였으리라 생각했다. 그러나 루프턴은 각 표본을 얻은 장소와 시기를 이야기할 때 거의 자신의 기억에 의지했던 것으로 보인다. 몇 개의 상자에는 균일하지 않은 메모가 적힌 종잇조각이 알과 함께 놓여 있었지만, 누구도 내용을 확실히 알아볼 수 없었다. 직설적으로 말하자

면 루프턴의 수집품은 정돈되지 않았으며, 박물관에 올 때부터 이런 상태였다.[22]

과학자인 나는 거의 울 뻔 했다. 그토록 많은 정보가 그토록 무심하게 버려지다니! 어쩌면 루프턴처럼 과학이 아닌 아름다움에 주의를 기울이는 인사들은 기록카드와 연관이 없을지도 모른다. 트링에 있는 그의 보관함 몇 개는 실로 아름답기 그지없다. 같은 암컷 바다오리가 같은 해 또는 여러 해에 걸쳐서 낳은 것으로 보이는 거의 동일한 알이 두 개, 세 개, 네 개씩 담긴 상자가 있다. 다른 상자에는 극도로 희귀한, 무늬 없이 완전히 하얀 알이 39개 들어있는데, 루프턴이 마구잡이로 휘갈겨놓은 쪽지에 의하면 모두 같은 뱀턴 절벽 바위턱에 살던 세 마리의 암컷이 낳은 것들이다! 또 다른 상자에는 색이 특이한 알이 20개 들어있다. 하얀 바탕에 빨간 피트만Pitman 속기체를 써놓은 듯한 이 알들은 믿기지 않게도 영국 해안을 따라 멀찍이 떨어진 여러 장소에서 가져온 것이어서, 바다오리 알은 두 개 이상 같은 것이 없다는 믿음을 반박하고 있다.

나는 루프턴의 알들을 보았을 때 실망감과 경외감을 함께 느꼈다. 실망한 이유는 기록카드가 없이는 광대하게 정렬한 이 멋진 알들이 과학적으로 거의 가치가 없기 때문이다. 한편 알의 순수한 다양성, 루프턴이 지닌 집착의 크기와 성질, 그리고 그의 미에 대한 투자는 놀라웠다. 내가 기록이 부족하다고 박물관장인 더글러스에게 불평하자 더글러스는 내 컵은 절반이 빈 것인지 절반이 찬 것인지 물었는데, 더글러스의 말에 의하면 루프턴의 수집품 없이는 서술하거나 생각해볼 만한 거리도 없을 것이기 때문이었다. 내 컵은 절반이 차 있다. 사실 절반보다 많이 차 있는데, 루프턴이 알을 이용해 선사하는 아름다움을 즐길 수 있기 때문이다. 또 나는 아무도 루프턴의 수집품을 전시하려고 시도하지 않았던 것이 얼마나 행운이었는지를 알고 있다. 만약 그랬다면 알들의 아름다운 배치가 필연적으로 무너졌을 것이기 때문이다.

훗날 누군가가 루프턴의 기록카드를 발견한다면, 어쩌면, 말 그대로 어쩌면, 우리는 알과 카드를 짝짓고, 알의 크기가 연도별로 얼마나 변했는지, 같은 암컷이 낳는 알의 색과 모양은 산란기 동안 또는 메트랜드 알의 경우에서처럼 평생 동안 얼마나 비슷한 상태로 남아있는지 알아보기 시작할 수 있을 것이다.[23] 루프턴의 알을 조심스럽게 조사할 방법도 많이 있다. 그러니 지금과 같은 상태라도 루프턴의 알을 조사하는 것이 가능할지도 모른다.

아쉽지만 우리가 암호를 풀게 해줄 기록카드와 통합기록표는 없을 가능성이 더 크다. 루프턴의 수집품에서 볼 수 있는 모든 것은 아름다움을 힘껏 뽐내며 과학을 배제하고 있다. 아마 가장 많은 정보를 주는 것은 보관함 서랍 속에 든 연한 초록빛 종잇조각으로, 연필로 휘갈겨 쓴 글씨는 거의 알아볼 수 없으며 상당수에는 루프턴의 이니셜이 적혀있었다. 이들 종잇조각에 적힌 메모는 "x4"나 "x3" 따위가 전부로, 암호라도 되는 양 매우 짧았다. 기록카드나 통합표가 있는데도 서명한 메모를 알 상자에 둘 사람이 어디 있겠는가?

유리 뚜껑을 덮은 루프턴의 알 상자는 크기가 60 x 60cm이며 현재는 대영박물관 보관장의 하얀 플라스틱 서랍 안에 들어있다. 더글라스의 제안으로 우리는 37개 상자들을 모두 꺼내서 탁자와 긴 의자와 바닥에 늘어놓았다. 그렇게 했을 때만이 전체 시각적 효과가 확연하게 드러났다. 루프턴은 알들을 분류하고, 다양한 배열을 맞추고, 배열을 완성시켜 줄지도 모를 알을 찾는 데 몇 달을 보냈을 것이 분명하다. 그리고 이 모든 노력은 전적으로 알을 전시하는 것이 목적이었다. 루프턴의 알 상자는 공작새의 꼬리에 달린 깃털 하나하나였다. 각 알은 공작 꼬리의 눈꼴무늬에 해당하는 것으로, 배치는 과감하고, 경이로우며, 세세하게 설명하기 어려웠다.

루프턴의 수집품은 상상할 수 있는 모든 조란학적 기준을 고려하여 정리한 것이다. 색, 크기, 모양, 질감 말이다. 하지만 이런 배치를 꼭 정당하다 할 수는 없는데, 색만 하더라도 바탕 색, 무늬의 종류와 색조, 알 표면에 무늬가 분포한 형태 등 다양하기 때문이다. 루프턴이 했던 가장 절묘한 배치는 가로로 네 개씩 늘어선 12개 묶음의 알들인데, 모든 알은 서로 다른 바탕색에 검고 흰 점이 찍혀있다. 바탕색은 연한 파랑색, 연한 초록색, 누리끼리한 황토색, 흰색이고, 인접한 묶음들은 거울처럼 서로 대칭을 이루고 있다. 그야말로 예술작품인 것이다.

다른 서랍에는 훨씬 더 특이한 것이 들어있다. 한 쌍을 이루고 있는 바다오리 알 하나와 레이저빌 알 하나는 모양은 확연하게 다르지만 (레이저빌 알이 훨씬 덜 뾰족하다) 색과 무늬는 완벽하게 같다. 무척 놀라운 일이다. 레이저빌은 보통 바다오리들 사이에서 번식하긴 하지만, 늘 바위틈에 홀로 숨어서 바다오리보다 훨씬 덜 다양하고 덜 다채로운 알을 낳는다. 필요하다면 나는 색과 무늬만 보고도 알이 레이저빌의 것인지 바다오리의 것인지 90퍼센트 이상 정확하게 구분할 수 있으리라 생각한다. 하지만 루프턴은 각 종에 미미한 비율로 존재하는 서로를 닮은 알을 찾아냈고, 덕분에 나는 두 종의 알 색깔을 결정하는 유전자가 얼마나 동일한지 궁금해졌다.

나는 루프턴이 매년 이 배열을 구성하는 모습을 상상해보았다. 벰턴 절벽 꼭대기를 서성이며, 클리머들이 끌어올리는 알을 보면서, 자신의 수집품에 어떤 것이 필요할지 가늠하는 모습을. 겨울 동안에는 분명 아주 오랜 시간을 들여 알을 살펴보면서, 자신이 갖고 있는 것이 무엇이고 무엇이 필요한지 정확하게 파악했을 것이다. 자신의 수집품들을 한층 더 완벽하게 만들어줄 특별한 알을 얻었을 때의 그 숨막히게 흥분된 순간을 루프턴이 곱씹는 모습도 그려볼 수 있다.

루프턴은 역사이다. 알 수집 역시 크게는 역사이다. 과학적 가치에는 한계가 있을지도 모르지만, 그럼에도 루프턴의 소장품은 가치가 있다. 내가 이 책을 쓰는 동안 몇몇 박물관장은 과거에 그들이 벰턴에서 채집한 바다오리 알 수백 개를 어떻게 파괴했는지 이야기해주었다. 동봉된 기록이 없기 때문에 "과학적으로 무가치하다"는 이유였다. 덕분에 나는 민망해졌다. 한때 쓸모없다고 생각했던 무언가가 다른 관점에서 보거나 다른 기술을 이용하면 실제로 가치가 드러나는 경우는 비일비재하다. 현재는 알 껍질에서 미세한 조각을 떼어내서 DNA를 추출하면 알을 낳은 암컷의 유전자형을 알아보는 것이 가능하다.[24] 그리고 누가 알겠는가? 분자생물학적 방법이 계속 발달하면 알에 담긴 유전적 개념을 이용해 루프턴이 잃어버린 기록을 복원하는 것도 가능하게 될지.

루프턴의 것과 같은 수집품도 문화적 가치를 지니고 있다. 사실 나는 과학자로서 세상을 하나의 렌즈, 과학자들이 종종 우월하다고 믿는 그 렌즈로만 바라보는 것은 너무 단순한 일이라고 생각한다. 루프턴의 바다오리 알이 이루고 있는 아름다운 배열은 독특하다. 그 자체로도 전시할만한 가치가 있으며, 트링자연사박물관의 어두컴컴한 방 밖으로 나온다면 예술가를 비롯한 사람들이 자연세계를 새로운 시각에서 바라보도록 영감을 줄 것이라고 예상한다.

사람들은 알의 미적인 완벽함을 보게 될 뿐 아니라 생물학적 완벽함에 대해 묻게 될지도 모른다. 알이 어떻게 구성되는지, 어떻게 그 색이 한없이 다양한 것처럼 보이는지, 왜 알의 모양과 크기가 이렇게나 다양한지, 왜 표면적으로는 동일해 보이는 노른자와 흰자가 실제로는 매우 다양한지, 어떻게 단 하나의 암컷 세포가 하나 이상의 정자를 만나 생명에 불을 붙이는지, 대략 몇 주가 지난 후 어떻게 새 생명이 난각이라 부르는 연약하지만 단단한 구조물을 깨고 나오는지.

우리는 난각에서 탐사를 시작하여 새알의 바깥에서 안으로 향하는 여정을 할 것이다.

○

2

알은 어떻게
만들어지는가

○

**생물학자는 알로부터 해당 종의 새에 대한
많은 것을 배울 수 있다.**

-퍼셀, 홀, 코아드소R. Purcell, L. S. Hall and R. Coardso,
「알과 둥지」(2008)

생명 없는 난각으로 가득 찬 박물관의 서랍장과 그 난각이 생산되었던 난관卵管, oviduct 사이의 심리학적 거리는 어마어마하다. 지리학적으로도 거리가 먼 경우가 허다하다. 알들을 박물관에서 본 사람들 중 몇몇은 이 둘을 연관 지어본 적도 없을 것이다. 이렇게 연결짓기가 어려운 이유 중 하나는 오늘날에는 많지 않은 사람들만이 야생 새의 살아있고 숨 쉬는 알을 보거나 만져볼 기회를 갖기 때문이다.

발달중인 배아는 단단한 백악白堊질 난각 덕택에 외부세계로부터 보호받지만, 또한 난각 덕택에 외부세계와 연결된다. 외부의 미생물이 침투하지 못하도록 막으면서 동시에 안쪽의 배아가 호흡할 수 있도록 하는 구조를 어떻게 만들 수 있을까? 어떻게 알을 품는 부모 새의 무게를 전부 견딜 만큼 튼튼하면서, 마침내 새끼 새가 깨고 나올

알은 어떻게 만들어지는가

수 있을 만큼 약할 수 있을까? 진화는 기본적으로 외부에 존재하는 태반placenta 및 조산아의 조합인 "자족적인 생명유지 시스템"을 성공적으로 창안해냈다.[1]

난각이 만들어지는 것에 대해 우리가 알고 있는 대다수는 빌헬름 폰 나투시우스Wilhelm von Nathusius라는, 공학적으로는 영리하지만 생물학적으로는 무지한 19세기 독일인이 수행했던 최초의 연구들에서 나온 것이다. 1821년에 부유한 명문가에서 태어난 나투시우스는 가문에서 운영하는 도자기 공장에서 일하기 위해 파리에서 화학을 공부하였다. 그러나 농업을 선호했던 그는 엘베 강 유역 마그데부르크Magdeburg의 사유지를 물려받자마자, 남은 삶 동안 온 힘을 다해 신농업기법을 개발했다. 그는 농업에 대한 논문을 대규모로 발표했고 그 공로를 인정받아 1861년에 프러시아의 왕으로부터 기사작위를 받았다. 취미로 난각을 연구하긴 했지만 나투시우스의 생물학적 관점은 주류에서 완전히 벗어나 있었는데, 그가 속한 독일의 생물학자들 모임에서는 다윈을 경멸했고, 마티아스 슐라이덴Matthias Schleiden과 테오도어 슈반Theodor Schwann이 갓 발견했던 세포가 생명의 기초라는 놀라운 사실을 거부했다.

나투시우스는 구시대적이고 시대에 역행하는 입장을 취했지만, 그가 수행했던 새알에 대한 비교연구는 오늘날까지도 가장 자세한 것이라고 할 수 있다. 어느 대학과도 멀찍이 떨어져 살면서 대부분 혼자서 연구했을 것으로 짐작되는 그는 자신만의 실험실에서 새로운 현미경 관찰법을 놀랍도록 창의적으로 개발했다. 말 그대로이든 비유적으로든 난각은 단단한데, 나투시우스는 일련의 부식성 화학약품과 색염료와 엄청난 기발함을 이용하여 적어도 60종 이상의 새가 만드는 난각의 구조를 조사하고 설명할 방법을 찾았다. 그는 자신이 직접 수집했던 타조, 키위, 후투티hoopoe, 개미잡이새wryneck, 두루미, 바다오리를 포함하여 매우 다양한 종을 조사했다. 하지만 그의 생물학적 소양은 몹시 좁아서 과학이란 다른 것이 아니라 사실을 묘사하는 것이라고 믿었다. 바로 이런 믿음 때문에 그는 다윈과 슐라이덴과 슈반의 추론이 증명되지 않았다며 배척했다. 이들의 추론이 사실에 근거하고 있지 않았다며 말이다.[2]

1960년대의 또 다른 난각 연구자이던 시릴 타일러Cyril Tyler는 영국 레딩 대학의 생물학자로 나투시우스의 논문 30편을 번역하고 영문 초록을 만들었다. 타일러는 나투시우스의 업적에 감탄하는 동시에 그의 장황하고 중언부언하는 글에 절망했다. 또 타일러의 지적에 따르면 나투시우스는 자신의 연구를 발표하기가 얼마나 어려웠는지 불만을 토로했다. 나투시우스의 좁은 생물학적 시야를 고려할 때 그리 놀랄만한 일은 아니다. 나투시어스는 더 수준 높은 소양을 갖춘 (그리고 다윈주의자인) 독일 조류학협회 회장 프리드리히 쿠터Friedrich Kutter의 반대에 부딪혔다. 나에게 나투시우스는 생물학에 대한 개념적 지식이 전무함에도 불구하고 특정 분야에 사실상 지대한 공헌을 한 한 사람의 흥미로운 사례이다. 마찬가지로 자신들이 수술을 통해 치료

하는 신체가 어떻게 진화했는지에 대해서 전혀 알지 못하는 임상의도 기술은 뛰어날 수 있다.[3]

난소를 나와 수정된 "알"이 대략 6시간쯤 후, 껍데기가 생기기 바로 직전의 단계에서 난관의 중간에 위치한 자궁에 도착할 때쯤 합류하도록 하자.

자궁(난각샘이라고도 한다)에 막 들어선 알은 대단치는 않아도 부드러운 막에 둘러싸여 있는데, 만지면 질척한 느낌이 난다. 알 생성 과정 중 이 단계를 재현하는 일은 무척 쉽다. 맑은 식초를 담은 잼 병에 알—달걀이면 충분할 것이다—을 밤새 담가두면 된다.

나는 절벽 틈에 버려진 암녹색 바다오리 알을 식초에 담그고 수천 개의 미세한 이산화탄소 방울이 난각 표면에 맺히는 것을 지켜보았다. 식초의 아세트산이 난각의 탄산칼슘과 반응한 결과였다. 방울은 점차 커지다가 마침내 난각에서 떨어져 식초 표면으로 떠올랐다. 마치 물에 타먹는 발포 소화제를 느린 화면으로 보는 것 같았다. 48시간 후 난각은 완전히 사라졌고 식초에서 꺼낸 알은 그 흐물거리고 쭈글쭈글한 질감이 살짝 역겨웠다. 이제 내 손에 올려둔 난각 없는 알은 축축하고 축 늘어져서 알과는 정반대인 상태이지만 여전히 초록색이었고 원래 있던 짙은 얼룩도 남아있었다. 알을 물 대접에 넣고 조금 남은 잔해들을 씻어낸 나는 가죽 같은 난각막shell membrane이 알을 감싼 형태가 난각이 있을 때와 정확하게 동일하다는 사실에 놀랐다.

식초가 하는 일은 난각 형성 과정을 반대로 되돌리는 것으로, 탄산칼슘을 바깥에서부터 먹어치운다. 조금 더 시간이 지나면 약간의 식초가 기공을 통해 실제로 난각 속으로 침투할 수도 있지만, 여기에 대해서는 확신할 수 없다.

이것이 자궁에 도착했을 무렵의 알이다. 노른자가 매우 끈끈하고 얇은 흰자 층에 둘러싸여 있고 그 위로 알 모양의 주머니(난각막)가 형태를 잡아주는 상태이다.

난각막은 사실 두 겹으로 되어 있고, 주요 구성성분은 약간의 콜라겐이 섞인 단백질이며, 자궁 바로 전에 붙어있는 협부 isthmus 라고 하는 난관의 부위에서 탄생한다. 완숙 달걀의 껍질을 벗길 때면 가끔 난각막 조각이 난각의 안쪽에 붙어있는 모습을 볼 수 있다. 난각막은 매우 얇은 양피지 같은 생김과 질감을 지니고 있지만, 현미경 아래 놓으면 섬유로 이루어진 그물 같은 모습을 볼 수 있다. 협부 부분에 있는 수천 개의 작은 분비샘에서 압출된 이 섬유는, 층층이 쌓여서 현미경으로 들여다보면 코코넛 섬유로 짠 매트 조각처럼 생겨 있다. 이 성기게 짜인 구조 덕분에 나중에 흰자에 물이 차서 통통해지면 난각막도 팽창할 수 있다. 난각막은 두께가 일정하고, 알이 클수록 두껍긴 해도 거의 대다수 새의 경우에 극도로 얇다. 금화조의 알은 약 $5\mu m$*, 달걀은 $6\mu m$, 바다오리의 알은 거의 $100\mu m$, 타조의 알은 $200\mu m$ 정도이다. 참고로 평범한 80g짜리 프린터 용지 한 장의 두께는 $90\mu m$ 정도이다.[4]

* 1마이크로미터(µm)는 백만분의 1미터, 천분의 1밀리미터이다.

2. 새의 알과 그 주요 부위

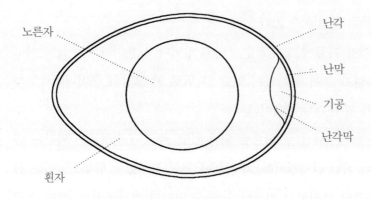

노른자

난각

난막

기공

난각막

흰자

여기에 어떤 연관성이 있나 살펴보기 위해 새의 난각을 만들어보자. 우리는 알이 자궁의 입구에 도착했을 때부터 시작할 것이다. 이 시점에서 알은 식초에 담가뒀던 알과 비슷한데, 기본적으로 물이 반쯤 찬 풍선 같은 모습이다. 마음속으로 손을 오므려 이것을 들고, 여러분의 손바닥에 수십 개의 미세한 에어로졸 스프레이가 매우 다양하게 달려있다고 생각해보자. 첫 번째 스프레이가 탄산칼슘을 녹인 백악질 농축액을 부드럽게 내뿜으면, 풍선의 표면 위에 위태로운 거품덩이가 내려앉고, 이것이 말라 제각각 혹처럼 생긴 머랭이 된다. 수많은, 어쩌면 수백 개의 인접한 에어로졸이 같은 일을 하기 때문에, 풍선의 전체 표면은 수 시간 내에 작고 땅딸막한 수백 개의 거품 탑 (전문적으로는 유두핵mammillary core이라고 부르는데, 가슴과 같은 모양을 하고 있기 때문이다)에 뒤덮인다. 새 안에서 이제 알은 예전에 자궁이라고 불렸던 "붉은 지역(혈관이 많이 분포한 부분)"을 지나 엄밀한 의미의 자궁으로 들어가고, 여기서 다른 종류의 에어로졸이 수백 개의 단단해진 거품 탑 "사이로" 물을 쏜다. 물은 풍선의 표면, 즉 섬유로 된 난막egg membrane을 통과하여 그 아래 있는 흰자로 들어간다. 이 과정은 "부풀리기"라고 하는데, 아마도 흰자를 부풀려서 풍선이 한계에 가깝게 불어나도록 만들기 때문일 것이다. 이제 새로운 에어로졸 다발이 작동하고, 거품 탑 위로 탄산칼슘 농축액을 내뿜는다.[5] 이렇게 알의 전체 표면 위로 분사가 길게 이어지면, 20시간이 넘어갈 즘에는 긴 기둥이 울타리처럼 빽빽이 들어차서 책상조직층이라고 부르는, 곧게 선 방해석(탄산칼슘이 결정화된 형태) 결정 층이 생긴다. 이 기둥들이 단단해지면 난각이 만들어지지만 기둥 사이에 빈틈이 없지는 않다. 몇몇 곳은 기둥이 서로 닿아 있지 않고 작은 수직 공간을 남겨두고 있다. 이것은 난각막을 외부세계와 연결하는 공기 통로인 기공이 되고, 덕분에 기체와 수증기가 난각 안팎을 드나들면서 배아가 숨쉴 수 있게 해준다. 난각은 종에 따라 차이가 큰데 이 난각에 존재하는 기공의 수와 크기가 어떻게 결정되는지는 전혀 알려지지 않았다.

축 늘어진 풍선이 자궁에 들어가고 약 20시간이 지났지만 여전히 끝나지 않은 과정이 있다. 다음에 이어지는 마지막 두세 시간 동안에는 또 다른 에어로졸 스프레이들이 작동하여 색 염료를 뿜어내기 시작한다. 염료는 최외각의 탄산칼슘 층과 섞여서 알 표면에 바탕색을 칠한다. 바탕칠이 끝나고 난 뒤 또는 끝나기 직전, 다른 "페인트 건"들이 알 표면에 반점과 얼룩무늬를 그린다. 페인트 건이 염료를 생산하고 난각에 발사하는 방법은 복잡한데, 이후 더 자세히 논의할 것이다. 난각 형성 과정의 마지막은 가장 바깥층을 만드는 또 다른 에어로졸들이 한다. 이 과정은 새 차에 왁스칠을 하는 것과 비슷하지만, 이 경우에는 왁스가 아니라 끈적이는 단백질이 사용된다. 종에 따라 색소가 섞일 수도 있는 이 단백질은 난각 전체에 도포되었다가 바깥 세상으로 나오자마자 거의 즉시 마른다.

아리스토텔레스는 몇 가지 이유를 들어서 새가 알을 낳을 때는 난각이 부드럽다가 공기와 닿아 식으면서 단단해진다고 믿었다. 다음 장에서 만나게 될 윌리엄 하비_{William Harvey}는 "식초 속에서 부드러워진 알을 병의 좁은 목으로 쉽게 밀어서 통과시킬 수 있는 것과 같은 원리"로 난각이 부드러우면 암컷이 알을 낳을 때 고통을 피할 수 있을 것이라고 생각했다고 한다. 그러나 그는 이어서 다음과 같이 말했다. "나는 오랫동안 아리스토텔레스의 의견에 동의했지만, 확실한 경험을 통해 반대의 사례를 알게 되었다. 실제로 나는 자궁 속 알이 거의 항상 단단한 난각에 둘러싸여 있다는 것을 확실하게 알아냈다."[6]

산란기의 첫 번째 알을 낳기 24시간 전, 암컷 새는 바쁘고 스트레스를 받는다. 알을 만드는 데는 많은 영양소가 필요한데, 가장 얻기 어려운 영양소는 난각을 만드는 데 필요한 칼슘이다. 대부분의 새가 몸에 여분의 칼슘을 많이 저장해두지 않기 때문이기도 하지만, 갑자

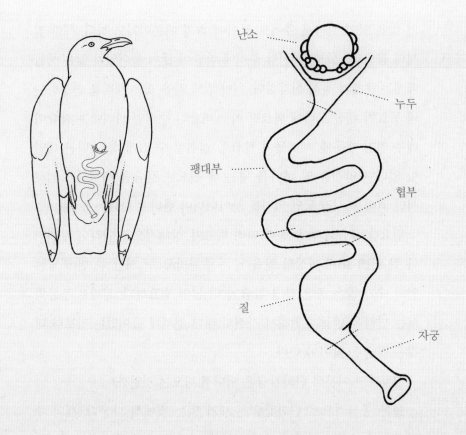

난소

누두

팽대부

협부

질

자궁

3. 새의 난소와 난관. 알 생성에 각기 다른 영향을 주는 곳
이 명시되어 있다. 이것은 편의를 위한 그림으로, 실제 새의
난관은 꼬여져 있다는 것을 기억하라.

기 많은 양의 칼슘을 추가로 찾아야 하기 때문이기도 하다. 특히 벌 새나 풍금조tanager, 제비처럼 주식에 칼슘이 많이 들어있지 않은 새들에게는 문제가 특히 심각하다. 처마 밑에 집을 짓는 제비를 연구하는 내 동료가 계산한 바에 따르면 이 제비들의 주식인 파리에는 칼슘이 매우 적기 때문에, 제비들이 칼슘을 섭취할 수 있게 하는 다른 대안이 없다면 암컷은 알 하나를 낳는 데 필요한 칼슘을 축적하기 위해서만 최대 36시간 동안 먹이를 찾아다녀야 한다고 한다.[7]

필요한 칼슘의 양은 종에 따라 다르며, 상대적으로 난각이 두껍거나 한 번에 16개 이상의 알을 낳는 푸른박새blue tit처럼 한 번에 낳는 알의 수가 많은 종은 분명 칼슘이 더 많이 필요하다. 실제로 푸른박새는 난각을 만들기 위해서 자신의 뼈대 전체에 들어있는 양보다 더 많은 칼슘을 찾아야 한다.

그렇다면 여분의 탄화칼슘은 어디서 나오는 것일까?

물론 궁극적으로 탄화칼슘은 새가 먹는 것에서 나온다. 새의 주식에 칼슘이 풍부하다면 문제가 없다. 예를 들어 수염부리lammergeier는 주로 뼈를 먹고, 바다오리 같은 바닷새와 부엉이와 같은 맹금류는 사냥감을 통째로 삼킨다. 이들이 섭취한 칼슘은 내장에서 혈류로 흘러가고, 일시적으로 뼈에 머물다가 다시 자궁의 분비샘으로 가서 거기에서 난각을 구성한다. 먹이에 칼슘이 충분히 들어있지 않을 때 암컷 새는 뼈에서 칼슘을 끌어올 수도 있지만, 그렇게 하는 새는 많지 않다. 붉은가슴도요red knot는 뼈에서 칼슘을 끌어오는 새이지만, 한 번에 4개의 알을 낳는 데 비해 그중 2개의 난각을 만들 수 있을 정도만 칼슘을 저장하고 있다. 나머지는 난각을 만드는 며칠 동안 찾을 수 있는 먹이에서 충당한다.[8]

난각을 만드는 과정에 있는 암컷은 칼슘을 찾으며, 특별히 칼슘을 향한 식욕을 분명히 갖고 있다. 놀랄 것도 없는 것이 만약 암컷에게 이런 식욕이 없다면 충분한 난각을 만들 수 없을 것이기 때문이다. 하지만 칼슘이 부족한 음식과 칼슘이 풍부한 음식을 암컷이 구분할 수 있다는 점과 이런 식욕이 난각 형성 기간에, 대개는 밤에만 작동한다는 사실은 놀랍다. 집에서 기르는 암탉은 선택권이 주어졌을 때 자기들에게 필요한 것이 무엇인지 정확히 파악하고 훌륭한 칼슘 섭취원인 잘게 부순 굴껍질을 향해 탐욕스레 다가간다.[9]

암컷 새는 어떻게 칼슘 섭취원을 찾을 수 있을까? 닭을 대상으로 한 연구에서는 본능적인 요소와 후천적인 요소 모두를 이용하여 칼슘을 감지한다고 제안한다. 밝혀지지 않은 것은 새가 어떤 감각을 이용하여 칼슘을 찾는가이다. 새는 칼슘의 냄새를 맡을 수 있을까? 볼 수 있을까? 맛을 느낄 수 있을까? 여기에 대해 우리는 아는 것이 없다. 작은앵무새budgerigar나 카나리아처럼 새장에서 번식하는 새에게 일반적으로 제공하는 오징어 뼈는 그 새들이 전에는 한 번도 볼 수 없던 것이다. 새들은 알을 낳기 전에 먹이로 제공된 오징어 뼈를 먹기 시작해야 한다는 사실을 어떻게 아는 것일까?

새의 다양한 감각 중 칼슘을 찾는 데 가장 유용할 것으로 보이는 것은 후각과 미각이다. 인간은 냄새로 칼슘을 감지할 수 있지만, 칼슘의 맛을 볼 수 있는가에 대한 증거는 최근까지도 분명하게 드러나지 않았다. 포유류나 조류에게 칼슘의 맛을 감지하는 특정한 수용체가 있을지도 모른다고 인정하기에는 다소 내키지 않는 구석이 있는 듯하다. 그렇게 하면 우리가 오직 단맛, 신맛, 짠맛 등의 소수의 기본적인 미각 수용체만을 지니고 있다는 개념을 위배할지도 모르기 때문이다.[10]

1930년대에 헬왈드H. Hellwald는 기발한 실험을 수행했는데, 칼슘이 부족한 닭에게 평범한 마카로니와 알 껍질을 잘게 부숴 넣어서 알 껍질의 맛을 느낄 수 없게 한 마카로니 중 하나를 먹였다. 헬왈드는 네 시간 후에 닭들이 부서진 알 껍질을 마음대로 먹을 수 있도록 하고 얼마나 많은 양을 먹는지 기록했다. 자신도 모르는 사이에 마카로니에 숨어있던 알 껍질을 먹은 닭은 실험의 두 번째 단계에서 평범한 마카로니를 먹었던 닭들보다 알 껍질을 훨씬 적게 먹었다. 이 결과를 두고 헬왈드가 추측한 바에 따르면 숨어있던 칼슘을 먹은 닭은 어떤 이유에선가 칼슘의 맛을 보지 않고도 자신의 몸에 칼슘을 충분히 보유하고 있음을 "알았다"는 것이다. 그러나 이 실험은 닭이 칼슘의 맛을 느낄 수 있는 가능성을 차단한 것이 결코 아니다. 또 튜브를 통해 식사를 해본 사람은 알겠지만, 식욕 그 자체는 음식의 맛을 보지 않아도 쉽게 누그러진다. 따라서 새들이 칼슘을 감지하는 감각이 무엇인지는 앞으로 밝혀져야 하는 문제로 남아있다. 포유류에는 칼슘을 감지하는 미각 수용체 유전자가 있다는 사실이 최근에 밝혀졌고, 새에도 같은 유전자가 있을지 모른다. 또 서로 다른 종의 미뢰味蕾는 때때로 서로 다른 일을 끌어들인다는 사실이 잘 알려져 있는 만큼, 특정한 칼슘 수용체가 새의 입 안에서 발견될지도 모른다.[11]

솔잣새crossbill는 내가 사는 피크디스트릭트국립공원Peak District National Park 변경에는 흔치 않은 새로, 내가 가끔씩 보게 되는 솔잣새의 모습은 머리 위로 날아가거나 침엽수 꼭대기에 앉아 솔방울에서 씨를 뽑아먹는 것이다. 난각 형성을 위해 칼슘을 먹는 새에 대한 정보를 찾고 있을 무렵 나는 솔잣새에 대한 언급 몇 개를 찾아냈다. 조류학자 로버트 페인Robert Payne은 캘리포니아의 솔잣새가 흙을 먹거나, 코요테의 배설물을 쪼는 모습을 보고 느꼈던 놀라움을 이야기했다. 이 광경은 실은 둥지를 짓고 있는 암컷 솔잣새가 육식동물의 대변에서 잘 부서지는 설치류의 뼛조각을 골라내는 것이었다. 또 다른 상황에서는 50여 마리의 솔잣새 무리가 회반죽을 먹는 모습이 목격되기도 했다. 덕분에 나는 솔잣새의 주식인 솔방울 씨앗에 칼슘이 부족하기 때문에 이 솔잣새들이 알을 만드는 과정에서 특별한 칼슘 섭취원을 찾아 나선 것은 아닌지 궁금해졌다.[12]

북극 툰드라지역에서 번식하는 작은도요새small sandpiper 몇 종 역시 설치류의 뼈를 주요 칼슘 섭취원으로 삼는다. 알을 낳는 암컷이 갈색 나그네쥐의 뼈와 이빨을 습득하는 방법은 직접 뼈대를 찾거나 도둑갈매기skua가 쥐를 먹고 난 뒤 토해낸 알갱이를 뒤지는 것이다.[13]

앞서 언급했던 제비는 석회질 모래를 먹음으로써 칼슘을 얻지만, 대부분의 새들은 산란기에 칼슘이 풍부한 달팽이 껍질에 의존하는 것으로 보인다. 박새great tit, 상모솔새goldcrest와 흰눈썹상모솔새firecrest, 북미붉은벼슬딱따구리North American red-cockaded woodpecker를 비롯하여 수많은 종이 달팽이를 찾는 모습을 보였다. 칼슘을 향한 탐험은 저녁에 떠나는데 난각이 주로 밤에 형성되기 때문이다. 암컷은 횃대에 앉아 모래주머니를 가득 채운 달팽이 껍질 조각에서 밤새 칼슘을 뽑아내 난각에 배치한다. 집에서 기르는 암탉을 대상으로 실험한 결과 잘게 부순 굴 껍질은 늦은 오후에 주었을 때가 아침에만 주었을 때보다 결함 있는 난각을 만들어낼 확률이 낮았다.[14]

양계업자들도 모두 인지하고 있는 사실이지만, 칼슘이 충분하지 않을 때 번식에 대혼란이 일어날 수 있다는 것을 이 사례는 보여주고 있다. 결함 있는 난각은 빙산의 일각일 뿐이다. 칼슘을 충분하게 섭취하지 못한 새는 난각이 없이 오직 난각막에만 둘러싸인 알을 낳을 수도 있는데 이것은 물론 재앙과 같은 상황이다. 칼슘을 충분하게 섭취하지 못한 일부 새들은 번식 자체를 성공하지 못한다. 주인이 모이에 쓸 돈을 아끼느라 가금류나 새장에서 기르는 새가 칼슘을 충분히 섭취하지 못하게 되는 그림은 쉽게 상상이 가지만, 그러면 야생 새는 늘 칼슘을 충분하게 섭취할 수 있을까?

그렇지 않다. 1980년대에 페테르 드렌트Peter Drent와 얀 바이보 볼덴도프Ian Wilbo Woldendorp가 네덜란드에서 발견한 바에 의하면, 박새는 일반적인 난각을 형성하는 데 충분한 칼슘을 찾기 위해 분투하고 있었다. 네덜란드가 유명한 몇 가지 이유 중 하나는 일부 농업과 산업이 유럽에서 가장 집약되어 있다는 것인데, 이것은 산성비의 원인이 된다. 결국 산성비 때문에 토양의 품질은 떨어졌고, 숲이 사라졌으며, 달팽이의 수도 급격하게 감소했다.[15]

산성비를 처음 알아챈 것은 19세기였는데, 주로 석탄화력발전소에서 나온 이산화황과 산화질소 같은 오염원들이 공기 중으로 나와서 구름 속 물방울에 녹아있다가 눈비와 함께 땅으로 떨어지면서 발생한다. 그 결과로 물이 산성을 띄게 될 뿐 아니라 흙과 식물에도 영향을 주었다. 1970년대에 들어서야 산성비가 초래한 전체 결과가 확실하게 드러났다. 산성비는 물고기를 죽이고, 오래된 건물을 더 빠르게 악화시키고, 침출이라 부르는 과정을 통해 탄산칼슘을 흙에서 없애버리고, 달팽이의 수를 감소시켰다.[16]

특히 토양이 척박한 모래흙이라서 대안이 될 만한 칼슘 섭취원이 거의 없는 지역에서 달팽이의 개체 수가 감소하자 네덜란드박새Dutch great tit와 그 외 몇몇 작은 새들이 낳은 알의 난각이 "매우 얇고, 거칠고, 구멍이 많고, 연약하며 무늬가 없는" 일이 허다해졌다. 칼슘이 부족한 숲에서 암컷 박새는 달팽이를 찾아다니며 많은 시간을 보냈지만 충분한 양의 달팽이를 발견할 수 없었고, 포기하는 심정으로 작은 돌맹이와 모래를 먹었다. 몇몇 암컷은 알을 낳는 데 실패했고, 다른 암컷은 난각에 결함이 있는 알을 낳거나, 가끔씩 난각이 없는 알을 낳았다.[17] 영향을 받지 않은 것처럼 보였던 유일한 새들은 서식영역이 인기 있는 소풍장소와 겹쳐서 어수선한 소풍객들이 남기고 간 삶은 달걀의 껍질조각을 충분하게 발견할 수 있는 새들이었다! 흥미롭게도 얼룩무늬딱새pied flycatcher는 박새와 같은 나무에서 번식하는데도 아무런 문제없이 정상적인 난각을 생산했다. 이 현상을 두고 처음에는 철새인 얼룩무늬딱새가 아프리카에서 떠난 직후부터 알을 만들기 시작하기 때문일 것이라고 추측했지만, 나중에 얼룩무늬딱새는 외골격에 칼슘이 풍부한 노래기와 쥐며느리를 사냥하는 것으로 밝혀졌다.[18]

산성비가 문제라는 것을 뒤늦게 깨닫긴 했지만, 산성비가 새의 난각에 미치는 부정적인 영향은 산업혁명 이후로 계속 발견되었고 상황은 더 악화되었다. 여기에 대해서는 리스 그린Rhys Green의 연구가 명쾌하게 설명했는데 거의 우연에 의한 발견이었다. 케임브리지 대학과 왕립조류보호협회Royal Society for the Protection of Birds, RSPB에서 겸직을 맡고 있던 그린은 영국목도리지빠귀British ring ouzel가 감소하는 원인이 될 만한 근거를 찾고 있었다. 그는 네덜란드박새처럼 고지대에 사는 목도리지빠귀도 서식지가 산성화되면서 난각의 두께와 번식 성공률이 낮아진 것인지 궁금해했다. 반대로 대륙검은지빠귀blackbird, 노래지빠귀song thrush, 겨우살이개똥지빠귀mistle thrush같이 산성화의 영향이 훨씬 덜 두드러지는 낮은 지대에서 번식하는 다른 지빠귀들은 이런 영향을 받지 않았을 것이라고 예상했다. 박물관이 소장하고 있는 1850년도의 난각에서부터 그린은 시간의 흐름에 따른 난각 두께의 변화를 추적할 수 있었다. 목도리지빠귀의 난각은 두께가 지속적으로 감소한 것으로 드러났지만 다른 지빠귀 종의 난각 역시 마찬가지였다. 모든 지빠귀들이 산성화와, 결정적으로 달팽이 수 감소의 영향을 경험한 듯 보인다.[19]

산업 및 농업 배출물과 관련된 법이 바뀌면서 산성비가 줄었고, 달팽이의 개체 수와 박새 및 지빠귀의 난각 두께는 모두 회복 중이지만 난각은 여전히 예전보다 얇다.[20]

우리가 환경을 오용함으로써 새에게 일으킨 칼슘 관련 문제는 비단 산성비뿐이 아니다. 살충제는 1940년대와 1970년대 사이에 훨씬 심각하고 천천히 진행되는 문제를 일으켰다. 1939년에 발명된 DDT dichlorodiphenyltrichloroethane라는 유기염소 화합물은 해충이 사람들에게 퍼트리는 질병을 효과적으로 예방하는 것으로 드러났고, 덕분에 DDT가 2차 대전에서 연합군을 도왔다고까지 말할 정도였다. 1970년대에 전 세계적으로 DDT를 사용했던 것 역시 이런 이유였다. DDT가 야생에 새의 죽음이라는 형태로 나타나는 부정적인 영향을 미칠 것은 처음부터 거의 명확했지만, 제조업자들은 미국 정부를 속이거나 어쩌면 미국 정부와 야합하는 데 화려하게 성공했고, 광대한 땅위에 거의 치사량에 가까운 분량을 살포했다. 1940년대와 1950년대에는 심지어 DDT를 미국의 해변에 살포하여 해변 이용객들을 흡혈파리로부터 해방시키기도 했다. 이런 "서비스"는 해맑은 어린아이가 DDT

구름 사이를 즐겁게 뛰노는 장면을 이용한 광고를 탔다.

DDT는 (DDEdichlorodiphenyldichloroethylene라고 불리는 살짝 다른 형태로) 먹이사슬을 따라 올라가며 축적되기 때문에 맹금, 부엉이, 왜가리 같은 최상위포식자는 결과적으로 높은 수준을 축적하게 되었다. DDT가 상위 포식자인 새에게 미치는 영향이 지금은 잘 알려져 있다. 1960년 대부터는 맹금류가 난각이 극도로 얇은 알을 생산하는 모습이 발견됐는데, 난각이 너무 얇아 새가 알을 품다가도 깨뜨려버릴 정도였다. 박물관에서 소장하고 있는 난각을 측정한 결과 분명하게 드러난 점은, 난각의 두께가 감소한 때가 DDT가 등장한 때와 정확하게 일치한다는 것이었다. 생리학적 작용원리가 밝혀지기까지는 시간이 조금 더 걸렸는데, DDE가 난각을 형성하는 데 중요한 효소를 제대로 작동하지 못하도록 방해하기 때문이었다. 실제로 DDE는 난각에 분비하는 칼슘을 기존보다 더 빨리 정지시키기 때문에 난각이 정상적인 수준보다 얇아진다. 네덜란드 숲의 상황과는 달리, 1960년대에 난각이 얇아졌던 원인은 칼슘의 부족이 아니라 새가 칼슘을 이용하지 못하도록 막는 화학약품 때문이었다. 마크 카커Mark Cocker가 자신의 책 『클랙스턴: 작은 세상의 현장노트』에서 이야기한 대로 송골매peregrine 같은 새에게는 "생존하느냐 멸종하느냐의 차이가…0.5mm의 칼슘에 달렸다."[21]

마침내 1970년대는 영국과 북미에서, 그리고 2001년도에는 전 세계적으로 DDT를 비롯한 독성 살충제를 사용하지 못하도록 금지시켰다. 맹금의 난각은 다시 빠르게 두께를 늘려왔지만, 아직 만족할 수준은 아니다. 2006년 환경보호운동가들은 멸종위험이 매우 높은 캘리포니아콘도르California condor가 캘리포니아 해안의 빅서Big Sur에서 번식행위를 하는 것을 발견하고 매우 기뻐했다. 그러나 흥분은 얼마 가지 못했는데, 알이 태어나자마자 둥지에서 부서졌기 때문이다. 난각이 너무 얇았고 분석 결과 과다한 양의 DDE가 발견되었다. 수수께끼 같은 일이었다. DDT를 금지한 지 40년이 지났는데 어떻게 이런 일이 벌어질 수 있었을까? 답은 절망적이다. DDT를 생산하던 몬트로스 화학회사가 1950년대부터 1970년대까지 수백 톤에 달하는 DDT를 로스엔젤레스 하수도에 버렸고, 이 버려진 DDT가 해저퇴적물에서부터 콘도르가 먹는 물고기와 바다사자의 살까지 서서히 퍼져갔던 것이다.[22]

레이첼 칼슨Rachel Carson과 그녀의 책 『침묵의 봄』(1962)은 고맙게도 살충제 제조사들의 탐욕스럽고 비윤리적인 행위로부터 우리와 야생 생물을 구해주었다. 칼슨은 1964년 암과의 전투에서 패했지만, 그녀가 시작했던 환경운동이라는 까다로운 전투는 오랫동안 끝나지 않을 것이다.[23]

2013년 7월, 나는 바다오리 알이 자가 세척을 한다고 주장하는 인터넷 뉴스 기사에 대해 들었다. 나는 그 말을 듣긴 했지만 용어를 잘못 사용했다고 생각했다. 나는 수년 동안 바다오리를 지켜보면서 바다오리 알은 늘 더럽고 자가 세척을 할 수 없다는 점을 알고 있었다. 흥미가 동한 나는 웹사이트를 살펴보았고, 두 배로 호기심이 생겼다. 내가 찾은 것은 스티브 포르투갈Steve Portugal이라는 사람이 스페인에서 열린 학회에서 발표했던 논문이었다. 이것은 무척 매력적인 일이었는데, 우선 과학자들이 동료들의 검토와 논문출판을 거치기도 전에 대중에게 연구 내용을 알리는 것은 매우 드문 일이기 때문이었고, 다음으로 그가 발견한 내용 때문이었다.

포르투갈은 우연히 책상에 두었던 바다오리 알에 물을 약간 흘렸는데, 표면이 젖는 대신 물이 낭랑한 구슬처럼 띄엄띄엄 맺히는 것을 눈치챘다. 연잎을 비롯한 다양한 식물에서 보이는 것과 정확히 일치하는 효과였다. 포르투갈은 이것이 알이나 식물의 표면 구조 때문에 일어나는 현상이며, 적어도 연잎의 경우에는 이것을 자가 세척 효과라고 부른다는 것을 알고 있었다. 원리를 간단히 설명하자면, 물이 거의 구球에 가까운 방울을 형성하면서 잎 표면의 먼지를 떼어내서 지니고 있다가 잎이 기울어지면 함께 있던 모든 먼지를 데리고 굴러 떨어지는 것이다.

현미경으로 본 바다오리 알의 성질은 내가 전혀 생각해본 적 없는 무언가였다. 나는 기사를 읽자마자 내 사무실에서 복도 건너편에 있는 연구실로 걸어가서 바다오리 알을 해부현미경 아래 두었다. 배율을 높이자 알 표면은 중국에 있는 구이린 산맥 지역처럼 보였다. 대규모의 봉우리가 뾰족하게 솟아있었다. 그 다음 나는 바다오리 알을 레이저빌 알로 바꾸고 현미경을 들여다보았다. 두 종은 무척 가까운 친척임에도 불구하고 차이가 엄청났다. 이제 나는 낮게 굽이치는 영국 사운스다운스South Downs의 언덕들을 보고 있었다. 어떻게 내가 난각을 이런 방법으로 볼 생각을 한 번도 해본 적이 없는지 믿을 수가 없었다. 우연히 물을 흘린 덕분에 포르투갈은 어떻게 바다오리 알에 펼쳐진 뾰족한 산맥 풍경이 연잎과 닮았는지를 눈치챘고, 따라서 바다오리 알도 연잎과 마찬가지로 물을 작은 구체로 만드는 능력이 있음을 알아냈다. 이런 종류의 표면을 전문적으로는 소수성疏水性을 띤다고 한다.

포르투갈의 설명에 의하면 바다오리는 바다에서 날아오는 염분에 대처하고, 번식하는 바위 턱 주변에 널린 (다른 새들의) 유기물을 처리할 방법이 필요했다. 유기물이란 바닷새 연구자들 사이에서는 업계용어로 "똥"이라고 부르는 것이다. 바다오리가 지저분한 환경에서 알을 품는 것은 확실히 사실이지만, 나는 바다오리 알이 자가 세척을 한다는 발상을 쉽사리 받아들일 수 없었다. 그러나 레이저빌과 바다오리 알 사이의 차이를 보고나니 바다오리 알의 우둘투둘한 표면이 스티브 포르투갈이 제안한 대로 먼지와 관련 있는 것인지 궁금해졌다. 레이저빌 알은 배설물에 오염되는 일이 거의 없는데, 제각기 따로 둥지를 트는데다 액체 배설물을 번식 구역에서 멀리 떨어진 곳에 조심스레 배출하기 때문이다. 반대로 바다오리는 부주의하게 아무 데나 배설물을 뿌리고 다닌다.

해부현미경이 알 표면을 살펴보는 최고의 방법은 아니다. 더 확실히 살펴보는 방법은 더 높은 배율에서 선명한 3차원 영상을 만들어내는 주사전자현미경을 이용하는 것이다. 나는 난각 몇 조각을 대학의 전자현미경 팀에 맡겼고, 몇 시간 후 바다오리와 레이저빌 난각의 차이를 더욱더 선명하게 보여주는 멋진 상들을 얻었다.

내 컴퓨터 화면에 떠있는 또렷한 흑백의 상을 보면서 나는 지금은 멸종된, 바다오리와 레이저빌의 거대한 친척인 큰바다쇠오리의 알은 어떨지 궁금해졌다. 우리는 큰바다쇠오리가 거대한 군집을 이루고 번식했다는 사실을 알고 있긴 하다. 그러면 큰바다쇠오리도 바다오리처럼 배설물로 더러운 환경에 빽빽하게 모여 있었을까, 아니면 레이저빌처럼 더 청결하게 공간을 두고 있었을까? 어쩌면 큰바다쇠오리의 난각이 말해줄 수 있을지도 모른다.

그렇지만 큰바다쇠오리의 알 표면을 어떻게 조사해볼 수 있을까? 이 종은 멸종했고, 전 세계의 다양한 박물관 소장품들 중에도 매우 수가 적다. 이 값을 매길 수 없을 만큼 귀중한 표본을 어느 누가 내게 조사할 수 있도록 허락할까? 20년 전 나는 케임브리지 대학의 동물학 박물관을 방문하여 그곳에 있는 여덟 개의 큰바다쇠오리 알 중하나를 또 다른 연구를 위해 조사할 수 있을지 박물관장에게 물었던 적이 있다. 박물관장은 허락하긴 했지만 알을 보여주면서 언젠가 내 할아버지가 여성에 대해 이야기하며 알려주었던 규칙과 같은 말을 했다. 볼 수는 있지만 만지지는 말 것.

　내가 정말로 필요했던 것은 내가 주사전자현미경으로 조사해볼 수 있는 큰바다쇠오리의 난각 조각이었다. 알려져 있는 거의 대다수의 큰바다쇠오리 알을 담은 삽화 목록이 두 개 있는데, 여기에 담긴 그림에 의하면 수년 동안 한두 개의 알이 파손됐음이 분명했다. 그렇다면 어쩌면 전시함 바닥에 내가 가질 수 있는 난각 조각이 떨어져 있을지도 몰랐다. 나는 트링의 자연사박물관을 포함한 박물관 몇 군데에 연락해보았지만, 모두 같은 대답을 받았다. 조각은 없었다. 모든 파편을 지저분한 것으로 간주하고 내다 버린듯했다. 나는 낙담했지만, 나에게는 박물관에서 알을 통째로 내주어 내가 해부현미경으로 조사해보도록 허락해줄지를 알아본다는 선택지가 있었다.

　나는 케임브리지는 피했는데 예전에 거절당한 적이 있어서가 아니라 박물관을 새로운 곳으로 이사하는 중이어서 모든 표본을 접근할 수 없도록 포장해서 치워두었기 때문이었다. 그래서 나는 트링자연사박물관의 더글러스 러셀에게 먼저 물어보았다. 그는 특정 단서를 붙여서 동의해주었고, 며칠 후 나는 내 연구조교 제이미 톰슨Jamie Thompson과 함께 렌터카의 트렁크에 해부현미경, 카메라, 컴퓨터 등 많은 장비들을 싣고 셰필드에서 트링으로 차를 몰았다. 박물관에서 우리는 먼저 끝없이 이어지는 것 같은 알 보관장 사이로 놓인 벤치에 임시 연구소를 세웠다. 우리는 그 어떤 우연한 만남이라도 피하기 위해 주위로 방어벽을 쳤고 소석고로 만든 큰바다쇠오리 알을 더글러스에게 받아서 연습을 해보았다. 이런 복제품은 드물지 않은데, 일부는 특정한 진짜 알과 똑같이 정교하게 칠해져 있다. 진짜 알을 살펴보기 전에 모조 알로 우리의 촬영계획을 대강 살펴보는 일은 합리적인 생각이었다.

우리를 믿을 수 있겠다고 생각한 더글러스는 때맞춰서 여섯 개의 귀중한 알을 가져왔는데, 각각은 모두 유리뚜껑을 씌운 상자에 하나하나 담겨있었다. 감탄사가 절로 나오는 모습이었다. 바다오리나 레이저빌의 알보다는 훨씬 크고, 둘 사이 어디엔가 해당하는 모양이었다. 각 상자는 알보다 살짝 큰 정도였고, 알을 부드럽게 안고 있는 탈지면에는 저마다 알의 역사를 간략하게 프린트한 딱지가 붙어있었다. 이 환상적인 알들은 극히 드물지만 너무나 유명하기 때문에, 각 알의 소유권이 누군가는 병적이라고 말할지도 모를 정도로 꼼꼼하게 추적당했던 것이다.

우리는 딱지들을 대강 살펴보고는 가장 완벽한 알 네 개를 먼저 조사하고, 살짝 파손된 두 개는 마지막으로 미뤄두기로 했다.

첫 번째 상자에 든 것은 트리스트럼Tristram의 알이라고 알려진 것으로, 원래는 아이슬란드의 엘데이Eldey 섬에서 온 것이었다. 이 알은 어쩌면 1844년 6월 마지막 큰바다쇠오리가 사냥당했던 날에 발견된 것일 수도 있다. 주인이 몇 차례 바뀐 알을 1853년에 조류학자 캐논 헨리 베이커 트리스트럼이 알프레드 뉴턴과의 연줄을 통해서 구매했는데, 트리스트럼은 새와 새알의 외형이 자연선택의 결과일지도 모른다는 사실을 최초로 깨달은 사람이었다. 트리스트럼은 진화론의 영웅이 될 수도 있었지만, 1860년 옥스퍼드 박물관에서 열린, 지금은 종교 대 진화 논쟁으로 유명한 대결에서 토머스 헨리 헉슬리Thomas Henry Huxley가 윌버포스Wilberforce 주교를 완파하는 것을 본 뒤에 자연선택에 대한 믿음을 거뒀다. 많은 사람에게 다윈의 대변인인 헉슬리와 교회를 변호하는 옥스퍼드의 주교 윌버포스의 만남은 자연을 설명하는 기준이 신인지 자연선택인지를 가르는 분수령이 되었다. 트리스트럼이 1906년에 세상을 떠난 후 큰바다쇠오리 알을 포함한 그의 대규모 수집품은 크로울리Philip Crowley에게 팔렸다가 1937년에 자연사박물관에 양도된 후로 지금까지 자리를 지키고 있다.

우리는 조심스레 유리 뚜껑을 열고 상자를 해부현미경 아래 두었다. 나는 숨을 멈췄다. 한 번만 잘못 움직여도 내 조류학자로서의 평판이 산산조각날 수도 있었다. 나는 상자를 렌즈 아래에 두고 가장 낮은 수준의 배율에서 알의 표면에 초점을 맞춘 뒤 배율을 높이기 시작했다. 눈앞의 장면은 놀라웠다. 그 순간 나는 바다오리의 알과는 전혀 닮지 않은 표면을 볼 수 있었다. 뾰족한 산맥은 없었다. 대신 나는 우리가 살펴보았던 레이저빌의 난각보다 훨씬 거친 표면을 볼 수 있었다. 나는 기공의 입구를 간신히 판별할 수 있었다. 호기심과 만족감으로 상기된 채 우리는 사진을 찍고 메모를 했다.

다음은 스팔란자니의 알이었다. 18세기 이탈리아의 사제 겸 과학자의 이름을 딴 이 알은, 내가 앞서 언급했던 대로 어쩌면 박물관 전체를 통틀어 가장 오래된 알이었다. 이 알은 1760년에 스팔란자니가 획득했다고는 하지만, 어디에서 구한 것인지는 아무도 모른다. 마침내 알은 1901년에 알을 얻기 위해 "상당한 금액"을 지불한 로스차일드 경Lord Rothschild의 수집품으로 들어갔는데, 그의 수집품은 1937년에 그가 사망하면서 유언에 의해 자연사박물관에 증여되었다. 스팔란자니의 알은 또한 가장 아름다운 큰바다쇠오리 알 중 하나로, 뭉툭한 끝 쪽에는 연필로 휘갈겨 낙서한 듯한 멋들어진 황록색 무늬가 있다. 현미경으로 바라본 표면은 트리스트럼의 알과 비슷했다. 나는 안심했다. 어떤 일관성이 보이기 시작했던 것이다.

1949년에 박물관에 기증한 주인의 이름을 딴 릴포드 경Lord Lilford의 알은 앞서 살펴본 두 개의 알만큼 매력적이지는 않으며 더 특별하게 눈에 띄지도 않는다. 뚜껑을 연 상자를 현미경 제물대에 밀어 넣으면서 초점을 조절했던 나는 내가 본 것을 전혀 믿을 수 없었다. 알의 표면은 완벽하게 매끄러웠고 오직 표면에 뚫린 기공의 흔적만이 있을 뿐이어서 타조의 난각을 연상케 했다. 어마어마한 충격이었다. 큰바다쇠오리들은 저마다 알의 표면에 엄청난 차이가 존재한다는 것을 의미했다. 하지만 동시에 이것은 있을 수 없는 일처럼 보였다. 지금까지 이렇게 큰 변화폭은 한 번도 본 적이 없을뿐더러, 이렇게 전적으로 다른 풍경을 달리 어떻게 설명할 수 있을까? 나는 숨을 깊게 들이쉬고 다시 현미경의 접안렌즈를 노려보면서 알의 표면을 훑기 시작했다. 툰드라처럼 황폐한 풍경이 계속해서 지나갔다. 그러나 어느 시점에 이르러 나는 약간의 흠집들을 눈치챘는데, 몇 개는 짧고 완만한 커브를 그리며 서로 평행하고 있었다. 그것들은 둥근 끝에 얕게 파인 흔적이었고, 실망감과 안도감이 나를 스치고 지나갔다. 알의 거친 표면이 문질러져 닦여나갔던 것이다. 머릿속에서 이리저리 굴러다니던 생각 가운데 나는 어떤 오래된 책들에서 읽었던, 알 수집가들이 종종 부식성 약품을 이용해 알에 묻은 새의 분비물과 먼지와 곰팡이를 제거했다는 내용을 기억했다.

내가 이런 생각을 하고 있던 바로 그때, 더글러스가 다시 나타나 우리의 진척상태를 물었다. 문질러 씻긴 알에 대해 이야기했을 때, 나는 그의 얼굴에서 우리와 같은 실망감을 보았다. 그는 사라졌다가 알 복원 및 세정에 대한 책 한 권을 들고 돌아왔다. "그렇군요." 그가 말했다. "예전에 수집가들이 사용했던 것은 승홍corrosive sublimate 입니다. 염화 제2 수은이라고도 하지요." 그러고는 큰바다쇠오리 알이 무척 진귀했고 수집가들은 자신들의 트로피를 전시하길 좋아했기 때문에, 알을 닦고 곰팡이가 자라는 것을 막았을 것이 틀림없다고 설명했다. 놀라웠던 점은 자연사박물관의 큰바다쇠오리 알 중 일부가 이런 식으로 곤욕을 치렀다는 사실을 우리가 처음으로 눈치챘다는 것이다.[24] 이후에 나는 알을 이런 식으로 닦았다고 기록된 증거를 찾았다. 사이밍턴 그리브Symington Grieve 는 1885년에 발표한 큰바다쇠오리에 대한 논문에서 너무 더러웠기 때문에 정체가 알려지지 않았던 알에 대해서 언급한다. 이후 1840년에 이 알을 구매했던 프리드리히 티네만Friedrich Thienemann은 알이 어떤 것인지 눈치채자마자 씻어서 수집품에 추가했다.[25]

이 알들이 다른 어떤 종의 것이었다면 나는 알이 문질러져 큐티클이 씻겨 내려갔다고 해서 걱정하지 않았을 것이다. 하지만 큰바다쇠오리라니! 알의 아름다움을 기리고자 시도했던 사람들이 자기도 모르는 새에 대개 보이지 않긴 하지만 알의 필수적인 부분을 제거했다는 상황이 지독히도 얄궂게 느껴졌다.

남아있는 알 세 개 중 다른 두 개도 매끄럽게 문질러진 상태였다. 때문에 우리 연구에도 쓸모가 없었다. 유일한 위안이라면 거친 표면을 제거해버린 덕분에 아래에 있던 기공이 드러나서 기공의 분포와 그 숫자를 추정해볼 수 있었다는 점이다. 이것이 다소 위안이 되었던 이유는 다른 방법으로는 이런 정보를 쉽게 얻을 수 없을지도 모르기 때문이다.[26]

우리가 조사했던 마지막 세 개의 알 중 하나를 가리켜 최근에 등장한 설명은 다음과 같이 이야기하고 있다. "이 알은 이제 빛이 바래고 부서졌지만, 금세공인이자 보석세공인이자 열정적인 수집가였던 윌리엄 불록William Bullock이 소유했던 것으로 추적할 수 있다."[27] 유리뚜껑 너머로도 분명하게 볼 수 있듯 이것은 손상된 알이었다. 난각의 1/3 정도가 소실된 상태였다. 때문에 우리가 해부현미경으로 난각 표면을 살펴보기 시작하기 전에, 나는 파편을 주사전자현미경검사에 사용할 수도 있겠다는 생각이 강하게 들었지만 감히 제안하지는 않았다. 만일 제안이 들어왔다면 잘된 일이었고, 그렇지 않았다 해도 나는 더글러스가 박물관장으로서 지닌 고결함을 존중했다.

우리는 부식되어 말끔해진 알의 모습 때문에 가라앉은 기분으로 셰필드로 돌아왔지만, 세 개의 좋은 알에서 얻을 수 있는 것들에 대해서 만족했고, 박물관장의 열렬한 도움에도 대단히 고마운 마음을 갖고 있었다.

다음날 내가 사진을 모두 다운로드 받고 우리가 이 사진들을 어떻게 분석해야 할지 고민하기 시작했을 때 전화가 울렸다. 더글러스였다. "좋은 소식이 있어요." 흥분한 것이 분명한 상태로 그가 말했다. 그는 모형 알을 보관장의 원래 자리에 돌려놓다가 서랍에서 작은 꾸러미를 발견했다고 말했다. 꾸러미는 고고학자라는 제인 시델Jane Sidell이 2001년 1월 19일에 쓴 편지를 동봉하고 있었는데, 이전 박물관장이었던 마이클 월터스Michael Walters에게 주사전자현미경으로 사진을 찍을 수 있도록 큰바다쇠오리 난각의 조각을 주어서 감사하다는 내용을 담고 있었다. 처음에 더글러스는 충격을 받았다. 더글러스는 경악했고 그의 전임자가 이런 용도에 큰바다쇠오리 표본을 내주었다는 것을 도무지 상상할 수 없었다. 과학이 아무리 중요하더라도 말이다. 계속되는 편지에서는 사진을 찍긴 했지만 아직 발표하지 않았다고 이야기하고 있었다. 더글러스가 전화기에 대고 이야기를 하는 동안, 나는 구글에서 제인 시델의 이름을 "큰바다쇠오리"라는 단어와 함께 검색했는데, 그녀를 찾긴 했지만 13년이 지났음에도 아무것도 발표하지 않았다는 것 역시 알 수 있었다. 더글러스는 꾸러미에 난각 조각이 담겨있으니 내가 직접 주사전자현미경 사진을 찍을 수 있도록 빌려주거나, 제인이 원래 그녀가 찍었던 사진을 내게 보내주도록 할 수 있을지 알아보겠다고 했다. 다음 순간 떠오른 생각이 내 흥분을 짓눌렀다. 이 조각은 어느 알에서 나온 것일까? 나는 더글러스가 표본번호를 찾아서 편지를 넘기는 소리를 들을 수 있었다. 어떤 것이었냐면? 불록의 알이었다. 표면을 문질러 닦은 알 중 하나였던 것이다. 가슴이 덜컹 내려앉았지만 이윽고 그 조각이 이 특정한 알의 것일 수밖에 없다는 생각이 들었다. 내가 불록의 손상된 알을 보자마자 맨 처음에 들었던 생각도 조각을 얻어가는 것이었다. 바람에 따라 애원하지 않았던 것이 얼마나 다행인지. 제인이 공사가 다망한 관계로 사진을 발표하지 못했다는 사실 역시 행운이었는데, 그녀가 사진을 발표했다면, 그리고 알이 문질러져 닦였다는 사실을 깨닫지 못했다면, 우리는 이상하게 닦인 잘못된 길을 가고 있었을지도 모른다.

난각 속에 몸을 감추고 있는 배아는 숨을 쉬어야 한다. 그러나 우리가 공기를 들이마시고 이산화탄소와 수증기를 밀어낼 때처럼 폐를 이용하는 대신, 새의 배아는 대부분의 발달과정 내내 "확산작용"

에 의지한다. 확산작용은 기체의 자연스러운 움직임이며, (마찬가지로 폐가 없는) 곤충들에서도 무척 비슷한 확산작용이 일어난다. 사실 곤충과 알은 동일한 장치를 이용하는데, 바깥과 안을 연결하는 미세한 기공$_{pore}$과 세도관$_{pore\ canal}$이 바로 그것이다. 새의 경우 수백 수천 개의 미세한 기공이 난각 표면 전체에 분포해있다. 기공은 좁은 관을 통해 배아가 공급받는 혈액을 바깥세계와 연결한다. 배아의 혈관망 일부는 몸의 바깥이자 난각의 아래로 흐르면서 산소를 수집하고 이산화탄소를 내보낸다. 이 구조물은 장뇨막$_{chorio-allantois}$이라는 어색한 이름을 지니고 있으며, 포유류의 태반과 유사하다.[28]

저명한 화학자 험프리 데이비 경$_{Sir\ Humphry\ Davy}$의 동생 존 데이비$_{John\ Davy}$는 1863년에 새의 난각에서 기공을 발견했다. 존은 의사이자 아마추어 과학자로 실험을 수행함으로써 형을 도왔다. 존은 "보다 얄팍한 호기심"으로 유명했지만,[29] 그럼에도 불구하고 새알 연구의 선구자였고, 1863년에는 영국과학진흥협회의 가을 모임에서 자신의 발견 일부를 발표했다. 다양한 종에 따라 난각의 두께가 크게 차이난다는 사실에 감명을 받은 그는, 전적으로 논리적인 추론을 통해 난각의 두께가 알을 품는 새의 무게와 관련이 있다고 생각했다. 그리고 다음과 같이 이야기했다.

난각은 두께의 정도와 상관없이 늘 공기를 통과시킬 수 있는데, 내 생각에는 주로 껍질(난각)의 극미한 구멍(숨구멍)을 통해서이며… 내가 공기펌프로 공기를 제거한 (즉, 진공상태인) 물에 알을 넣을 때마다…
특정 지점에서 기포가 줄지어 올라오는 모습을 보이며, 숨구멍이 존재
함을 증명하고 있다.[30]

알 하나당 기공의 수는 종에 따라 무척 다양한데, 전적으로는 아
니지만 어느 정도는 알의 크기와도 관련이 있어서 내림차순으로 정
렬하면 에뮤의 알이 30,000개, 달걀이 10,000개, 아메리카바다쇠오
리Cassin's auk가 2,200개, 굴뚝새wren가 300개 정도이다. 우리는 큰바다
쇠오리 알의 경우 기공이 16,000개 정도일 것이라고 매우 대략적으
로 추정하였다. 달걀의 경우 가운데와 뭉툭한 끝부분은 기공의 밀도
가 비슷하지만 뾰족한 끝부분은 밀도가 가장 낮다.[31] 기공은 상당히
곧고 안쪽에서 바깥쪽 표면을 향해 수직으로 뻗어있기 때문에 기공
의 길이는 보통 난각의 두께와 비슷하다. 대부분의 종은 기공이 단순
한 하나의 관이지만, 난각이 매우 두꺼운 타조의 경우 기공에 때때로
두 개나 세 개의 가지가 달리기도 한다. 무게가 1g정도인 굴뚝새의
알은 세도관의 지름이 약 $3\mu m$이고, 규모면에서 반대쪽 끝에 있는 에
뮤의 알은 무게가 약 800g이고 세도관의 지름이 약 $13\mu m$이다.[32]

일반적으로 기공의 수와 크기는 얼마나 많은 산소가 얼마나 빠르
게 알 속으로 확산할지를 결정한다. 기공은 필요치 않은 이산화탄소
를 빼앗아갈 뿐 아니라 발달중인 배아에서 수증기를 탈출시킨다. 배
아는 성장하면서 물을 만들어내는데, 대사수라고 불리는 이 물은 음

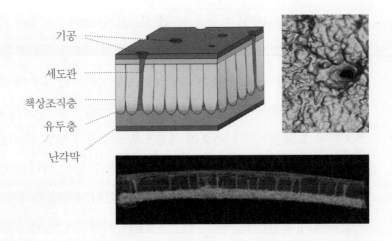

기공
세도관
책상조직층
유두층
난각막

4. 난각. (좌측 위) 난각의 3D도면. (우측 위) 바다오리 알의 외부에 있는 기공을 위에서부터 본 모습. (아래) 마이크로 X-선 촬영을 통해 얻은 바다오리 알 난각 조각의 모습. 밖(위쪽)에서 난각 안쪽으로 기공이 열려있는 것을 볼 수 있다. 이 알은 대략 500μm 정도의 두께를 가지고 있다.

식을 대사시킨 결과로 생산된다. 우리의 경우도 마찬가지이다. 우리는 대사수를 만들어내며 적어도 숨을 쉴 때 수증기만큼의 대사수를 제거한다. 다양한 종류의 음식은 다양한 양의 대사수를 발생시킨다. 예를 들어 지방 100g은 놀랍게도 물 110g을, 탄수화물 100g은 물 55g을, 단백질 100g은 물 41g을 만들어낸다.

대사수의 개념이 이해하기 어렵다면 금화조에 대한 이야기를 해줄 수 있다. 호주에 서식하는 이 작은 새는 매우 건조한 사막 환경에서도 살아남을 수 있도록 훌륭하게 적응했지만 오늘날에는 애완조로서 더 친숙하다. 새장에 갇혀서 일반적으로 건조한 새 모이만 먹은 금화조는 적어도 8개월 이상을 물 없이도 살 수 있다.[33] 이것이 가능한 이유는 금화조가 건조한 씨앗을 소화시킬 때 나오는 대사수를 이용하기 때문이다. 이런 생리적인 재주 덕분에 금화조는 호주의 가장 건조한 사막 일부에서도 계속 살아남아 왔다. 금화조의 이런 특성은 1800년대 초 유럽에서 금화조가 애완조로 등장한 현상도 어느 정도 설명해준다. 짐작건대 대개는 물을 쉽게 구할 수 없는 바다를 건너 유럽으로 향하는 6개월 동안 살아남을 수 있었기 때문일 것이다.

알 속에서 발달 중인 새끼 새는 성장함에 따라 지방이 풍부한 노른자에서 상당히 많은 대사수를 만들어낸다. 이 물을 제거하지 않으면 배아가 자신의 체액이라고 할 수 있는 것 때문에 익사할 수도 있다. 배아는 난각의 기공을 통해 수증기가 확산하게 둠으로써 대사수를 제거한다. 그 결과 일련의 부화기간 동안 알은 무게가 감소한다.

놀라운 점은 새의 종에 따라 알의 크기(무게로 따지면 0.3g에서 9kg), 부화기간(10일에서 80일), 노른자의 상대적인 크기(14퍼센트에서 67퍼센트)가 크게 달라짐에도 알을 낳고 나서 새끼가 깨어나기 전까지 잃는 물의 양은 언제나 처음 알 무게의 약 15퍼센트 정도라는 것이다. 부화기간 동안 수증기를 상실함으로써 알이 상대적인 수분 함량을 유지하기 때문에, 갓 부화한 새끼는 갓 낳은 알이었을 적과 상대적인 수분 함량이 동일하다. 다시 말해, 새로 낳은 알의 구조는 자연선택을 통해 진화함으로써 새로 부화한 새끼가 알맞은 구성요소를 갖추도록 보장했고, 조직의 수분 함량도 마찬가지라는 것이다. 이런 일을 해낼 수 있는 것은 자연선택을 통해 가장 효과적인 기공 부분(유효기공부분)으로 발달 중에 나오는 대사수를 부화 전에 전부 제거할 수 있도록 진화했기 때문이다. 이렇게 수증기를 상실한 결과 중 하나로 알 속에 공간이 생기는데, 대략 전체 부피의 15퍼센트 정도인 이 공간은 알의 뭉툭한 끝부분에서 기실air cell이 되고, 8장에서 보겠지만 새끼가 부화하기 직전에 필요한 만큼의 공기를 제공한다.[34]

산란 시 기실은 내난각막과 외난각막 사이에서 형태를 갖춘다. 암컷의 몸을 나온 알이 식으면서 내용물이 수축하면 기공을 통해 공기가 들어와서 알의 뭉툭한 끝 쪽에 있는 렌즈모양 주머니에 쌓인다. 달걀을 밝은 빛에 비춰보면 기실을 볼 수 있다. 단단하게 삶은 달걀의 껍질을 까면 기실의 존재가 드러나는데, 뭉툭한 끝 쪽의 흰자가 평평한 이유는 기실이 흰자를 압박하고 있었기 때문이다. 윌리엄 하비는 1600년대에 최초로 기실의 역할에 대해 고민했는데, 알 속 기실의 위치가 새끼의 성별을 알려주는 신호라는, 당시에 널리 퍼져있던 믿음을 묵살했다. 발달이 진행되면 기실의 크기가 커지는데, 알이 물에 뜨는 모습을 보고 알의 나이나 발달 수준을 가늠할 수 있는 이유도 바로 이 때문이다. 사실상 기실이 없는 매우 신선한 달걀은 물에 가라앉고 오래된 달걀은 물에 뜬다.

기체의 행동은 압력에 따라 달라지므로 우리는 새가 번식하는 고도에 따라 기공의 크기와 수(유효기공부분)가 달라진다고 기대할 수 있을 것이다. 특히 고도가 높아지면 기체를 덜 상실할 것이다. 이런 예측은 다양한 고도에서 번식하는 새를 비교한 결과 사실인 것으로 증명되었는데, 높은 고도에서 번식하는 종은 난각의 기공이 작고 수도 적었다. 이런 일이 벌어지는 이유는 새가 지역 조건에 적응하기 때문이다. 즉 이들은 번식하는 높이에 따라 유효기공부분을 다르게 진화시켰다는 것이며, 이는 극지방 가까이에서 번식하는 동물일수록 귀와 발이 더 작은 현상과 상당히 유사하다. 그러나 다양한 고도에서 기르는 가축용 닭의 유효기공부분 양상이 동일하다는 사실은 지역적 적응 가설을 반박하는 증거가 될 수도 있다. 지역적 적응 가설을 확인하기 위한 확실한 검사방법은 같은 개체(닭)가 높고 낮은 고도에서 낳은 알을 조사하는 것이다. 이 방법으로 조사한 결과 새는 다양한 고도를 감지할 수 있고, 자신이 처한 사정에 맞춰서 난각에 난 기공의 크기와 수를 다르게 만들만큼 생리적으로 유연하다는 사실이 드러났다. 이 발견은 알 및 난각 생물학의 위대한 개척자 중 하나인 헤르만 란_{Hermann Rahn}과 그의 동료들이 1970년대 이뤄냈던 것으로, 새가 보여주는 모든 적응형질 중에서도 무척 주목할 만한 것이다.[35] 어떤 원리로 이런 일이 벌어지는지 한번 생각해보자. 새는 대기압을 감지할 수 있어야 하고 그 정보를 어떤 식으로든 뇌를 통해 난각을 만드는 자궁에 전달해서 기공의 수가 적당한 난각을 만들게 해야 한다. 얼마나 놀라운가!

또 부화를 가까이 앞둔 배아는 기공을 통해 외부세계를 감지하는데, 난각 안에서도 소리를 듣고 냄새를 맡는다. 닭을 이용했던 실험에 의하면 부리를 쪼아 기실에는 들어갔지만(8장) 난각을 깨고 나오기 전의 상태에 있는 배아는 여러 가지 냄새를 맡을 수 있다. 이 단계에서 특정 물질의 냄새를 맡은 배아는 나중에 부화하고 나서 그 냄새와 관련된 먹이를 선호하는 모습을 보였다.[36] 적어도 나한테는 이것이 살짝 비현실적인 실험에 달린 살짝 이상한 해석처럼 보인다. 알을 품는 부모가 지금까지 먹었던 먹이의 냄새를 많이 풍기고 있다고 상상하기 어렵기 때문이다. 차라리 배아가 자신을 품어주는 부모의 냄새를 익히고, 나중에 이 냄새를 울음소리를 비롯한 다른 몇 가지 단서와 결합하여 자신을 돌봐줄 어른의 근처에 머문다는 것이 더 타당한 발상 아닐까. 지금까지 검증해본 적은 없지만 나는 바다오리에게 이런 일이 벌어지고 있다고 상상할 수 있다.

　알의 구조를 살펴보았으니 이제 다음으로 넘어가 새알의 모양이 지니는 규칙과 근거에 대해 생각해보자.

○

3

알은 어떻게
생겼는가

○

알의 모양에는 대개 목적이 있다.

- 오스카 하인로트Oskar Heinroth,
『새들의 생애』(1938)

어디를 바라보든 알이 보인다. 파란색, 초록색, 빨간색, 흰색도 있지만 대개는 그저 그런 황갈색이다. 거의 모든 알이 온전한 상태이지만 몇 개는 주황빛 도는 노란 노른자와 채 다 자라지 못한 피투성이 배아를 바위에 흘린 채 부서져 있다. 구석에 쌓여있는 알도 있고, 똥 투성이 웅덩이에 들어간 알도 있고, 바위틈에 끼인 알도 있다. 수백, 어쩌면 수천 개의 바다오리 알이 산란 장소에서 굴러 떨어져 지금은 차갑게 버려진 채로 누워있다.

나는 캐나다의 래브라도Labrador 해안으로부터 떨어져서, 바닷새가 서식하는 외딴 군도인 가넷 클러스터Gannet Cluster에 있다. 나는 1980년 대에 바다오리와 다른 바닷새를 연구하며 이곳에서 세 번의 여름을 보냈다. 놀랍게도 이번에 ―"지금"은 1992년이다― 나는 북극여우

서너 마리가 섬에 머물면서 대 혼란을 일으키는 것을 발견한다. 여우는 퍼핀을 죽이고 바다오리와 레이저빌에게 겁을 줘서 서식지로부터 쫓아내는 중이다. 본토 주민은 내게 겨울에는 북극여우가 흔하지만 대개 언 바다가 봄에 녹아내릴 때 북쪽으로 돌아간다고 한다. 이번 해에는 북극여우 몇 마리가 뒤에 남겨졌고, 여름 동안 섬에 갇히게 되었던 것이다. 비록 먹이가 넘쳐나긴 하지만.

가넷 클러스터는 여섯 개의 작은 섬으로 구성되는데, 그중 다섯 개는 수만 마리 바닷새의 집이다. (두 종류의) 바다오리, 퍼핀, 레이저빌, 유럽바다비둘기black guillemot, 세가락갈매기kittiwake, 풀머갈매기fulmar, 갈매기 등이 살고 있다. 이 저지대 섬들에는 절벽이 거의 없기 때문에 바다오리는 바다 근처의 평평한 바위에서 빽빽하게 무리를 이루고 번식한다. 우리는 여섯 섬 중 두 개의 섬에서 여우를 발견했지만, 신기하게도 바다오리 알이 파괴된 섬에서는 여우를 볼 수 없었다. 내 생각에 여우는 그 섬에 들렀다가 바다에 떠 있는 얼음 위로 깡충거리며 수십 미터 떨어진 섬 사이를 이동했던 것 같다. 나는 무엇이라도 행복하게 잡아먹었을 여우를 피해, 필사적으로 섬에서 탈출하려는 어른 새들이 사방으로 흩어지면서 초래한 혼란을 상상만 해볼 수 있을 따름이었다. 기적과도 같지만 다소 가엽게도, 나는 다시 돌아와서 알을 찾은 바다오리 서너 마리가 무질서 속에서 외따로이 알을 품는 모습을 발견했다. 포식자 갈매기나 까마귀를 방어하는 데 힘을 더해줄 이웃도 없이, 이 바다오리들이 새끼를 성공적으로 길러낼 확률은 사실상 매우 적었다.

엄청나게 많은 바다오리 알이 버림받은 광경에 나는 숨이 막힐 듯했다. 그 전까지 나는 이 정도 규모의 파괴를 거의 본적이 없었다. 하지만 이 광경은 내가 바다오리 알의 신기한 원뿔형 모양에 대해 의문을 갖게 하는 것이기도 했다. 다른 그 어떤 새보다도 훨씬 극단적인 형태를 한 바다오리 알은 서양배 모양pyriform을 하고 있다고 이야기된다.[1] 적절한 말은 아닐 수 있다. 배는 거의 모든 모양과 크기의 것이 있는 데다가, 나는 그 어떤 배를 보고도 바다오리 알을 떠올려본 적이 없기 때문이다. 한쪽 끝은 날카롭게 뾰족하고 다른 쪽 끝은 뭉툭하니 둥근 이 형태는 우리가 어떤 이름—서양배 모양이라고 하든, 원추형이라고 하든, 뾰족한 모양이라고 하든—을 붙이기로 하든 간에 바다오리 알이 굴러가버리는 것을 막기 위해 진화했다는 것이 일반적인 생각이다.[2] 래브라도에서의 경험을 계기로 나는 여기에 더 나은 설명은 없는지 의문이 생겼다.

새는 종에 따라 특징적인 모양의 알을 낳는데, 조류학자들은 달걀형, 원형, 타원형, 쌍원뿔형, 서양배 모양 등 다양한 이름으로 알의 모양을 묘사한다. 그러나 이 느슨한 분류에는 서로 겹치는 부분이 있다.

내가 새알에 대해 쓰기 시작했을 무렵, 나는 이 다양한 모양들 중 어느 것이 가장 평범한지 밝혀낸 사람이 있나 궁금했다. 우리가 무언가를 달걀형(알 모양)이라고 말할 때는 대개 암탉의 알을 염두에 두는 것이 분명한데, 타원형에 가깝지만 양 극단이 분명하게 뭉툭하거나 뾰족하며 너비가 가장 넓은 부분이 뭉툭한 끝 쪽에 가까운 형태를 말한다. 놀랍게도 새의 과를 모두 망라하여 알의 모양을 수량화했던 사람은 아무도 없는 듯 보였다. 물론 모양지표가 단순하기 때문에 어느 정도 어려움이 따르는 일이긴 하다. 연구자들은 알의 형태를 설명하는 복잡한 방법을 몇 가지 고안하기도 했지만, 모든 범위의 형태를 잡아내는 것은 하나도 없었다. 이런 이유로 대부분의 책에서는 알의 모양에 대해 설명할 때 내가 여기서 하는 것과 마찬가지로 존재하는 다양한 유형의 윤곽이나 그림자를 보여주는 것에 그친다.

우리가 알고 있는 것 하나는, 각 종마다 고유의 특징이 존재하는 것처럼, 각 과의 경우에도 새알의 형태가 상당히 특징적이라는 점이다. 예를 들어 올빼미과는 원형의 알을 낳고, 섭금류wader(도요과/물떼새과)는 서양배 모양 알을 낳고, 사막꿩과sandgrouse는 달걀형 또는 타원형 알을 낳고, 논병아리과grebe는 쌍원뿔형 알을 낳는다.[3]

나는 생물학자로서 두 가지 질문을 떠올렸다. 알의 다양한 모양은 어떻게 탄생했으며, 왜 그렇게 생겼을까? 첫 번째 질문은 알을 제조하는 공정에 대한 것이고, 두 번째는 다양한 알 모양이 적응의 측면에서 지니는 중요성을 고려한 것이다.

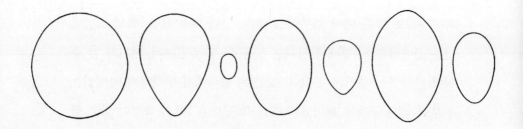

5. 다양한 새알의 모양. 좌측에서부터 우측으로 로스투라코Ross's turaco(원형), 목도리도
요ruff(서양배형), 벌새(길쭉한 타원형), 왕관사막꿩crowned sandgrouse(길쭉한 타원형), 아프리카지
빠귀African thrush(계란형), 귀뿔논병아리Slavonian grebe(긴 준타원형), 흰배칼새alpine swift(긴 계란형).
톰슨의 그림(1964)을 다시 그림.

암컷 새가 어떻게 특정한 형태의 알을 낳는지에 대해 생각했을 때,
내 마음속에는 난각이 알의 모양을 결정하는 장면이 저절로 떠올랐
다. 모양과 난각이 함께 만들어지는 모습이. 진실은 더 이상하다. 새
알의 곡선을 통제하는 것은 난각 자체가 아니라 난각막, 바로 난각
"안쪽"의 양피지 같은 층이다. 이것은 식초에 알을 담가보는 실험으
로도 짐작할 수 있다. 난각막이 알의 모양을 결정한다는 사실을 알
고 나면 그 과정을 상상하기란 크게 어렵지 않다.

1940년대 후반에 수행했던 알의 형성과정에 대한 기발한 엑스레
이 연구에서, 존 브래드필드John Bradfield는 달걀의 모양이 언제 결정되
는지 볼 수 있었다. 난각 형성이 시작조차 하지 않은, 알이 난각샘에

들어가지도 않은 때에 협부라고 하는, 난관 부위 중 난각샘 직전에 있는 곳에서 알의 형태가 잡히는 것을 볼 수 있었는데, 여기가 알 주위에 난각막이 생기는 곳이다. 또 그는 협부에서 난각샘과 붙어있는 부분이 넓은 공간에 붙어있는 다른 쪽 끝보다 "더 수축성이 있고 괄약근 같다"는 사실을 눈치채고 이렇게 제안했다. "알은 좁은 협부(난관의 한 부분)를 엄청나게 팽창시키므로, 협부에서 더 수축되는 곳에 자리한 알의 꼬리는 머리보다 더 뾰족할 것이다." 그러나 이 제안은 증명과는 거리가 멀며 "문제를 풀 명쾌한 해법은 여전히 존재하지 않는다"고 덧붙였다.[4]

알의 형태를 일렬로 줄 세웠을 때 바다오리의 반대쪽 끝에 자리하는 것은 특정한 올빼미, 티나무tinamou, 느시 등 구에 가까운 알을 낳는 새들이다. 어떻게 이런 일이 가능할까? 이런 새들의 협부에는 브래드필드가 암탉에서 보았던 괄약근이 없는 것일까? 아니면 난각막이 생기는 동안 알이 끊임없이 회전해서 괄약근이 알 전체에 균일한 압박을 가한 것일까? 알 수 없는 일이다.

사람의 경우 신생아의 최대 크기는 "산도", 즉 다리이음뼈 내부의 지름이 결정한다. 현재는 제왕절개술을 할 수 있어서 이런 제약이 사라졌지만, 20세기 이전 아직 제왕절개술을 일상적으로 사용하지 않았던 때에는 아기가 너무 크거나 아기의 머리가 너무 클 경우 성공적으로 태어나지 못하고 안에 끼어서 죽었는데, 대개 산모도 함께 세상을 떠났다. 실로 강력한 선택이다. 인간의 두개골을 구성하는 뼈들은 태어날 당시만 해도 아직 꼭 맞물리지 않아 다소 유연한데, 덕분에 태어나는 동안 머리 모양이 바뀌면서 상대적으로 머리가 큰 아이도 태어날 수 있기 때문이다.

알의 다양한 모양은 새가 특정한 부피의 알을 만드는 방법이 될 수도 있다. (난관이나 배설강이 늘어날 수 있는 정도가 있기 때문에) 사람 아기의 머리 크기처럼 새알의 지름이 제한을 받는다면, 알 속에 더 많은 것을 챙겨 넣는 방법의 하나는 더 길고 가는 알을 만드는 것이다.

이런 효과의 증거를 찾을 수 있는 가장 최적의 대상은 몸집에 비해 특별하게 큰 알을 생산하는 새들이다. 슴새petrel가 바로 그렇다. 슴새 생태학의 원로이자 2010년에 세상을 떠난 존 워럼John Warham이 슴새에 대해서 썼던 백과사전 같은 책에는 이 비교분석에 꼭 필요한 모든 정보가 있는데, 그 결과 위의 가정은 사실이 아닌 것을 알 수 있다. 성체 무게의 20퍼센트가 넘는 상대적으로 거대한 알을 만드는 종은, 상대적으로 작은 알을 낳는 종보다 알의 모양이 더 둥글었지 덜 둥글지 않다.[5]

대부분의 경우 작은 새가 낳은 알이 절대적으로는 작을지라도 상대적으로는 더 크다는 사실을 이 시점에서 이야기하고자 한다. 상모솔새는 무게가 5g인데 알 하나당 무게는 0.8g(몸무게의 16퍼센트)이다. 더 극단적인 예로 우리의 바닷새 중 가장 작은 유럽바다제비European storm petrel는 알의 무게가 6.8g이고 암컷 몸무게(28g)의 24퍼센트를 차지한다. 다른 극단적인 예로 절대치가 가장 큰 알들을 살펴보면 타조

(몸무게 100kg) 또는 심지어 더 거대하지만 지난 천년 동안 멸종해버린 마다카스카르의 융조elephant bird(몸무게 400kg) 같은 경우 몸의 크기에 비해 상대적으로 가장 작은 알을 낳는다. 두 경우 모두 알의 무게가 성체 몸무게의 2퍼센트 정도이다. 이 네 종의 새들이 낳은 알은 모양만으로는 구분이 불가능한데, 모두 달걀과 매우 비슷하게 생겼다.

새알의 크기와 모양은 사람 아기와 같은 방식으로 제약당하지 않음이 꽤나 명백하다. 사람의 아기는 평균 3.4kg으로 산모가 임신하지 않았을 때 무게의 6퍼센트 정도를 차지한다. 만약 여성이 유럽바다제비처럼 성인 몸무게의 24퍼센트나 되는 아기를 낳으려고 했다면 아기의 무게는 도저히 출산 불가능한 14kg이다! 차이점을 살펴보자면 새의 경우 골반이 "불완전"하며 포유류처럼 뼈가 원형을 이루고 있지 않다.

새의 골반 형태와 알의 모양 사이에 관계가 없다는 이야기가 아니다. 1960년대에 마이클 프린Michael Prynne은 알의 모양이 그 알을 낳은 새의 생김과 비슷하다고 추측했다. 아비diver와 논병아리는 알이 길고 가늘며, 횃대에 꼿꼿이 앉아있는 올빼미는 알이 동그랗다. 프린은 텔레비전 퀴즈쇼에서 부서진 난각을 감쪽같이 수리하는 능력을 보이면서 잠깐 동안 유명세를 탔던 조란학자이다. 과학적 지식이 거의 없던 그가 알고 있었는지 아닌지는 모르겠지만 그보다 20년 앞서서 독일의 동식물학자 베른하르트 렌쉬Bernhard Rensch도 비슷한 맥락의 이야기를 했던 바가 있다. 다만 렌쉬는 새의 생김이 아니라 골반의 생김과 알 모양 사이의 관계에 대해 이야기했는데, 골반이 매우 평평한 논병아리는 긴 알을 낳지만 골반이 직각인 맹금이나 올빼미는 그렇지 않다. 훗날 찰스 디밍Charles Deeming 은 골반의 형태가 알의 형태를 좌우하거나 제한하지는 않지만, 상대적으로 크거나 뾰족한 알을 낳기 전에 자궁 안에서 제자리에 붙들어두도록 돕는다고 추측했다.[6]

적응의 측면에서 알의 모양이 지니는 중요성은 무엇일까? 조란학적으로 광신적인 언동이 수세기 동안 있어왔음에도 우리는 알이 왜 그렇게 생겼는가에 대해서는 놀랍도록 아는 것이 없다. 일부 서양배 모양 알들만이 눈에 띄는 예외일 뿐이다. 나머지의 경우는 대부분의 조류학자와 조란학자들이 진화적으로 중요하지 않은 형태로 취급해 왔다.[7]

잠시 후에 등장할 바다오리와 섭금류를 제외하면, 매우 뾰족한 알을 낳는 유일한 새는 킹펭귄과 황제펭귄이다. 우리는 펭귄의 알이 왜 서양배 모양인지 모를 뿐 아니라, 내가 아는 한 아무도 거기에 대해 생각해본 적조차 없는 듯하다. 그렇다고 남극대륙에 접근할 수 없어서라는 핑계를 댈 수는 없는데, 탐험가와 연구자들은 한 세기가 훨씬 넘도록 펭귄과 그 알에 대해 알고 있었기 때문이다. 내 생각에는 특정한 사건 때문에 펭귄 생태학자들의 마음속에서 알 모양이 빛을 잃었던 것 같은데, 이 사건은 1911년에 로버트 팔콘 스콧Robert Falcon Scott 이 남극대륙에서 운명적으로 테라노바Terra Nova만을 탐사하는 동안 일어났다. 그 해에 조류학자인 에드워드 윌슨Edward Wilson은 헨리 바우어 Henry Bower, 앱슬리 체리-제라드Apsley Cherry-Gerrad와 함께 케이프 에반스 Cape Evans에 있는 스콧의 기지에서 출발하여 95km 떨어진 케이프 크 로지어Cape Crozier의 황제펭귄 서식지로 향했다. 윌슨의 목표는 발달중 인 펭귄의 알을 얻는 것이었는데, 파충류가 어떻게 조류로 진화했는 지에 대한 비밀이 펭귄의 배아에 숨어 있다는 믿음 때문이었다. 황 제펭귄은 한겨울 남극에서 번식했고, 서식지를 오가는 여정은 엄청 나게 부담이 큰 것이었다. 기온이 최저 -60℃에 이르고, 햇빛은 들 지 않고, 눈보라가 치며, 텐트를 잃어버린 데다가 식량까지 충분치 않 은 상황에서 세 남자는 간신히 살아남았다. 제라드는 훗날 자신의 책 『세계 최악의 여정』에서 당시에 무슨 일이 있었는지 설명했다. 채 집한 다섯 개의 알 중 세 개는 살아남았고 그 안에 든 배아는 대영박 물관으로 왔다. 그 모든 노력에도 불구하고 결말은 비극적이었는데, 배아 상태인 펭귄은 어떤 과학적 비밀도 쥐고 있지 않았고, 벗겨버린 난각이 왜 그렇게 뾰족했는지 묻는 사람은 아무도 없었다.[8]

깜짝도요sandpiper, 마도요curlew, 중부리도요whimbrel 등과 같은 섭금류 의 경우 1830년대부터 그 뾰족한 알에 대한 설명이 등장했다. 다른 섭금류와 마찬가지로 언제나 네 개의 알을 낳는 깜짝도요에 대해 집 필중이던 윌리엄 휴잇슨William Hewitson은 이렇게 말했다. "내가 댕기물떼새peewit에 대해 설명하면서 언급했듯이 깜짝도요의 알은 덮어야 하는 면적을 최소화하는 방향으로 모양과 둥지 속에서의 배열을 훌륭하게 적응시켰다. 이것은 꼭 필요한 일인데, 깜짝도요를 비롯한 모든 섭금류의 알은 대부분의 다른 종들과 비교했을 때 새의 크기에 비해 놀랍도록 커다랗기 때문이다."9

모든 섭금류는 한 번에 네 개의 알을 낳는데, 뾰쪽한 끝이 둥지의 중심에 오도록 알을 배열시키면 깔끔하게 맞아떨어질 뿐 아니라, 포란반抱卵斑에 알의 표면이 최대한 많이 닿게 할 수 있다. 새의 배 쪽에 있는 이 특별한 맨살 부위는 혈류를 강화시켜서 알에게 온기를 전달한다.

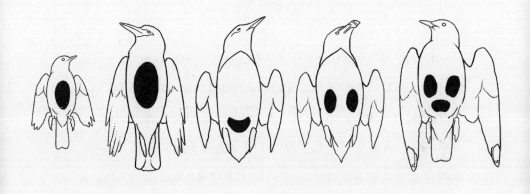

6. 새 종에 따른 포란반의 위치와 개수. 좌측에서부터 우측으로 대륙검은지빠귀 Eurasian blackbird (큰 하나의 포란반), 떼까마귀rook(하나의 포란반), 바다오리(중앙에 위치한 하나의 포란반), 레이저빌(하나의 알을 낳지만 두 개의 포란반을 가지고 있음. 두 개의 평행하게 위치한 포란반은 새를 양 쪽 어디에서도 품을 수 있게 한다), 재갈매기herring gull (세 개의 알을 수용하기 위한 세 개의 포란반).

차후에 이어지는 실험은 휴잇슨의 발상에 대한 설득력 있는 증거를 제시한다. 섭금류 알의 뾰족한 모양은 부화 효율성을 높이는데, 알이 구형일 때보다 부모의 포란반에 닿는 알 표면의 비율이 더 크기 때문이다. 뾰족한 알은 또한 "주어진 포란반의 면적으로 품을 수 있는 알의 크기가 구형인 알보다 8퍼센트 더 크다." 다시 말해 뾰족한 알을 낳음으로써 섭금류는 구형인 알을 낳을 때보다 8퍼센트 더 큰 알을 만들 수 있는 것이다. 이것은 매우 중요한데 큰 알은 더 큰 노른자를 담을 수 있고 결과적으로 섭금류의 새끼가 더 상위단계까지 발달한 상태에서 부화할 수 있기 때문이다.[10]

바다오리 알 모양의 생존가生存價에 대한 이야기는 놀라운 것이다. 이야기는 1633년 5월 스코틀랜드에서 시작하는데, 당시 윌리엄 하비가 동행했던 사람은 스코틀랜드의 왕위를 계승하기 위해 런던에서 에딘버러로 여행 중이던 잉글랜드의 왕 찰스 1세였다. 왕실 의사였던 하비는 혈액이 순환한다는 것을 밝혀내 유명세를 누리고 있었고, 이제는 수정에 얽힌 수수께끼를 풀고자 했다. 알에 단서가 있었기에 그해 6월의 어느 날 하비는 에딘버러에서 —왕은 동행하지 않은 채— 보트를 타고 동쪽의 포스만Frith of Forth으로 간 뒤, 바닷새의 알이 풍부한 것으로 유명한 섬을 방문했다. 베스록Bass Rock 이었다.

바다 위로 107m나 솟아오른 화산섬 베스록은 눈길을 사로잡는 구경거리이다. 하비는 흥분에 휩싸인 채, 섬은 "하얀 광택으로 빛나고 절벽은 가장 순수한 석회암 산과 비슷하다"고 기록했다. 투박하게 반구형으로 생긴, 본디 까맸던 바위는 다양한 바닷새—가장 눈에 띄는 것은 북방가넷_{solan gannet}이었다—들이 배설한 칼슘덩이 조분석에 뒤덮여 있었다. 하비는 바위를 보며 칼슘 껍질이 감싸고 있는 거대한 알을 떠올렸다.

섬은 반짝이는 흰 가넷의 번식지로 가장 유명했지만(그리고 지금도 여전히 그렇지만), 하비의 상상을 사로잡았던 것은 또 다른 바닷새였다. 베스록을 안내하던 하비의 가이드는 그날 가넷보다 훨씬 놀라운 새에 대해 이야기했다. 단 하나의 거대한 알을 뾰족한 바위에 붙이는 새였다. 하비는 이렇게 기록했다. "다른 무엇보다도 한 새는 오직 하나의 알을 낳아서 그것을 날카로운 바위의 비탈면 위에 고정시켰다." 그 새는 바로 바다오리였는데, 하비는 가넷들 사이에서 바다오리들이 위태롭고 좁은 절벽의 바위 턱에 앉아 알을 품는 모습을 보았던 것이 분명했다. 또 하비는 둥지를 틀지 않는 바다오리가 그토록 가파른 절벽 바위 턱에서 알을 품을 수 있는 유일한 이유는 절벽에 알을 붙이기 때문이라는 이야기를 들었음이 틀림없었다.[11]

이런 발상은 지금 들리는 것처럼 마냥 가당치 않기만 한 것은 아닌데, 적어도 한 종의 새(야자나무칼새_{palm swift})는 실제로 알을 야자나무 잎에 붙여서 품기 때문이다. 하비가 잘못된 정보를 얻긴 했지만, 확실히 이런 이야기가 나올만한 출처가 있긴 했는데, 실제로 버려진 바다오리 알은 조분석에 뒤덮인 채 절벽에 붙어있던 경우가 흔했다. 번식 중인 바다오리가 가파르고 좁은 바위 턱에 성공적으로 알을 놓아두는 진짜 방법은 심지어 더 비범하다.

바다오리 알에 대한 하비의 가벼운 언급에는 다른 설명들도 뒤를 따랐지만, 새로운 발견과 그것의 함의는 매우 천천히 따라왔다. 1673년에 페로 제도Faroes의 대규모 바닷새 서식지에 대해 글을 썼던 17세기 덴마크의 사제 루카스 야콥쉔 데베스Lucas Jacobsøn Debes는 이렇게 설명한다. 바다오리는 다른 바다오리의 알에서 "손가락 세 개 너비" 정도 떨어진 곳에 단 하나의 알을 낳는데, 때문에 "새가 날아갈 때면 종종 알이 바다로 굴러 떨어진다." 그러나 이 사제는 바다오리 알의 모양은 언급하지 않는다.[12] 17세기에 등장한 또 다른 설명은 1697년에 세인트 킬다 군도St Kilda를 방문했던 마틴 마틴Martin Matin의 펜에서 나왔는데, 바다오리 알의 특이한 모양을 처음으로 언급한 설명으로 보인다. "바다오리 알은 거위알과 크기가 비슷하며 한쪽 끝은 뾰족하고 다른 쪽 끝은 뭉툭하다." 마틴이 덧붙이길 바다오리 알의 색은 "초록과 검정이 곱게 섞여있다. 더 옅은 바탕에 빨간색과 갈색 줄이 그어진 것도 있지만 매우 희귀하다. 이 일반적인 식용 알은 지역 주민들과 그 밖의 사람들이 여기에 있는 다른 모든 알보다 선호하는 것이다."[13]

길버트 화이트Gilbert White가 주로 서신을 왕래하던 사람들 중 하나인 토머스 피난Thomas Pennant은 1768년에 『영국 동물학』을 집필하면서 바다오리가 특별한 기술을 가지고 절벽의 좁은 바위 턱 위에 알의 균형을 맞춘다고 생각했다. 그는 말한다. "마찬가지로 엄청나게 놀라운 사실은 바다오리는 절묘하게 균형을 맞춰서 매끄러운 바위에 알을 고정시키기 때문에, 놀랍게도 알이 굴러 떨어지는 것을 막으면서도 여전히 알을 움직일 수 있다는 것이다. 이때 사람의 손으로 알을 교체해보려 시도한다면 이전의 균형을 찾기가 불가능하지는 않더라도 극도로 어려울 것이다." 바위에 붙어있는 것이 아니라 아름답게 균형을 잡고 있는 것이다.[14]

1834년에 맹비난을 받았지만 의도만큼은 선했던 초기 환경보호 운동가 찰스 워터튼Charles Waterton은, 요크셔의 웨이크필드Wakefield 근처에 월튼 대저택Walton Hall을 보유했던 대지주였다. 벰턴 절벽을 방문한 그는 바다오리가 번식하는 바위 턱으로 내려갈 클리머와 계약을 맺었다. 그는 높이에 대한 분별력이 있었는데, 20년 전에 로마의 성 베드로 대성당Basilica di San Pietro(137m)에 올라가서 피뢰침 위에 장갑을 명함이라도 되는 양 남겨두고 온 적이 있었다. 워터튼의 뻔뻔함에 격노한 교황은 장갑을 되찾아가라고 명령했고, 워터튼은 거기에 따랐다. 벰턴에서의 경험에 대해 쓴 짧은 수필에서 워터튼은 이렇게 말한다.

아무것도 없이 평평한 바위 턱, 그것도 대개는 폭이 15cm가 넘어가지 않는 곳에 바다오리가 알을 낳는다. 어떤 알은 바위 턱이 이어지는 방향과 나란하게, 어떤 알은 바위 턱과 거의 나란하게, 어떤 알은 뭉툭한 끝과 뾰족한 끝을 아무렇게나 바다 쪽으로 내놓은 채 놓여있었다. 끈적이는 물질이나 다른 그 어떤 이물질도 없이 알은 바위에 고정되어 있었다. 덩그러니 놓여있을 뿐 붙어있지는 않은 것이, 마치 쫙 편 손바닥 위에 올려놓은 듯 했다.[15]

워터튼은 하비가 퍼뜨렸던 "바위에 붙은 알"에 대한 민담을 분명히 알고 있었지만, 직접적인 관찰을 통해 그 이야기를 불식시켰다. 워터튼은 알의 균형을 맞추는 특별한 기술 역시 존재하지 않는다는 것을 알고 있었다. 소수의 작가들은 이 두 가지 잘못된 사실을 다시 사용했지만 말이다. 그러나 놀랍게도, 바다오리 알의 모양에 대해 워터튼이 남긴 유일한 언급은, 바다오리 알의 다양성에 대한 것뿐이었다. "알은 크기와 모양과 색이 상상 이상으로 다양하다. 어떤 것은 크고 어떤 것은 작다. 어떤 것은 끝이 극도로 뾰족하지만 어떤 것은 거의 둥글다."[16]

1800년대 초에는 알을 수집하는 취미가 점점 더 빠르게 퍼져갔고, 윌리엄 휴잇슨은 거의 최초로 새알의 모양이 정확하게 컬러로 그려진 책을 펴냈다. 나비와 새알을 열성적으로 수집했던 그는 이렇게 말한다.

바다오리 알의 모양이 대부분의 새알과 비슷했다면 바다오리 알은 전혀 보호받지 못했을 것이다. 바닷새의 알 중에서도 바다오리 알만이 지니는 특유의 형태는 바다오리 알을 보호해주는 유일한 것이다. 이 모양 덕분에 알은 가만히 있을 때는 무척 안정적이고, 굴러갈 때는 두꺼운 끝부분이 큰 원을, 얇은 끝부분이 작은 원을 그리면서 원래 위치로부터 거의 벗어나지 않는다. 탁자 가운데에 알을 두고 움직여보면, 알은 멀리 돌아다니지 않을 것이다.

이 부분을 다시 읽어보자. "두꺼운 끝부분이 큰 원을, 얇은 끝부분이 작은 원을 그리면서 원래 위치로부터 거의 벗어나지 않는다." 이것은 매력적인 발상이긴 하다. 부드럽게 건드린 알이 긴 축을 중심으로 회전한다니. 내가 들어가는 말에서 언급했던 텔레비전 사회자와 정확하게 같은 이야기를 하는 것인데, 내 생각에는 그 텔레비전 사회자와 마찬가지로 휴잇슨 역시 속을 비워낸 텅 빈 난각으로 이 사실을 알아냈을 것이다.[17]

19세기에 조류학을 크게 대중화시켰던 프랜시스 오펜 모리스Francis Orpen Morris 목사는 사실여부를 가려보지도 않은 채 휴잇슨의 발상을 반복했다. 1850년대에는 컬러 인쇄 기술이 막 상업적으로 홀로서기를 시작할 때였고, 모리스는 인쇄업자인 벤자민 포셋Benjamin Fawcett, 삽화가 알렉산더 린든Alexander Lyndon과 협업하여 매력적이고 매우 인기 있는 일련의 자연사 책을 만들었다. 그러나 모리스는 새를 포함한 여러 자연사적 현상에 대해 아는 것이 많지 않았고, 훗날 "도를 넘는 열정을 지닌, 위험한 재능의 작가"로 불리게 되었다. 모리스는『영국 새의 역사』에서 이렇게 서술한다. "폭이 빠르게 좁아지는 바다오리 알의 형태는 알이 바다로 굴러 떨어지는 것을 막아주는데, 바람이 불거나 다른 이유로 움직이게 된 알이 그 자리에서 원을 그릴 뿐 원래 위치 근처를 벗어나지 않기 때문이다."[18] 휴잇슨의 말만큼이나 미심쩍게 들리는 이야기이다.

1856년에 모리스의 책이 출판되고 얼마 지나지 않아, 19세기를 통틀어 가장 통찰력 있는 조류학자 중 하나였던 윌리엄 맥길리브레이 William MacGillivray는 바다오리에 대해 이렇게 이야기했다. "무게중심이 가운데에서 조금 벗어난 것만으로도 알은 안정된 상태가 되는데, 바다오리 알은 서양배 모양인 덕택에 멀리 굴러가지도 않는다. 그러나 이 서양배 모양이 일반적으로 가정하는 효과를 전부 내는 것은 아니다."[19] 안타깝게도 맥길리브레이는 "일반적으로 가정하는" 효과나 거기에 반대하는 자신의 의견이 무엇인지 이야기해주지 않는다. 하지만 내가 추측하기에 맥길리브레이가 가리키는 것은 휴잇슨이 생각했던, 그리고 모리스가 의심 없이 도용했던 "한 점을 중심으로 회전하는" 효과이다.

바다오리 알의 뾰족한 형태가 알이 굴러가버리는 것을 거의 막아주지 않는다는 생각은, 빅토리아시대 조류학자인 헨리 드레서 Henry Dresser의 지적으로 더 설득력을 얻는다. "새는 자신의 알을 사냥꾼에게 탈취당하도록 둘 바에야 직접 완전히 부셔버린다는 발상이 셰틀랜드Shetland에는 지금까지도 만연하다."[20]

19세기를 통틀고 20세기에 들어서 상당한 시간이 지난 후에도 바다오리의 서식지에서는 무자비한 알 약탈이 성행했다. 북미와 러시아의 북극지방에 있는 거대한 서식지는 이전 수 세기 동안에는 가끔씩 원주민의 급습을 받았을지도 모르겠으나, 남쪽에서 온 탐험가에게 문을 열어준 후로는 알과 어른 새 포획이 지속할 수 없는 수준에 도달했다. 러시아 북극지방의 무르만스크Murmansk와 노바야젬라Novaya Zemlya에 있는 서식지에서는 19세기 중반부터 그곳을 지나게 된 사람들에게 매년 수만 개의 알이 남획당했다. 20세기 초반에 이르자 남획은 통제할 수 없는 수준이 되었는데, 주로 비누 제조업자들이 수십만 개의 알을 가져갔고 수만 마리의 어른 새가 식용으로 사냥당했다.

1917년 혁명이 일어나고 소비에트 연방이 구축된 이후 볼셰비키 당원들은 정부 외의 누군가가 러시아 북극지방의 바닷새 서식지를 상업적으로 탐사하지 못하도록 금지했다. 뿐만 아니라 소련은 전체주의식 지배의 일부로서 군락을 이루는 바닷새에 대해 연구하기 시작했다.[21] 이 비범하게 앞날을 내다보았던 움직임은 가혹한 환경에서 일해야만 했던 생물학자들의 성공으로 이어졌고 북극지방 바닷새의 생태 정보가 엄청나게 쌓였다. 생물학자들의 목표는 새를 "보존하여 활용"하려는 관점에서 "각 종의 생태학적 특성을" 확인하는 것이었다. 다시 말해 바닷새 알과 어른 새의 포획량을 최대로 늘릴 수 있는 방법은 무엇인지 알고 싶어 했다는 이야기이다.[22]

루 벨로폴스키Lew Belopol'skii는 이 생물학자들 중에서도 가장 유능한 축에 속했는데, 20대에 야심찬 북극지방 탐사에 참여하기로 선발되어 상업증기선인 취루스칸Tschluskan 호를 타고 소련 서부의 무르만스크에서 태평양의 블라디보스토크까지 항해를 했다.[23] 배는 1933년 8월에 출항했지만 10월 무렵 베링 해협Bering Strait에서 얼음에 갇히는 바람에 1934년 2월 13일에 결국 침몰하고 말았다. 벨로폴스키와 소수를 제외한 탐사대원들은 얼음 위로 탈출하여 비상캠프를 꾸렸다. 이어서 활주로를 만들었고 ―13번이 넘게 재건축한 뒤에야― 마침내 4월에 러시아 공군에게 구출되었다. 탐사대 대장과 구조 파일럿과 벨로폴스키를 포함한 일부 대원은 문명세계로 돌아오자마자 열광적인 환영을 받았다. 이들은 소비에트 연방의 최고 훈장을 받음과 동시에 다양한 특권도 누리게 되었는데, 벨로폴스키의 경우에는 바렌츠 해Barents Sea에 있는 세븐 아일랜드Seven Islands 바닷새 보호구의 책임자로 임명되는 것도 포함되어 있었다. 이 북극 야생동물 보호구가 설립됨과 동시에 외해어업이 시작되었는데, 벨로폴스키가 수행하는 업무의 중요한 목표는 바닷새의 생태 정보를 이용하여 어업을 상업적으로 더 성공시키는 것이었다.[24]

그때까지는 일이 잘 굴러갔다. 그러다 2차 대전 동안 벨로폴스키는 그의 바닷새 관련 지식을 실용적으로 사용해달라는 부탁을 받았다. 자기 소유의 배를 직접 지휘하게 된 벨로폴스키의 주된 임무는 바닷새의 알과 바닷새를 포획해서 무르만스크의 민간인들에게 식량으로 제공하는 것이었다. 왜냐하면 무르만스크는 지역적으로 고립돼 있을 뿐 아니라 가지고 있는 약간의 식량마저도 소비에트 연방 군인들에게 제공하느라 극심한 식량고갈 문제를 겪고 있었기 때문이었다. 성공을 거둔 벨로폴스키는 덕택에 전쟁이 끝난 후에도 북극 바닷새의 생태연구를 계속할 수 있었다.

식용으로 채취할 수 있는 바다오리 알을 최대로 늘린다는 것은 바위 턱에서 떨어지는 바다오리 알을 최소로 줄여야 한다는 뜻이었다. 그리하여 벨로폴로스키가 가장 중요하게 여기는 단 하나의 문제는 바위 턱에서 떨어져 "낭비되는" 어마어마한 수의 알을 줄이는 방법을 찾는 것이 되었다. 결과적으로 이 문제는 오늘날의 기준에서 보면 매우 거친 연구방법에서 직접 나온 것인데, 이 연구에서 연구자들은 래브라도에 있던 여우와 비슷하게 절벽 쪽으로 걸어가서 새들을 다 날려버림으로써 알이 흩어지며 굴러가게 만들었다.

벨로폴스키는 직접 관찰을 해보기도 했고 러시아의 바닷새 연구자 유 카프타노브스키Yu Kaftanovski의 관찰내용을 보기도 했기 때문에 바다오리 알이 팽이처럼 회전한다는 발상이 터무니없음을 잘 알고 있었다. 카프타노브스키는 1941년에 쓴 글에서 말했다. "(유명한 논문에서 때때로 등장하는 것처럼) 무언가에 밀리거나 바람이 불 때 바다오리 알이 팽이처럼 거의 한 점 주위로만 회전한다는 이야기는 사실이 아니다… 그럼에도 불구하고 서양배 모양은 추락을 최소화하는데, 특히 다르게 생긴 알이라면 분명 더 많이 추락하고 말았을 울퉁불퉁한 바위 턱에서 효과를 발휘한다."[25] 벨로폴스키는 카프타노브스키에게 동의하면서도 그의 설명이 만족스럽지 못하다고 저술하며 의문을 던졌다. "서양배 모양 알이 훨씬 더 안정적인 이유는 무엇이며, 서양배 모양 알은 어떤 상황에서 진정한 안정성을 얻거나, 반대로 언제 균형을 잃고 굴러가는 경향이 생기는 것일까?"[26]

벨로폴스키는 간단한 관찰에서부터 연구를 시작했던 것으로 보이는데, 바위 턱에서 굴러 떨어져 깨진 바다오리의 알 대부분이 작은 배아를 담고 있던 것을 보고, 방금 낳은 알이 잘 품어준 알보다 더 쉽게 굴러 떨어진다고 추측했다. 이것을 확인하기 위해 벨로폴스키와 동료들은 단 며칠밖에 품어주지 않은 알을 가볍게 밀어보는 실험을 했다. 알은 전부 절벽에서 굴러 떨어졌다. 얼마 후 그들은 "더 오랜 기간" 품어주었던 알을 가지고 동일한 실험을 했는데, "후자의 경우 알은 대부분 문자 그대로 완만한 곡선을 그리며 (즉, 호를 그리며) 굴러갔고 바위 턱에서 떨어지지 않았다."[27]

오늘날의 기준에서 보면 이 실험에 대한 벨로폴스키와 동료들의 설명은 몹시 모호하며 거의 설득력이 없다. 특히 세부정보가 너무 부족해서 정확히 무엇을 했고 얼마나 많은 알을 시험했는지 확인할 수 없기 때문이다.

벨로폴스키는 자칭 "대규모 실험"을 진행하기 위해 동료인 사바 미카일로비치Savva Mikhailovitch에게 무엇을 부탁했는지 설명하는데, 이 실험에서는 최근에 알을 낳은 바다오리들이 알을 품던 절벽에서 총성을 듣고 놀란다. 벨로폴스키가 말하길 총을 쏘자 알들이 "쏟아지기" 시작했다는데, 별로 놀랍지는 않다. 그 다음 연구자들은 알의 부화가 가까워졌을 무렵 같은 절벽을 다시 방문하여 실험을 똑같이 반복했다. 빵! "대규모 새떼가 하늘로 날아올랐지만 바위 턱 밖으로 굴러 떨어진 알은 하나도 없었다."[28]

다시 말하지만 자세한 부분에 대한 설명이 너무 부족하기 때문에 이 "실험"은 가치를 판단하기 어렵다. 그러나 벨로폴스키는 실험의 두 번째 부분에서 "바위 턱 밖으로 굴러 떨어진" 알이 하나도 없는 가장 명백한 이유를 논의하는 데 실패했다. 새들에게 겁을 줘서 갓 낳은 알을 두고 떠나게 했을 때 이미 취약한 알이 전부 사라졌기 때문이라는 것이야말로 꽤나 분명한 이유처럼 보인다.

흥미롭게도 이 명백한 효과를 설명할 이유를 찾던 벨로폴스키가 눈치챈 것은 알을 품어주는 과정에서 바다오리 알의 무게중심이 이동한다는 것이었는데, 때문에 시간이 지날수록 알의 뭉툭한 끝이 바위 표면 위로 점점 더 솟아올랐다. 이런 일이 벌어지는 이유는 알의 뭉툭한 쪽 끝에 있는 기실이 일련의 부화기간 동안 점점 더 커지기 때문이다(2장 89페이지 참고). 잘 품어준 알은 무게중심이 이동하면서 갓 태어난 알보다 더 작은 호를 그리며 굴러가고, 덕분에 바위 턱에서 굴러떨어질 확률이 더 낮다.

벨로폴스키는 이 무게중심의 이동이 알의 안정성을 높이려고 적응한 결과라는 의견을 넌지시 피력했다. 그러나 모든 종의 새알이 모양과 상관없이 비슷한 변화를 겪으므로 적응은 아닐 것으로 보이며 그저 무게중심이 이동했을 뿐일 가능성이 더 높다. 그렇지만 이 효과가 뾰족한 알에서 더 확연하게 나타날 가능성은 있으며 덕분에 안정성도 더 높아질 수 있다.

바다오리의 적응형질을 바라보는 러시아 생물학자들의 시각에는, 바다오리들이 번식하는 바위 턱으로 걸어가고, 서식지를 향해 총을 쏘고, 일반적으로 알을 품고 있는 바다오리들을 공포에 빠뜨리는 등 그들이 사용한 연구방법들의 색이 물들어 있었다. 방해받지 않은 바다오리는 알을 무방비하게 남겨두는 일이 거의 없을뿐더러 혼란에 빠지는 일도 드물다. 사람 또는 북극곰과 북극여우 —바다오리가 서식하기로 결정한 장소를 고려하면 둘 모두 매우 드물게 나타난다— 같은 포식자가 등장할 때만 이런 소란이 일고, 상당히 많은 알이 굴러가 소실된다. 나는 벨로폴스키와 그의 동료들이 어쨌거나 다윈주의의 관점에서 사고했다는 점이 신기했는데, 스탈린주의자들이 지배하던 러시아에서 가르쳤던 진화론은 라마르크설Lamarckism이 지배적이었기 때문이다. 소련의 농업과학 지도자였던 트로핌 리셍코Trofim Lysenko가 무척 공격적으로 퍼트렸던 라마르크의 철학에는 오류가 많다.[29]

벨로폴스키가 바닷새를 연구하며 보낸 나날은 그가 상당한 두께를 자랑하는 『바렌츠 해 군집 조류의 생태학』을 집필하면서 절정을 맞이했는데, 1957년에 출간된 이 책은 1961년에 영역본으로도 나왔다. 내가 연구학생이던 1970년대에 벨로폴스키의 책은 무척이나 귀중한 정보원이었다. 그러나 조악한 제조상태, 작은 그림, 선명치 않은 사진, 살짝 불확실한 번역, 질나쁜 얇은 종이 등은 모두 내가 이 책의 과학적 가치를 폄하하게 만드는 요소였다. 그러나 최근 이 책을 다시 읽은 나는 생각을 바꾸었다. 나는 당시에는 다른 방식으로 과학을 연구했음을 깨달았고, 벨로폴스키의 업적이 전적으로 놀라운 것이며 그가 진행했던 바닷새 연구는 당대에 다른 곳에서 행해졌던 것보다 훨씬 앞서 있었다는 것도 알게 되었다. 생물학과는 상당히 거리가 있긴 하지만, 내가 그의 책을 다시 읽으면서 가장 놀랐던 점은 그가 리셍코와 소련의 정치체제를 향해 부정적인 언급을 했다는 것이다.

나는 벨로폴스키의 과거에 대해 조사해보고서야 그 이유를 발견할 수 있었다. 1949년에 스탈린이 고위 공산당 동지가 반역을 저지르지 않을까 편집적으로 의심하여 발생했던 일명 레닌그라드 사건 때, 벨로폴스키의 형제, 아내, 아버지가 체포되었다. 레닌그라드의 젊은 공산주의자들을 질투하고 의심했던 스탈린은 사건을 그들에게 불리하게 날조했다. 고위층 공산주의자들이 이용하는 휴가지의 책임자였던 벨로폴스키의 형제는 영국의 첩자노릇을 했다는 가짜 죄목으로 기소당했다. 스탈린은 그를 총살시켰다. 3년 후인 1952년에는 벨로폴스키 자신도 짐작건대 연좌제 혐의를 받고 공산당에서 쫓겨난다. 벨로폴스키는 본디 취루스칸 탐사의 국민적 영웅이라는 지위 덕분에 정치적 면책특권이 있었지만, 여기에 대한 제도적인 처리방법이 있었다. 법정에 불려간 벨로폴스키는 강제로 서명하여 이 특권을 양도했다. 그리하여 특권을 벗은 벨로폴스키는 징역 5년을 선고받고 시베리아의 (옴스크Omsk의 동쪽이자 현재는 카자흐스탄의 수도인 아스타나Astana에서 북동쪽으로 약 500km 떨어진) 노보시비르스크Novosibirsk 지역에 있는 노동수용소로 보내졌는데, 당국은 이것을 가벼운 처벌이라고 여겼다. 죄목은? 그의 형제의 형제인 죄였다. 벨로폴스키는 다행히도 1953년에 스탈린이 사망한 후 풀려나 명예를 회복했다. 1956년에 그는 새의 주요 이동 경로인 발트 해의 크로니안 모래톱Curonian Spit에 새 관측소인 리바치 생태 연구소Rybachy Biological Station를 설립했다. 그는 1990년, 82세 또는 83세가 되던 해에 사망했다.[30]

바다오리 알에 대한 러시아인들의 정밀조사는 결론에 다다르지 못했지만 1950년대 중반에 바다오리 연구는 새 시대를 맞이한다. 시작은 1956년에 스위스의 생물학 교사 베아트 찬스Beat Tschanz가 다른 생물학 교사, 그리고 스위스 베른Bern에 있는 자연사박물관 관장과 함께 노르웨이 해안에서 떨어진 로포튼Lofoten 군도의 바닷새 서식지인 베되이Vedöy 섬을 3주동안 방문하면서부터였다. 찬스는 바다오리에게 마음이 끌렸고 이미 서른 중반에 들어섰음에도 불구하고 대학으로 돌아가서 박사과정을 밟으며 바다오리의 행태에 대해 연구했다. 안타깝게도 나는 찬스를 만난 적은 없지만, 해안도 바닷새도 없는 나라 출신의 누군가가 바다오리를 연구한다는 사실은 흥미로웠다.[31]

찬스가 매료되었던 부분은 바다오리가 그토록 밀도 높게 모여, 둥지도 없는, 위태로운 절벽의 바위 턱에서 번식한다는 사실이다. 찬스는 그토록 특이한 번식환경에 바다오리가 어떻게 대처하는지, 더 구체적으로는 바다오리가 어떤 적응과정을 거쳐 지금과 같은 방식으로 번식하게 되었는지를 집중적으로 연구하고 있다.

1950년대 후반에 적응에 대한 연구가 화제가 되기 시작했다. 찬스가 바다오리를 연구하는 것처럼, 옥스퍼드 대학 니코 틴버젠Niko Tinbergen 교수의 학생들 중 하나인 에스더 컬린Esther Cullen은 세가락갈매기가 어떤 적응을 거쳐 절벽에 둥지를 틀게 되었는가를 연구 중이었다.[32] 동물 행동학을 발전시킨 공로를 인정받아 훗날 콘라드 로렌츠Konrad Lorenz, 카를 폰 프리슈Karl von Frisch와 함께 노벨상을 수상했던 틴버젠은, 갈매기의 외형과 울음소리에 대해 벌써 수년 동안 연구를 진행해오고 있었다. 세가락갈매기는 틴버젠과 학생들이 연구했던 수많은 갈매기 중 한 종이지만, 절벽에서 번식하는 유일한 종이다. 땅에 둥지를 트는 다른 모든 갈매기와 세가락갈매기의 행태를 비교함으로써 컬린은 세가락갈매기가 절벽에 난 작은 바위 턱에 둥지를 틀 수 있게 만든 적응형질이 무엇인지 찾아낼 수 있었다.

찬스가 수십 년 동안 계속했던 바다오리 연구는 세 가지 주요 주제에 초점을 두고 있다. 두 개는 고밀도 번식 문제와 관련해서 (i)자기 알을 인지하는 것(5장)과 (ii)자기 새끼를 인지하는 것(8장)이고, 나머지 하나는 좁은 절벽 바위 턱에 둥지도 없이 번식하는 것과 관련한, 알의 모양에 대한 것이다. 1960년대 중반 동안 찬스는 틴버젠을 만나러 영국을 몇 차례 방문했고, 찬스의 알 및 새끼 인지 연구에 감명받았던 틴버젠의 제안으로 함께 있는 동안 붉은부리갈매기에 대한 실험을 같이 진행하기도 했다. 틴버젠과 마찬가지로 찬스 역시 비교연구를 이용했으며, 바다오리를 몇몇 가까운 친척과 비교함으로써 바다오리의 적응형질이 무엇인지 찾아내려고 했다. 찬스가 택한 비교 대상은 주로 레이저빌이었지만 퍼핀과 유럽바다비둘기도 빼놓지는 않았다. 앞서 살펴보았듯 이미 러시아인들이 바다오리 알 모양에 대해 많은 연구를 해놓았지만 찬스는 직접 독립적으로 연구하면서 러시아인들의 몇몇 발상을 재평가하거나 확장하기를 좋아했다.[33]

찬스가 폴 잉골드Paul Ingold, 한스위르크 렌가헤르Hansjurg Lengacher와 공동으로 연구하여 1969년에 발표했던 첫 번째 바다오리 알 연구의 결과는, 알의 뾰족한 형태가 중요한 적응형질이라는 명백한 증거를 제시한다. 그들은 워터튼이 1834년에 지적했듯 놀랍도록 다양한 바다오리 알을 모양에 따라서 조금 뾰족한 것, 보통 뾰족한 것, 매우 뾰족한 것으로 분류했다. 그리고 나서 각 모양의 알을 밀었을 때 알이 절벽에서 굴러 떨어지는지를 살펴보았다. 또한 비교를 위해 매우 가까운 친척인 레이저빌의 훨씬 덜 뾰족한 알도 실험에 포함시켰다. 실험 결과 더 뾰족한 알일수록 절벽의 바위 턱에서 떨어질 확률이 더 낮았다.[34]

나중에 네덜란드의 조류학자 루디 드렌트Rudi Drent는 이 결과에 대해 저술하면서 이렇게 평했다.

이 실험을 자연의 상황에 적용할 수 있다는 사실이 증명되었는데, 부모 바다오리가 바위 턱에서 석회로 만든 가짜 알을 품게 만들고 시간에 따른 알의 상실률을 관측했기 때문이다. 바다오리 알은 레이저빌의 알보다 더 많이 살아남았는데, 가장 대규모로 관찰했던 실험에서는 결과가 더 두드러졌다(레이저빌 알은 50개 중 35개(70퍼센트)가 살아남은 것에 비해 바다오리 알은 50개 중 42개(84퍼센트)가 살아남았다).

이 연구는 바다오리 알의 뾰족한 모양이 적응의 결과이며, 실제로도 번식 중인 바위 턱에서 알이 굴러 떨어질 확률을 낮춰준다는 결정적인 증거를 제시한 것처럼 보였다.

드렌트는 매우 지각 있는 생물학자임에도 불구하고 찬스의 결론을 거의 그대로 수용하는 경향이 있는듯하다. 찬스의 실험에서 나타난 결과는 사실 통계적으로 유의미하지 않았고, 대부분의 생물학자는 이 차이가 생물학적으로 설득력이 있다며 가볍게 받아들이지 않

았을 것이다.[35]

생물학자들이 신중해질 정당한 이유가 있었을 것이다. 사실 찬스와 그의 동료인 폴 잉골드 본인들 역시 이 첫 실험의 결과가 명백해보이긴 해도, 보이는 것만큼 설득력이 있지는 않다는 것을 나중에 깨달았다. 첫째, 석회로 만든 알은 실제 알과 다르게 움직였다(석회 알은 더 가벼웠을 뿐 아니라 무게 분포가 진짜 알과는 무척 달랐다). 둘째, 구성 물질 그 자체가 알의 회전에 중요한 영향을 미친다는 것을 깨달았다. 셋째, 알을 바위 턱에 고정시키는 데는 부모 새가 중요한 역할을 한다는 사실을 인식했다.

잉골드는 실험을 다시 시작했는데, 그가 출간한 47쪽의 긴 논문 내용을 요약하자면, 그가 발견한 내용은 이렇다. 잉골드는 자연적 특징이 서로 다른 여러 바위 턱에서 진짜 바다오리 알과 진짜 레이저빌 알이 구르는 모습을 비교했는데, 바다오리 알이 굴러떨어질 확률이 레이저빌 알보다 낮지 않은 것으로 나타났다. (상대적으로 매끄러운) 인공적인 표면에서 기울기를 달리하며 알을 굴렸던 실험에서는 더 뾰족한 모양 때문에 바다오리 알이 레이저빌 알보다 더 작은 호를 그리며 굴러갔다. 그러나 훨씬 고르지 못한 자연의 표면에서는 두 종이 굴러가며 그리는 호에 차이가 없었다. 레이저빌 알이 바다오리 알보다 무게가 가볍기 때문이다. 그러므로 ―치명적이면서 미묘한 지적이긴 하지만― 레이저빌 알(90g)보다 더 크고 더 무거운 바다오리 알(110g)이 레이저빌 알과 같은 모양이었다면 굴러 떨어질 위험이 더 컸을지도 모른다. 다시 말하면 바다오리가 특정 크기의 알을 낳는다고 했을 때, 뾰족한 모양은 알이 굴러가는 것을 막는 약간의 보호 장치가 되어준다.

게다가 잉골드는 경사의 가파른 정도와 표면의 성질, 즉 그 표면의 거친 정도가 필연적으로 알이 구르는 경향에 중요한 영향을 미친다는 사실을 보였다. 그는 또 바다오리와 레이저빌이 알을 품는 모습에 엄청난 차이가 있음을 눈치챘는데, 바다오리는 레이저빌보다 더 짧고 적게 쉬면서 더 부지런히 알을 품었다. 바다오리의 이런 특성은 알을 안전하게 지키고 부모 새가 알 품는 임무를 교대할 때 알을 잃어버릴 확률을 줄이려고 적응한 결과일 수도 있고 아닐 수도 있다.

알의 무게가 구르는 모습에 영향을 준다는 사실은 잉골드에게 무언가를 알려주었는데, 그것은 내가 늘 궁금했던 문제이기도 했다. 큰부리바다오리Brünnich's guillemot는 언제나 좁은 바위 턱에서 번식하기 때문에 알이 떨어질 위험도 훨씬 크지만 일반 바다오리보다 덜 뾰족한 알을 낳는다. 실제로 큰부리바다오리의 알 다수는 레이저빌의 알과 더 비슷하게 생겼다. 잉골드는 큰부리바다오리가 평균적으로 일반 바다오리보다 작기 때문에 더 작은 알(100g)을 낳고, 그러면 덜 뾰족한 알을 낳아도 된다고 제안했다.

잉골드의 추측이 맞았다면 호를 그리며 굴러간다는 가설을 검증해볼 수 있는 방법도 존재했다. 우리는 큰부리바다오리와 일반 바다오리의 다양한 집단에서 나타나는 알의 모양, 특히 그 뾰족한 정도를 측정할 수 있었다. 만약에 호를 그리며 굴러간다는 가설이 옳다면, 더 크고 무거운 알일수록 더 뾰족하다는 예상이 가능했다. 다른 많은 새 종처럼 바다오리는 더 북쪽에서 번식할수록 몸집이 더 크고, 더 큰 새는 더 큰 (그리고 더 무거운) 알을 낳는 경향이 있다. 위도가 올라갈수록 몸집이 커지는 경향은 베르그만의 법칙Bergmann's rule으로 알려져 있다. 19세기 독일의 해부학자이자 의사였던 칼 베르그만Carl Bergmann의 이름을 딴 것인데, 그는 큰 동물일수록 부피당 표면적의 비율이 낮아서 상대적으로 추운 위도에서도 따뜻한 상태로 있을 수 있다고 추측했다.[36]

　박물관들은 두 종류 바다오리의 알을 대량으로 보유하고 있고, 이 알들은 바다오리의 지리적 분포 범위 내의 다양한 지역에서 채집한 것이다. 즉, 다양한 위도에서 채집한 것이다. 때문에 잉골드의 생각을 검증하는 데 꼭 필요한 자료를 모으는 일은 그리 어려워 보이지 않았다. 여러 달 동안 내 연구조교와 나는 유럽의 주요 박물관 대부분을 방문했고, 천 개가 넘는 바다오리 알을 사진 찍고 측정했다. 그 결과 우리는 잉골드의 발상을 증명해줄 만한 증거를 티끌만큼도 찾을 수 없었다. 첫째, (이미 알고 있는 대로) 큰부리바다오리 알은 평균적으로 일반 바다오리 알보다 덜 뾰족했지만, 부피(사실상 산란 직후의 무게)는 일반 바다오리 알과 정확히 같았는데, 여기서 잉골드의 생각은 첫 번째 난관에 부딪힌다. 둘째, (두 종 모두) 잉골드가 예상했던 대로 더 큰 알이 더 뾰족한 경향이 있었지만, 그 정도가 너무 작아서 생물학적으로는 적절하지 않은 듯 했다.[37] 이 결과는 어쩌면 호를 그리며 굴러가는 것이 아니라 다른 목적을 이루기 위해 알의 모양이 뾰족한 것일지도 모른다고 강하게 암시한다. 바다오리 알의 모양에 얽힌 수수께끼는 여전히 감질 나는 생물학적 수수께끼로 남아있다.

루프턴이 바다오리 알을 보고 느꼈던 황홀감은 알이 보여주는 비범한 특징에서 온 것이었다. 주로 색과 무늬의 측면에서였지만 모양과 크기도 예외는 아니었다. 루프턴의 바다오리 알 수집품 중에는 난쟁이 알과 거인 알이 담긴 서랍도 있었다. 난쟁이 알 또는 무황란 alecithal egg의 존재는 인류가 닭을 집에서 키운 만큼이나 오랫동안 알려져 있었다. 난쟁이 알은 매우 드물고, 과거에는 이 알의 모습과 연관된 미신도 여럿 있었다. 그중에는 수탉이 낳았다는 이야기도 있었는데, 덕분에 때때로 이 알을 가리켜 "수탉의 알"이라고 부르기도 했다. 또 "바람의 알"이라고 부를 때도 있었는데, 바람이 암탉의 난관으로 불어 들어가서 수정시킨 알이라는 고대 전설 때문이었다. 두 이야기 모두 사실이 아닌 것이 난쟁이 알들은 언제나 무정란이기 때문이다. 이 작은 알은 대개 노른자가 없으며 누두infundibulum가 난소에서 나오는 난자를 잡지 못했기 때문에 생긴다(63쪽 참고). 노른자의 상당부분을 놓친 난관은 노른자가 빠진 소형 알을 만들어낸다. 또 어떤 때는 난관 벽에서 떨어진 작은 조직 조각에 난관이 속아 노른자가 없는 채로 알 생산 과정에 돌입하고 난쟁이 알을 만들어낸다.[38]

자주는 아니지만 암탉은 매우 큰 알을 만들기도 하는데, 알을 깨보면 노른자가 두 개인 것을 볼 수 있다. 쌍란이 상대적으로 거대한 이유는 특히 노른자가 두 개이기 때문이다.[39] 쌍란은 보통 난소에서 두 개의 난자가 동시에 발달하여 동시에 나올 때 발생한다. 쌍란은 드물다. 40년 동안 현장연구를 하면서 나는 래브라도에서 딱 한번 바다오리의 쌍란을 본 적이 있다. 그러나 벰턴 절벽에서는 바다오리의 쌍란이 비교적 흔했던 것으로 보인다. 리카비는 일기에서 쌍란을 몇 차례 언급하면서, 절벽의 한 구역에서 하루에 두 개의 쌍란을 수집했던 이야기도 하고 있다![40] 쌍란을 좋아했던 루프턴은 믿기 어렵겠지만 수년에 걸쳐 총 44개의 쌍란을 모았는데, 그중에는 루프턴이 특히 자랑스러워했던 170g짜리 알도 있었다. 벰턴 절벽 바다오리 알의 평균인 110g을 훨씬 웃돌았다. 바다오리가 170g짜리 알을 낳는 것은 여성이 5.4kg짜리 아기를 낳는 것에 상응할 것이다. 어렵지만 불가능한 일은 아니다.

쌍란에서는 종종 두 개의 배아가 발달하지만, 모든 종을 망라하고 쌍란에서 쌍둥이 새가 부화하여 살아남았다는 기록은 극도로 희귀하다. 단순히 생각해서 흰자가 충분하지 않은 것이다(6장 참고).

닭의 경우 쌍란을 낳을 확률은 약 1/1000이다.[41] 매년 벰턴에서 수집하는 바다오리 알이 약 10,000개라고 가정하고, 바다오리가 쌍란을 낳을 확률이 (비록 알지는 못하지만) 닭과 같다면, 클리머는 매년 10개의 쌍란과 마주친다고 볼 수 있을 것이다.

특별히 크거나 특별히 작은 표본과 마찬가지로, 루프턴의 수집품에는 거의 모든 종의 새에서 자연스럽게 발생하는 것과는 거리가 먼, 이상한 모양의 알이 몇 개 있었다. 바다오리가 낳는 기괴한 알의 종류는 거의 구형에 가깝고 작은 것부터, 가느다랗고 튜브처럼 뽀족한 것, 가느다랗고 대칭적인 것을 넘어 비대칭적이고 망고 모양인 것에 이른다. 우리가 이상한 모양의 알을 바다오리만큼 많이 알고 있는 유일한 다른 종의 새는 닭인데, 전 세계 60억 마리의 산란계가 매년 1조 개의 알을 생산하는 것을 고려하면 당연하다.

루프턴의 특이하게 생긴 바다오리 알은 특정 상황에서 새의 난관이 둥근 형태의 거의 모든 알을 생산할 수 있음을 보여준다. 우리가 모르는 점은 이 기묘하게 생긴 바다오리 알을 그대로 두었다면 새끼가 부화하는 것이 있었을까 하는 것이다. 내 생각에는 상당히 적은 수만이 전체 부화기간 동안 살아남았을 것 같다. 또 내가 추측하기로 이상하게 생긴 알들이 루프턴의 보관장에 존재할 수 있었던 이유는 클리머들이 주기적으로 절벽을 방문했기 때문일 것이다. 나는 모양, 크기, 색이 이상한 일련의 바다오리 알이 벰턴 절벽에 특히나 많이 등장했던 데에는 클리머들의 존재에 일정부분 책임이 있다고 생각한다. 어쩌면 끊임없는 소란이 새의 알 형성 과정을 방해했을지도 모른다. 상대적으로 덜 소란스러운 서식지에서 바다오리를 연구했던 나는 그동안 작은 알을 단 두 번 보았을 뿐 심각하게 땅딸만하거나 극도로 비대칭적인 알은 한 번도 본적이 없다.

루프턴의 쟁반에 있던 바다오리의 기형 알 중에서 나는 망고를 닮은 것이 가장 흥미로웠다. 이 알은 각 면이 약간 납작하고 윤곽의 곡선이 두드러진 모습을 하고 있다. 만약 굴러가지 않고 절벽에서 떨어지지 않는 알을 설계하려고 시도한다면 이런 모양이 될 것이다. 암컷 바다오리가 이런 비대칭적인 알을 생산할 수 있다는 사실은, 만약 이런 알에서 새끼가 태어날 수만 있다면 이 알이 자연선택을 받을 것임을 암시한다.

일반적인 "알 모양" 알을 살펴보면서 이 장을 마무리하도록 하자. 일부 조류학자가 주장하는 것처럼 정말로 대다수 종의 알 모양에는 선택 이익이 거의 없거나 전무한 것 일까?

과거에는 알의 모양이 그 알에서 태어날 새끼의 모습에 따라 어떻게든 좌우된다고 여겨졌다. 1600년대에 파브리키우스Fabricius는 이렇게 말한다. "사실 거의 모든 새의 알은 완벽하게 동그랗지 않고 늘어난 모양이다… 왜냐하면 새끼의 키가 너비보다 크기 때문이다. 그리고 알은 완벽하게 타원이지도 않고 균일하게 길지도 않으며, 한쪽 끝이 더 둔탁하고 넓고 두껍다… 왜냐하면 새끼는 머리와 흉부를 포함한 상체가 더 넓기 때문이다."[42] 그는 계속해서 새끼의 모양에 따른 알 모양의 차이에 대해 논의를 이어갔고, 알의 모양으로 새끼의 성별을 판단하는 낡은 발상을 채택하여 상대적으로 넓은 알에서 암컷이 태어난다고 믿었다. 암탉은 여성과 마찬가지로 수탉과 남성보다 골반이 넓다고 잘못 생각했기 때문이다. 윌리엄 하비는 자신의 스승을 설득하길 체념해버렸다. "파브리키우스가 제기하는 알의 모양에 대한 설명을 나는 기꺼이 무시하려 하는데, 근거가 하나도 없기 때문이다."[43]

사실상 거의 모든 생명체의 알이 꼭 갖춰야하는 가장 중요한 외형적 조건은 분명 단면이 어느 정도 둥글어야 한다는 것인데 그래야 알이 형태를 갖추고 난관을 따라 이동할 수 있기 때문이다. 그렇다면 알은 꼭 긴 축을 기준으로 대칭이어야 할까?

새의 경우에 "알 모양"이 암시하는 것이 구형이 아니라는 것은 중요한 사실이다. 물고기, 개구리, 바다거북 등과 같은 다른 동물들은 대부분 알이 구형이다. 이것은 살짝 늘어난 생김새를 하고 있는 새알과 뱀, 도마뱀, 악어 등 파충류의 알에 어떤 선택 이익이 있음을 암시한다. 여기에 대해서는 몇 가지 가능성이 존재한다.

첫 번째는 구가 그 어떤 모양보다도 부피 대비 표면적의 비율이 작다는 사실과 관련이 있다. 따라서 구에 어떤 변형을 가한다는 것은 표면적이 알의 부피 대비 넓어진다는 의미이고, 이것은 새에게 중요한 문제일 수 있는데, 포란반의 온기가 알에게 더 효율적으로 전달될 수 있기 때문이다. 물론 알을 품어주지 않을 때는 구형인 쪽이 더 빨리 식어버리기도 한다. 대부분의 새알에서 나타나는 계란형은 알을 품어줄 때 얼마나 효율적으로 알이 덮혀질 수 있고, 품어주지 않을 때 얼마나 빠르게 식는지를 고려한 절충안일 수도 있다. 이런 관점에서 볼 때 해당 종이 평균적으로 한 번에 낳는 알이 몇 개인지, 그리고 포란반의 모양과 개수가 어떤지에 따라서도 알의 모양이 달라질지 모른다.[44]

두 번째 가능성은 "포장"과 관련이 있다. 알을 포란반으로 감싸서 부화시키지 않는 많은 파충류의 알 역시 길게 늘어난 모양이므로, 다른 중요한 요인이 존재할지도 모른다. 뱀과 도마뱀과 악어가 알의 지름에 제한을 받는지는 분명하게 알 수 없지만 그런 것처럼 보이기도 하는데, 파충류들은 몸이 상당히 길기 때문이다. 그러나 대형 악어도 상대적으로 작고 길다란 알을 낳는다는 점을 고려하면, 알의 최대 지름이 성체의 크기를 결정하지는 않는 듯하다.

세 번째로 새알은 분명 난각의 강도에 제약을 받을 것이다. 알은 알을 품는 어른 새의 무게를 견딜 만큼 단단해야 하지만 완전히 자란 새끼가 알을 깨고 나올 수 있을 만큼 약해야 한다. 알을 품는 새의 무게를 지탱한다는 점에서는 구형의 알이 최적임이 틀림없지만, 살짝 늘어난 알은 새끼가 발을 놓을 수 있는 공간이 더 넓고 발을 지렛대처럼 사용하기에도 더 좋기 때문에 부화할 때가 되어서 알을 깨고 나올 때 도움이 된다.[45]

놀라운 점은 지난 수십 년 동안 알에 대해 그토록 많은 연구를 했음에도 우리가 답할 수 없는 문제가 이렇게나 많다는 것이다.

　　새알의 색에 대해서는 우리가 조금이라도 더 많이 이해하고 있는지 확인해보자.

4

새는 알을 "어떻게" 색칠했을까

○

**··· 그러나 아마도 아직 태어나지 않은 열정이
달의 음악인 듯 몸을 감추고
나이팅게일의 소박한 알 속에서 잠들어 있다**

–알프레드 테니슨 경Alfred, Lord Tennyson,
「에일머의 들판」(1793)

언젠가 한 번 알 수집품을 보러 트링에 있는 자연사박물관에 방문했을 때, 나는 조지 루프턴과 함께 바다오리 알 수십 개를 담고서 열려 있는 서랍 앞에 나란히 서있다고 상상해본 적이 있다. 내가 루프턴에게 무엇을 보고 있냐고 묻는다. 순수한 아름다움, 그가 말한다. 형태, 크기, 그리고 무엇보다도 다양하지만 조화로운 색과 무늬의 나열 말이오. 그러고 나서 그가 내게 무엇을 보느냐고 묻는다. 데이터입니다, 내가 대답한다. 아니 그보다는 "사라진 데이터"입니다. 우리 앞에 있는 알 대부분에는 기록카드도 정보도 없으니까요. 알의 아름다움에 대해서는 이견이 없으나, 과학자로서 만약 이 알들에게 기록카드가 있었다면 새의 삶에 대해 무엇을 말해주었을지를 먼저 생각하게 됩니다. 내가 덧붙인다. 그러나 동시에 나는 박물관의 알들이 지금 상태에서 우리에게 해줄 수 있는 이야기가 무엇인지 생각한다. 우리는 아직 정보 없는 알들에 대한 조사를 마치지 않은 상태였다. 그러자 루프턴이 고개를 돌려 내가 말하는 데이터가 무엇이냐고 묻는다. 루프턴은 말을 과학적으로 하는 몇몇 수집가들과도 친분이 있으니 수사학적으로 던진 질문이겠지만, 루프턴의 질문에 나는 잠시 묵묵하게 생각에 잠긴다. 내가 말하는 데이터는 무엇일까?

데이터란 내가 자연세계를 해석하기 위해 사용하는 정보 조각이다. 그것이 과학자들이 하는 일이고 그것이 과학자들의 목표이다. 나는 왜 부엉이의 알이 하얗고, 바다오리의 알은 그토록 다채로우며, 개똥지빠귀 알은 파랗고, 어떤 티나무 알의 색은 선명한 풀색인지 이해하고 싶다. 우리 과학자들은 ─루프턴과 내가 쟁반에 담긴 알을 바라보는 것과 마찬가지로 무언가를 바라보며─ 관찰을 통해 지식을 얻고 왜 이럴까? 왜 저럴까? 묻는다. 루프턴은 내게 본인 역시 마찬가지의 일을 했다고 이야기하는데, 내 생각에 그러면 그 역시도 과학자가 된 것이다. 차이가 있다면 나로서는 질문을 던지는 것 자체로는 충분하지 않다는 것이다. 나는 한 단계 이상 더 멀리 갈 필요가 있다. "왜 이럴까"는 "어쩌면 이럴 것이다"가 된다. 즉, 나는 가설을 세웠고, 그럼으로써 내가 상상했던 것은 설명이 될 수도 있다.

티나무는 윤이 나는 자기磁器같이 생긴 가장 특이하고 아름다운 알을 낳으며, 알의 색은 종에 따라 파란색, 초록색, 분홍색, 녹색 등이다. 질문에 진지하게 답할 마음이 생기면, 나는 곧바로 내 가설을 가장 무자비하고 세세하게 검토할 방법을 생각한다. 나는 무엇이 내 가설을 무너뜨릴지 자문한다. 내가 절대 하지 않는 일은 내 가설을 지지해줄 증거를 특별히 찾는 것이다. 가장 엄격한 검사를 거친 후에도 내 가설이 무사하다면, 나는 티나무 알이 왜 그런 색인지 우리가 이해하고 있다고 생각하기 시작한다.

일리 있는 가설을 떠올리기 위해서는 새의 생태학에 대해 어느 정도 알아야 한다. 조지 루프턴은 티나무의 알을 겉모습으로 식별해낼 수는 있지만, 중미에 가본 적도 티나무의 둥지를 본 적도 없기 때문에 훌륭한 가설을 생각해내기에 가장 좋은 상태는 아니다. 나는 야생에서 티나무를 보아 왔고, 심지어 티나무를 연구하는 학생을 지도해보기까지 했다. 티나무가 땅 위의 축축한 나뭇잎 더미에 알을 낳는다는 것을 알고 있으며, 품어주는 새(티나무의 경우 주로 수컷이 알을 품는다)가 품고 있지 않은 알은 숲의 희미한 빛 속에서 환하게 빛난다는 것도 알고 있다. 왜 그렇게 눈에 잘 띄는 것일까? 내가 루프턴에게 이야기해줄 수 있는 사실상 유일한 가설에 의하면 티나무 알은 역겹고 맛이 없기 때문에 광택으로 경고를 보내는 것이다. "나를 먹으면 아플 것이오." 이것은 상당히 검증하기 쉬운 발상이기도 하다. 납득하지 못한 루프턴은 사려 깊게 고개를 끄덕이며 중얼거린다. 흠, 어쩌면. 잠시 침묵한 그가 말을 이어간다. 아마 티나무 알이 밝은 색이고 반짝이는 이유는 여타 새의 알과는 다른 형태의 탄화칼슘으로 만들어졌기 때문일 것이오.[1]

새는 알을 "어떻게" 색칠했을까

자, 이제 내가 침묵할 차례다. 루프턴의 설명 또는 가설은 근본적으로 내 것과 다르다. 둘은 서로의 대안이 아니다. 둘의 차이는 미묘하지만 과학자들이 세상을 해석하는 방식을 이해하는 데는 중대하다. 우리의 두 가설은 똑같이 유효하지만, 약간 다른 렌즈로 세상을 바라보는 것과 같다. 내 가설은 알의 색이 중요한 적응형질로서 진화에 얼마나 중요한 역할을 했는지에 대한 것으로, 티나무 알의 밝고 빛나는 난각이 어떻게 티나무가 어른이 될 확률을 높였는지를 묻는다. 왜 티나무가 이런 난각을 만드는지에 대해 묻는 것과 같다. 반면 루프턴의 질문은 어떻게를 묻는다. 티나무는 어떻게 그렇게 깔끔한 광택을 만들까? 루프턴의 질문은 난각을 제조하는 기법 또는 공정을 고려한다. 두 접근방식은 똑같이 유효하지만 확연히 다르며, 맨 처음부터 따로 생각해야 한다. 둘을 혼동하면 혼란을 초래할 뿐이다. 내 가설이 "어떻게"라는 질문에 대답할 수 없는 것처럼 루프턴의 질문은 "왜" 티나무가 그런 알을 만드는지 설명할 수 없다. 한편 기술적인 질문은 진화론적인 질문에 풍성한 정보를 제공할 수 있지만 반대의 경우가 늘 성립하는 것은 아니다.

이런 이유로 자연세계를 이해하고자 하는 생물학자들은 두 접근방식을 분리하길 몹시 좋아한다. 물론 이것은 1800년대 중반에 다윈이 자연선택이라는 진화 방법에 우리의 이목을 집중시킴으로써 우리가 "왜" 질문에 대해서도 생각해볼 수 있게 되기 전에는 없던 일이다. 그 전에도 소수의 지각 있는 사람들이 왜에 대해서 생각해보지 않은 것은 아니지만, 최종 설명이 항상 "하느님의 지혜"로 귀결됐다는 것을 인정할 수밖에 없다.[2] 또 두 종류의 질문은 똑같이 유효하다고 장담할 수 있으며, 체계를 완전히 이해하려면 어떻게와 왜를 모두 알아야 한다는 것을 대부분의 생물학자들이 인지하고 있다. 그러나 현실적으로 과학은 무척 광대해서 진척을 보이려면 전문화가 필요하고 이는 대개 어떻게 또는 왜 중 하나에 집중하는 것을 의미한다. 시간이 지나면서 두 종류의 질문의 인기도 달라졌다. 1960년대 후반에서 1970년대 초에 "이기적 유전자"에 집중함으로써 우리가 자연선택을 혁신적으로 이해하게 됨에 따라, 연구자들은 왜 질문을 어떻게 질문보다 훨씬 매력적으로 느끼게 되었다.[3] 결국 이것은 최근 들어 연구자금이 왜 질문에 더 몰렸음을 의미한다. 또 어떻게 질문은 이미 모두 답이 나와 있기 때문에 답이 달리지 않은 왜 질문을 다루는 것이 더 생산적이고 신나고 보람 있다는 분위기도 감지된다.

나는 두 유형의 질문에 대한 답을 모두 알 필요가 있다고 굳게 믿는 사람이며, 이 장과 다음 장에서 각각 알의 색이 어떻게 그렇고 왜 그런지 이야기할 것이다. 여기서는 어떻게 질문에 집중할 것이며, 그 다음 이어지는 장에서는 왜 알의 색이 그런지 설명해줄지도 모르는 최근의 발상들을 살펴볼 것이다.

알의 색소가 지닌 화학적 성질을 최초로 조사한 사람 중 하나는 셰필드 대학의 설립에 지대한 공헌을 한 헨리 클리프턴 소비Henry Clifton Sorby이다. 그는 19세기 중반의 다른 여러 과학자들과 마찬가지로 다른 사람의 원조가 필요 없는 자산가였다. 다방면에 뛰어났던 그는 철에 탄소를 추가하여 강철을 만들었고, 벌레나 해파리와 같은 생물의 구조를 훼손하지 않고 2차원 환등슬라이드로 만들 수 있는 창의적인 방법을 개발하기도 했다.

소비는 색에도 매료되었고, 1870년대에 현미경을 고안했을 뿐 아니라 난각에서 찾은 색소가 무엇인지 알아내는 방법을 창안하기도 했다. 사실 난각은 그가 이 방법으로 분석했던 십여 개의 유색생체 시료 중 하나일 뿐이었다. 원리는 내가 학교에서 했던 불꽃색 실험과 비슷했다. 불꽃색 실험은 서로 다른 물질이 연소하면 서로 다른 색의 불꽃을 낸다는 사실에 기반하여 물질의 정체를 파악하는 실험이다. 소비는 서로 다른 물질이 연소할 때 서로 다른 색을 발산할 뿐 아니라 서로 다른 빛을 흡수하기도 한다는 것을 발견하고 이것을 이용해서도 물질의 정체를 알 수 있다고 생각했다.

분광분석이라고 불리는 이 방법은 1860년대에 과학계의 화제였는데, 두 개의 새로운 화학원소가 이 방법을 통해서 발견될 무렵 유효성을 입증받았다. 소비는 분광학 실험에 현미경을 이용할 수 있다는 사실을 깨달았다. "광원과 배열된 프리즘 사이에 용액이나 투명한 물질을 놓으면 관찰하려는 스펙트럼의 특정 부위에 까만 줄이 생기는데, 이는 정체를 파악하고자 하는 물질이 광선을 흡수하기 때문에 나타나는 현상이다."[4]

소비는 난각 조각의 칼슘을 녹여 없애는 방법으로 용액 안에 색소만 남겨둘 수 있었다. 그런 다음 용액을 향해 빛을 쏘여가며 까만색 띠로 나타나는 통과하지 못한 색을 찾아보면서, 용액 속 색소의 구성요소가 무엇인지 추론할 수 있었다.

소비 이전의 연구자들은 난각의 색이 알을 낳는 과정에서 우연히 생긴 부산물이라고 여겼다. 어떤 이는 자궁에서 피가 묻어서, 어떤 이는 담즙의 색소가 묻어서라고 생각했으며, 심지어 어떤 이는 알이 배설강을 통과하며 배설물에 오염되었기 때문이라고 믿었다.[5] 이 후자의 발상은 1800년대 초반에 처음 발표된 이후 한 세기가 넘도록 수많은 열성 지지자들을 거느렸다. 이 생각은 놀랍도록 끈질기게 살아남았다. 1850년대에 뻐꾸기의 열성팬인 에두아르드 오펠Eduard Opel과 1870년대에 바다오리의 열성팬인 헨리 드레서가 자신들이 해부한 새의 난관에서 완벽하게 색이 칠해진 알을 발견했다고 보고한 후에도 말이다… 이 알들은 배설강에 들어가지조차 않았었다.[6]

소비의 상세한 분석 역시 알의 색이 피와 담즙에 있는 물질에 좌우된다는 것을 보여주었지만, 색을 만드는 방식은 그 이전에 수많은 사람들이 생각했던 것과는 달랐다. 소비는 일곱 가지 색소를 찾아내고 이렇게 결론내렸다. "현재 알고 있는 바를 토대로 내가 판단할 수 있는 것은 확실한 생리학적 생산물이 알의 색을 칠하는 것이지, 전혀 다르게 기능하는 물질에 우연히 알이 오염되는 것은 아니라는 것이다."[7] 근본적으로는 소비가 이전에 식물의 색에 대해 추론했던 것이 알에도 적용된 것인데, 당시에 소비는 "확실하고 뚜렷한 몇 가지 물질의 상대적이고 절대적인 양이" 식물의 색을 결정한다고 추측했다.[8]

소비는 자신이 발견한 일곱 가지 난각 색소에 끔찍한 이름을 붙였는데, 그나마 논리적이고 해석이 가능하긴 했다. 가장 분명한 것은 "oo"라는 접두사는 단순히 알을 의미한다는 것이다. 소비가 발견하여 이름붙인 색소는 이렇다. (1) oorhodeine(적갈색), (2) oocyan(청녹색), (3) banded oocyan(청색), (4) yellow ooxanthine(황색), (5) Rufous ooxanthine(적황색), (6) unknown red(적색), (7) lichnoxanthine(황록색).

우리는 이 이름들에 대해서 걱정할 필요가 없는데, 후속 연구들이 색소에 붙인 이름들도 어렵긴 마찬가지이지만, 실은 적갈색의 프로토포르피린protoporphyrin과 청록색의 담록소biliverdin 두 가지로만 난각의 염료를 분류해도 무방하기 때문이다. 두 염료는 모두 헴haem이라는 물질의 합성 및 분해와 관계가 있는데, 이 헴은 적혈구의 색을 내며 철분을 함유하고 있다. 이 이름들도 까다롭다는 것을 알고 있지만, 그래도 두 개뿐이지 않은가.

적갈색을 내는 포르피린porphyrin은 보통 포르피린-IX(여기서 'IX'는 화학 구조의 형태를 표시한다)라고 쓰는데, 생체 물질에 무척 광범위하게 퍼져있어서 "생명의 색소"라고도 불리는 다른 포르피린들과 구별하기

위해서이다.[9]

담록소는 소비가 "oocyan"이라고 불렸던 것으로 알의 청록색을 담당한다. 담록소는 헤모글로빈이 분해되면서 생성되며, 가끔 멍에서 녹색이 보이는 것도 이 담록소 때문이다.[10] 지적하고 넘어갈 부분은 이 두 색소가 섞여서 알에 훌륭하고 우수한 색을 칠하고, 이 색은 알이 자연의 예술작품으로서 어마어마한 시각적 매력을 선보일 수 있게 돕는다는 것이다.

나는 소비의 발상이 동물학 문헌을 관통하기까지 얼마나 오랜 시간이 걸렸는지 궁금했다. 그리고 소비의 발견 이후 45년이 지난 1920년대에 『새의 생태학』을 집필했던 아서 톰슨J. Arthur Thomson이 알의 색을 알에 "배출된" 폐기물로 여기며 적응형질이 아니라는 견지를 계속 유지했던 이유가 무엇인지도.

알의 색은 새의 대사과정에서 발생한 중요하지 않은 부산물이나 폐기물로, 난관 벽에서 모든 영양가 있는 분비물과 배출된 것일 가능성이 매우 높다.[11]

톰슨은 자신의 주장을 강화하기 위해 식물학에서 유사점을 끌어내기도 한다.

단풍잎의 색소는 매우 아름답고 몹시 선명하지만 우리가 아는 바로는 초록 잎의 필수적인 화학 반응에 따른 최종 산물이자 부산물이라는 것을 제외하면 생물학적으로 전혀 중요하지 않다.[12]

알 색의 변이성을 언급하면서는 이렇게 말한다.

알의 색에 적응도를 높이는 기능이 있어서, 예를 들어 바다오리나 뻐꾸기의 알이 어떤 특정한 천연색을 내야 한다면, 자연선택이 작동할 수 있는 색의 원료는 엄청나게 많다.[13]

톰슨의 결론은 이렇다.

우리가 주장하는 것은 새알이 보이는 독특한 색이 실용적으로 중요한지 너무 애써서 생각할 필요가 없다는 것이다. 색소는 대사과정의 부산물일 수 있으며 일관적으로 나타나는 무늬는 규칙적으로 작동하는 신체의 성질이 표현된 것일 수 있다. 그 이상의 의미는 없을 것이다.[14]

난각의 색소에 대한 연구가 앞으로 한 발 내딛는 것은 1970년대에 길버트 케네디Guilbert Kennedy와 귄 베버스Gwynne Vevers가 새 106종의 난각에 함유된 두 가지 주요 색소의 상대적인 양을 측정하면서이다. 하얀 알은 특히 흥미로웠다. 북방풀머갈매기northern fulmar, 유라시아물까마귀 Eurasian dipper, 목도리앵무ring-necked parakeet 등의 알은 두 염료가 모두 없었다. 황새, 소쩍새, 유럽파랑새European roller의 알은 프로토포르피린은 함유하고 있지만 담록소는 없었고, 특정 펭귄과 숲비둘기woodpigeon의 알은 둘 모두를 함유하고 있었다.[15]

이제 우리는 난각을 구성하는 아무 층이나 또는 모든 층에 색소가 존재할 수 있다는 것을 알고 있다. 특정 종은 난각막까지 색소를 함유하고 있다. 어떤 종은 난각의 칼슘 층에 색이 들어가 있고, 가금류 같은 종은 가장 바깥을 감싸고 있는, 매우 얇은 큐티클 층에만 색소가 있다. 맹금류를 포함한 어떤 새는 일부 반점의 색소가 난각 깊숙이 묻혀있어서 밖에서는 보이지 않는다. 어떤 연구자가 난각의 표면을 녹여 없애면서 관찰한 바에 따르면 이 반점의 색소는 "점차 모습을 드러내다가 옅어지면서 떠내려가 버렸다."[16]

가금류와 그리 멀지 않은 친척인 바위뇌조rock ptarmigan와 사할린뇌조willow ptarmigan의 경우 막 낳은 알의 전체 표면은 당연히 젖어있다. 캐나다에서 뇌조를 연구하는 내 동료 밥 몽고메리Bob Montgomerie가 해준 이야기에 따르면 뇌조의 알에서는 깃털자국을 드물지 않게 볼 수 있는데, 산란 직후 어미새의 깃털이 쓸고 간 자국이다. 게다가 몽고메리가 막 태어난 알을 집어들자 알의 표면에 그의 지문이 남기도 했다. 무엇보다도 산란 후 24시간에서 48시간 안에 바탕색과 반점무늬가 산화되어서 불그스름했던 색이 더 갈색이 되었다.

흥미롭게도 빌헬름 폰 나투시우스는 1868년의 연구에서 막 태어난 바다오리 알의 색소도 뇌조 알의 색소처럼 축축하고 번질 수 있다고 말한다. 나는 그가 이것을 어떻게 알아냈는지 궁금하다. 나는 나투시우스의 연구 외에는 어디에서도 여기에 대한 언급을 마주친 적이 없는데, 어쩌면 벰턴의 클라머들은 여기에 대해 이야기를 했을지도 모르겠다. 내가 눈치를 채지 못한 것뿐일 수도 있다.[17]

또 과거에 연구자들은 일반적으로 색이 있는 알을 낳는 종의 자궁에서 가끔씩 하얀 알을 발견했다. 프리드리히 쿠터도 1878년에 황조롱이kestrel를 해부하다가 이런 경험을 했다. 그는 또 자궁 표면에서 작은 적갈색 색소 자국을 보았다. 이제 알이 그때 막 색을 입기 시작할 시점이었고, 자궁에서 색을 입힌다고 결론을 내리는 그의 모습이 떠오를지 모르겠으나, 그는 그렇게 하지 않았다. 대신 그는 색소 입자가 난소에서부터 내려왔다고 짐작했다. 이후 몇몇 연구자들이 쿠터의 뒤를 따르기도 했지만, 우리가 확인한 대로 19세기에는 알이 색을 입는 방법에 대한 다양한 시각이 존재했다. 1940년대 후반에 들어서야 알렉스Alex Romanoff와 아나스타샤 로마노프Anastasia Romanoff가 쓴 알 생물학의 권위 있는 책 『조류의 알』에서 "모든 증거가 가리키는 것은 자궁에서 색소가 분비된다는 것이다"라고 이야기한다. 또 다른 알 전문가 알란 길버트Allan Gillbert는 1970년대에 이 책의 서평에서 이제 색소 분비샘이 자궁에 있어야 한다는 것은 명확하지만, 분비샘의 정체에

대해서는 여전히 알려지지 않았다고 이야기한다.[18]

현미경을 이용해 일본메추라기를 연구하던 일본의 연구자들은 1960년대에 상피세포라고 부르는 자궁 내벽의 세포를 조사했고, 거기에 작은 색소방울이 맺혀서 방출되길 기다리고 있는 것을 보았다. 마치 작은 페인트 건에서 적당한 순간에 발사되길 기다리는 페인트처럼 말이다. 뿐만 아니라 연구는 색소가 시간을 매우 정확히 맞춰서 만들어지고 방출된다는 것을 보여주었다. 만약 잘못된 순간—색소를 방출하기 전 또는 후—에 자궁을 조사하면 상피세포는 완전히 비어있을 것이다.[19]

알에 색이 칠해지는 과정에 대해 우리가 아는 것이 턱없이 부족한 이유는 전적으로 가금류 탓이다. 닭은 무늬가 없는 알을 낳기 때문에 가금류 연구자는 알에 무늬가 생기는 과정을 연구할만한 그 어떤 금전적 유인, 또는 많은 기회를 갖지 못했다. 가금류 연구자들은 그보다는 바탕색에 관심이 있었는데, 가정주부들이 특정 색의 알을 선호했기 때문이다. 대개 영국에서는 갈색, 미국에서는 흰색의 계란을 선호했고, 따라서 연구자들은 그 차이가 발생하는 이유를 연구하여 유전적 요인 때문이라는 것을 증명해냈다.[20]

예전에 내가 연구를 위해 스코머 섬의 바다오리 서식지로 걸어갈 때면, 나는 거의 매번 갈매기 서식지 몇 곳을 거쳐야 했다. 섬에는 재갈매기herring gull와 줄무늬노랑갈매기lesser black-backed gull가 엄청나게 많았고, 1970년대에 이 갈매기를 피하기란 불가능했다. 그때 나는 둥지

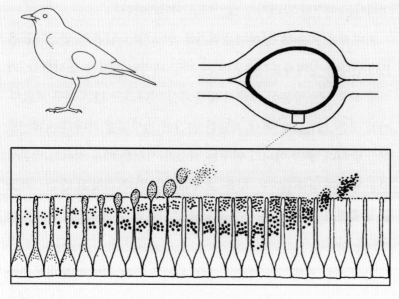

1|2
3

7. 자궁에서 알에 색소가 칠해지는 방법이라고 생각되는 것을 도식화한 그림. (1) 새와 그 알의 위치. (2) 자궁 안의 알 위치. (3) 자궁 안에 정렬한, 색소를 생산하는 세포를 기저세포basal cells(아래가 넓은 세포)와 선단세포apical cells(아래가 좁은 세포)라고 부른다. 난관에서 이뤄지는 색소의 생산과 도포는 좌측에서 우측의 과정을 거친다.

타무라와 후지(1966)가 그린 것을 다시 그렸다.

속 알 중에서 가장 작고 가장 나중에 낳은 알의 색이 연한 파란색이어서, 평범하게 얼룩덜룩한 카키색인 다른 두 알과 다른 것을 드물지 않게 볼 수 있었다.

비슷한 일이 새매Eurasian sparrowhawk에게도 일어나는데, (한 번에 최대 7개까지 알을 낳는) 새매도 마지막에 낳은 한두 개의 알이 앞서 낳은 알보다 색이 연하고 무늬가 덜 빽빽한 경우가 자주 있다. 게다가 첫 번째 알들을 잃어버리고 다시 낳은 알들은 늘 상대적으로 흐리다.[21]

여기에 대해서 암컷이 색소를 다 써버렸기 때문이라는 해석이 있다. 이 설명이 옳다면 알의 색이 얼마나 중요할지에 대한 의문이 생긴다. 또 다른 가능성은 나중에 태어난 더 창백한 알이 모종의 적응을 거친 결과라는 것이다. 몇 가지 추측 중 하나는 마지막에 낳은 알이 덜 귀중하기 때문에 잠재적 포식자의 미끼로 사용한다는 것이다. 반대로 먼저 낳은 알은 부모가 첫 며칠을 품어주지 않아 위태로운 상황에 놓이기 때문에 더 나은 위장이 필요하다는 추측도 있다. 어느 것도 크게 설득력 있어 보이진 않는다. 마지막으로 나중에 태어난 특이한 색의 알은 뻐꾸기 같이 잠재적으로 탁란을 하려는 새에게 이 둥지는 다 찼으니 탁란을 할 수 없다는 신호를 보낸다고 주장하는 사람들도 있다. 이것도 그리 설득력 있어 보이지는 않는데, 탁란하는 새가 원래 둥지에 있던 알을 잡아먹거나 부숴버리고 숙주로 하여금 다시 알을 낳게 함으로써 이득을 취할지도 모르기 때문이다.[22]

또 다른 발상은 난각을 통과한 빛이 배아의 발달에 긍정적인 효과를 준다는 사실에 기반하고 있다. 다소 놀랍게도 가금류와 일본 메추라기는 난각을 통해 특정한 양의 빛을 받으면 더 빨리 부화한다.[23] 이것이 다른 새에게도 해당하는지는 앞으로 밝혀야 할 문제이지만, 나중에 낳은 알의 무늬가 덜 빽빽한 이유를 설명할 가능성이 있는 것은 분명하다. 나중에 태어나 색이 옅은 알은 배아에 빛을 더 많이 도달시키고 따라서 배아가 더 빠르게 발달할지도 모른다. 한 둥지 안에서 나중에 부화하는 갈매기 새끼 또는 앞서 알을 잃고 다시 낳은 알들에게 이점이 생기는 것이다. 그러나 여기에 설득당하기 위해서는 우리가 확인해야 것들이 있다. (i)무늬가 덜 빽빽한 알이 더 빨리 부화하는가. (ii)배아가 더 빨리 발달하는 직접적인 이유가 더 많은 빛을 받았기 때문인가. (iii)빨리 발달하면서 아낀 시간이 생존에 영향을 줄 정도로 충분히 긴가. 빈 구멍에 둥지를 트는 새가 흰색 알을 선호하는 또 다른 이유 역시 마찬가지일 수 있다. 약간 덜 분명하긴 하지만 개똥지빠귀thrush처럼 위가 열린 둥지를 짓는 새들이 왜 파란색 알을 낳는가 하는 오랜 수수께끼에 대한 설명도 여기서 찾을 수 있을지 모른다. 가금류의 경우 파란 빛을 받았을 때 배아가 가장 빨리 성장하기 때문이다. 난각의 색이 배아에 닿는 빛의 파장을 결정하기 때문에, 파란 난각이 배아에 닿는 파란 빛의 양을 최대로 늘린다면 부화에 걸리는 기간과 알이 잡아먹힐 위험이 최소로 줄어들지도 모른다.[24]

바다오리의 알의 무척 놀라운 점 중 하나는 만여 종에 달하는 다른 종의 새들에서 찾을 수 있는 거의 모든 색과 무늬 종류가 하나의 종에 있다는 것이다. 바다오리가 알에 "온갖 짓을 다 한다"는 말은 사실이다. 조지 루프턴과 같은 시기에 알을 수집했던 이들 중 하나인 조지 리카비는 자신이 달성한 조란학적 위업을 일기로 남겨두었는데, 1장의 그림에서 살펴보았듯이 그는 바다오리 알의 12가지 주요 유형에 후추통, 속기체, 휘갈긴 낙서, 주둥이덮개 따위의 이름을 붙여서 그려두었다. 이들 무늬는 거의 모든 배경색에서 나타날 수 있다. 큰부리바다오리 알을 분석한 결과 배경색과 무늬의 관계가 무작위적이지 않으며, 배경색이 어두운 알의 무늬가 배경색이 밝은 알보다 더 큰 경향이 있다는 것이 드러났다.[25] 리카비의 알 유형 분류는 클리머와 수집가들 사이에서 쉽게 참조할 수 있도록 발달했을 것이다. 12개의 유형만으로 다양한 바다오리 알을 전부 다룰 수 있다면 쉬웠을 수도 있지만, 사실 리카비가 지적했듯 바다오리 알은 그야말로 끝이 없이 다양하며 이는 수집가들이 추가로 사용했던 용어에서도 드러난다. 꽃잎, 하부의 굵은 갈색 무늬, 선명한 빨강, 검푸르고 흰 점, 난각 위 실선 등.[26]

수백만 파운드와 달러를 사용하여 가금류의 난각 형성과정 및 구조를 연구했음에도 불구하고, 최근까지도 다른 종의 난각에 무늬가 생기는 원리에 대해서는 거의 알려진 것이 없다. 알에 빽빽한 반점이 있는 일본메추라기는 산란 서너 시간 전에 무늬가 생긴다는 것이 밝혀졌다. 맹금류나 바다오리 같은 종의 경우 일부 무늬가 난각 깊숙한 곳에 있으므로 일본메추라기보다 더 일찍 색을 만들어야 한다. 많은 바다오리 알의 경우 무늬가 더 많은 칼슘 및 더 많은 배경색과 중첩되는 것이 분명한 경우가 많다. 나투시우스가 1800년대에 했던 연구에서 언급했듯 말이다.[27]

2장에서 나는 자궁은 소형 페인트 건처럼 작동하는 분비샘으로 가득 차 있어서 난각에 색소를 칠한다고 이야기했다. 이런식으로 이야기하면 간단하게 들리지만, 여기에 대해 생각할수록 나는 이 설명이 덜 만족스럽게 느껴졌다. 바다오리 알의 색, 무늬, 반점의 분포는 종종 극도로 복잡하다. 이것이 얼마나 복잡한지 제대로 느껴보는 가장 좋은 방법은 바다오리 알의 컬러삽화를 실물에 가깝게 그려보는 것이다. 나도 시도해본 적이 있는데, 무척 어려웠다. 또 나는 실험을 위해 모형 바다오리 알에 색을 칠해야 했던 적도 있었는데, 모형 알을 진짜 알과 똑같게 만드는 일은 상상했던 것보다 훨씬 어려웠다. 나는 몇몇 조란학 책에 바다오리와 다른 종들의 알을 실물처럼 그려 넣었던 (대개 공로를 인정받지 못하는) 예술가들에게 무한한 존경을 보낸다. 진짜 알의 무늬들을 어떻게 그린 것인지 상상해보려고 한다면, 모형 바다오리 알에 직접 색을 칠하는 일은 유익한 활동이 된다.

리카비의 "검은 모자(커다란 검은색 얼룩이 알의 넓은 쪽 끝을 통째로 덮고 있는 형태)" 무늬를 지닌 일부 바다오리 알의 경우 문제가 없다. 내가 예상하기로는 알이 난각샘 안에 가만히 있으면 분사구가 넓은 페인트 건 몇 개가 알의 뭉툭한 끝을 겨냥하고, 색칠이 끝날 때까지 색소를 쏘았을 것이다. "후추통(색이 있는 작은 반점이 균일하게 흩뿌려져 알 전체에 고르게 분포된 형태)"이라고 알려진 조금 더 복잡한 유형의 알 역시 상대적으로 단순해 보인다. 여기서는 분비샘 안에 균일하게 분포하고 있는 수천 개의 매우 작은 페인트 건이 짧은 순간 동안만 분사해서 단순하지만 매력적으로 작은 반점이 박힌 무늬가 만들어지는 모습을 상상할 수 있다.

훨씬 상상하기 어려운 것은 무늬가 빽빽이 들어차 있어서 반점이 번지거나 서로 뒤섞여있는 알이다. 여기서 내가 생각하는 것은 레이저빌의 알에서 더 일반적인 형태이지만, 루프턴의 수집품이 보여주듯 바다오리의 알에서도 가끔씩 나타난다. 이런 알의 경우 색을 층층이 입힌 것처럼 보이며 각 색소 층 위에 칼슘 층이 따라와서 채도가 다양한 모습이 탄생한다. 뿐만 아니라 알에 색이 훌륭하게 통제된 방식으로 스며있는 것처럼 보인다. 어쩌면 다양한 페인트 건이 분사되는 동안 난각샘 안에서 알이 살짝 회전함으로써, 다 마르지 않은 페인트를 매우 조심스럽게 손가락으로 번지게 했을 때 얻을 수 있는 것과 상당히 비슷한 효과를 만들어낸 것일 수도 있다.

가장 특이하고 신기하며 어쩌면 가장 의미심장하기까지 한 무늬는 리카비가 "속기체" 또는 "휘갈긴 낙서"라고 불렀던 유형의 무늬인데, 나는 이것을 "연필선"이라고 부른다. 이 알들은 흰색이나 크림색 또는 연한 파란색 바탕에 갈색 또는 검정색 페인트 건이 끝도 없이 계속 이어서 필적을 남긴 듯한 모습을 하고 있다. 하나의 페인트 건만 분사된 것처럼 보이는 경우가 있는 반면, 여러 개의 페인트 건이 있었던 것으로 보이는 경우도 있다.

나는 이런 무늬를 어떻게 그렸는지 생각해내기 위해 분투하고 있었다. 가장 가능성 있는 방법으로는 페인트 건이 분사를 시작하면 알이 난각샘 안에서 회전하면서 무작위로 낙서를 휘갈긴 것처럼 보이게 하는 것이 있다. 페인트를 잔뜩 머금은 붓이 가로질러간 잭슨 폴록Jackson Pollock의 캔버스에서 페인트가 줄줄 흐르는 모습이나, 매끄럽게 콘크리트를 깐 뜰 주변으로 새는 페인트 깡통 두세 개를 비틀거리며 나르는 술 취한 사람의 모습을 상상해보자. 하지만 이런 식으로 연필선이 생겨난 것이라면, 우리는 서로 다른 페인트 건이 그린 무늬 사이에서 유사점을 발견해야 할지도 모른다. 수학적으로 검토를 해본 적은 없지만, 연필선이 있는 수많은 알들이 이런 유사점을 눈에 보이게 나타내지는 않고 있다. 나는 이것을 확인할 수 있는 누군가와 공동연구를 할 수 있길 바란다. 이것을 하기 위해서는 알의 무늬를 평면으로 옮긴 뒤 서로 다른 선의 지도를 그려서, 무늬의 비밀을 밝힐 수 있는 유사성을 찾아내야 할 것으로 보인다.

수학자도 아니고 아직까지는 같이 작업할 수학자를 구하지도 못한 나는 다른 것을 시도했다. 달걀을 이용한 것인데, 편의를 위해 난각샘의 페이트 건이 세 개뿐이라고 가정하고 서로 다른 색의 펠트 팁 펜 세 개를 따로따로 실험실 죔쇠에 고정시킨 다음, 펜 팁이 3cm 정도 간격을 두고 서로 마주보도록 배치했다. 달걀을 뾰족한 끝부분으로 잡고 펜 사이로 가져가서 펜팁이 난각에 닿도록 한 다음 알을 회전시켰다. 내가 바랐던 대로 연필선 같은 무늬가 난각에 나타났지만 내 기대와는 달리 세 가지 색깔의 무늬 사이에 "유사점"은 찾아보기 어려웠다.

진짜 펜으로 그린 무늬에서 명백하게 드러난 한 가지는 두께가 (1mm 정도로) 균일하고 선이 깔끔하다는 점이다. 나는 앞서서 레이저빌의 알은 색이 번진 듯한 모습을 보이는 경우가 잦지만 바다오리 알의 연필선 무늬는 절대 번진 모습이 아니라고 이야기했다. 이제 페인트 건을 이용해서 난각에 비슷한 무늬를 그린다고 하면, 매우 빠르게 마르는 페인트가 필요할 것이다. 스프레이식 페인트나 축축한 페인트를 잔뜩 먹은 커다란 붓보다는 펠트팁 마커와 같은 것이 필요할지도 모른다. 바다오리의 알이 정말로 난각샘 안에서 회전했다면, 엄청나게 빠르게 마르는 페인트 없이는 선이 번지거나 주변으로 스미는 것을 피할 방법을 찾기 어렵다.

알에 연필선 무늬를 그리는 다른 새는 많지 않다. 점박이바우어새spotted bowerbird, 그레이트바우어새great bowerbird, 특히 노랑가슴바우어새yellow-breasted bowerbird 등을 포함하여 호주와 뉴기니에서 번식하는 특정한 바우어새는 열대지방의 물꿩jacana과 마찬가지로 알 위에 멋진 무늬를

새는 알을 "어떻게" 색칠했을까

그린다. 유럽노랑멧새European yellowhammer는 어두운 연필선이 다양한 두께로 그어진 알을 낳는다. 그러나 바다오리 알과는 반대로 배경색에 번지듯 스며있는 유럽노랑멧새 알의 연필선은 프랑스의 퐁드곰Font-de-Gaume, 니오Niaux, 루피냑Rouffignac의 동굴을 장식했던 흙과 피의 조합으로 만들어낸 동물그림을 연상시킨다.

시인 존 클레어John Clare는 이것을 완벽하게 묘사했다:

> 다섯 개의 알, 난각 위에 잉크로 휘갈긴 낙서는
> 아무렇게나 쓴 글과 닮아서 상상으로 읽을 수 있는
> 자연의 시와 목가적인 마법이다
> 그들은 노랑멧새들과 그녀가 머무는…[28]

바다오리와 노랑멧새의 알은 난각샘에서 색이 칠해지는 동안 상당히 많이 움직이는 것일지도 모른다. 발견된 무늬 중 어떤 것은 아마 모든 방향으로, 상당히 복잡하게 움직여야 만들 수 있을 것이기 때문이다. 또 다른 가능성은 알이 난각샘에서 회전하지 않고 가만히 있는 대신 페인트 건이 움직이는 것이다. 난각 위를 사방으로 기어다니며 색을 칠하는 도색장치가 존재할까? 또는 난각에 색소가 잘 묻는 선형이나 다른 형태의 부위가 있는 것일까? 두 가지 생각 모두 개연성이 낮지만 현 시점에서 우리는 마음을 열어둘 필요가 있다.

때로 우리는 잘못 굴러가는 체계를 보는 것만으로도 많은 것을 배울 수 있다. 이제 우리는 닭을 대상으로 한 연구를 통해 루프턴이 바다오리 알에 열정을 보였던 이유 중 하나인 몇 가지 아름다운 색 조합이 오류의 결과라는 것을 알고 있다. 이런 조합 중 하나는 루프턴과 다른 조란학자들이 "띠"라고 불렀던 것이다. 이것은 희미하거나 색소가 없는 띠가 알 가운데에 둘러져있는 형태를 말한다. 닭의 경우, 그리고 짐작건대 다른 새들도 마찬가지로, 난각에 색을 입히는 동안 어떤 충격을 받았을 때 이런 무늬가 나온다. 바다오리 알에 폭이 2~3cm 정도인 띠가 나타난다는 사실은 색과 무늬가 알의 길이를 따라 연속적으로 입혀지는 것이지 동시에 사방에서 입혀지는 것이 아니라고 제안한다.

리카비가 "주둥이덮개"라고 이름붙인 또 다른 무늬는 알의 뾰족한 끝이 뭉툭한 끝보다 더 어둡게 물들어 있다. 주둥이덮개는 어두운 색의 페인트 건이 새의 뒤에 몰려있어서 생긴 것일 수도 있고 — 다른 새에게서 보고된 대로(284~293쪽 참고)— 산란 직전에 알이 뒤집어지지 못해서 생긴 것일 수도 있다. 보통 알의 뭉툭한 끝 쪽에 색이 집중되는 이유가 난각샘의 한쪽 끝에 분사구가 넓고 색이 어두운 페인트 건이 있기 때문이라면, 뒤집기에 실패한 알이 어떻게 "잘못된" 끄트머리에 색을 입었는지 쉽게 상상할 수 있다.[29]

현재로서는 몇몇 종의 새가 알에 복잡한 무늬를 만드는 원리는 미래 과제로 남아있다.

○

5

새는 알을
"왜"
색칠했을까

이상한 외고집을 포기하지 못하고 이 질문에 대해 고민해왔던
많은 사람들이 극도로 설명하기 어려워했던 듯한 부분이 있는데,
알의 색 대부분은 보호색 역할을 거의 못한다는 점이다.
하지만 이런 경우는 거의 예외 없이 알들이 둥지 안에 있으며,
알 자체가 잘 눈에 띄지 않는 경우가 많다.

−W. P. 파이크래프트W.P. Pycraft,
『새의 역사』(1910)

일반적으로 알 색의 진화에 대해 설명하기 시작한 사람이 다윈이라고
생각하고 있으나, 사실 그 시초는 알프레드 러셀 왈리스Alfred Russel Wallace
이다. 다윈과 공동으로 자연선택을 발견했던 왈리스는 늘 찰스 다윈
의 보조역을 자처했다. 왈리스가 사망한지 100주년이 되던 2013년
에 과학학회와 텔레비전 프로그램 등에서는 그의 과학자로서의 명
성을 회복하기 위해 엄청난 노력을 쏟아부었다. 당시 했던 일들이 얼
마나 성공적이었는지는 확신할 수 없으나, 적어도 그의 이름은 과거
보다는 현대에 더 잘 알려져 있다.

왈리스와 다윈이 발견한 자연선택은 자연세계를 설명하는 완전히
새로운 방법을 제공했다. 1830년대에 기념비적인 비글호 항해에서
자연선택 현상을 처음 발견한 후로, 다윈은 20년 동안 그 결과에 대

해 통찰한 다음에야 공표할 용기를 내었다. 그러나 왈리스는 1858년 후반에 처음 자연선택에 대해 알아차렸다.

당시에 인도네시아에 있던 왈리스가 다윈에게 편지를 써서 자신의 발상에 대해 알렸다는 사실은 유명하지 않다. 몹시 충격을 받은 다윈은 자신의 우선권이 빼앗길까 극도로 걱정했고, 가까운 친구인 찰스 라이엘Charles Lyell과 조셉 후커Joseph Hooker에게 서신을 보내 조언을 구했다. 다윈의 동료들은 다윈이 자연선택에 대해 오랫동안 부지런히 연구했던 사실을 알고 있었지만, 당시 상황에서는 두 남자의 발상을 공동으로 대중에게 공개하는 것이 가장 공평한 방법이라고 결론 내렸다. 그들은 다윈의 발상을 정리한 개요와 왈리스의 리포트를 1858년 7월 1일에 런던의 린네학회Linnean Society에서 함께 읽을 수 있도록 자리를 마련했다.

동봉한 논문을 린네학회에 보내게 된 것을 영광스럽게 여깁니다. 논문은 모두 같은 주제, 즉 "변종과 인종과 종의 탄생에 영향을 미치는 법칙"에 대한 것이며, 지칠 줄 모르는 두 동식물학자, 찰스 다윈과 알프레드 왈리스의 조사결과를 담고 있습니다.[1]

두 주요 연구자 누구도 이전에 공개한 적 없던 공동연구의 출연에, 회의는 별 논평도 없이 지나갔다. 회의 참석자 중 소수는 자신들이 방금 들은 내용이 얼마나 중요한 것인지 알아차린 듯 했다. 다윈에게 다행스런 일이었는데, 덕분에 숨을 돌릴, 그리고 책을 집필할 시간을 벌 수 있었고, 펜을 들어 『종의 기원』의 집필에 덤벼들만한 격려를 얻었으며, 그 다음 해에는 책을 출간할 수 있었다.

왈리스는 다윈의 그림자로 남는 것으로 만족한 듯 했고, 자연선택의 범위와 중요성을 탐사하며 남은 생애의 상당기간을 보냈다. 그는 다양한 범위의 주제를 조사했고 여러 가지 발견과 생각을 열 권 이상의 책에 설명했다. 어쩌면 이 중 가장 흥미로운 책은 다윈이 세상을 떠나고 7년 후인 1889년에 출간된, 단순하고 눈에 띄는 제목의 책 『다윈주의』일 것이다.

왈리스와 다윈은 자연선택이 효율적이라는 데에는 의견을 같이했지만, 성선택性選擇이 존재한다는 다윈의 독특한 생각에는 동의하지 않았다. 수컷과 암컷의 외모와 행동이 다른 경우가 흔하다는 사실에 의문을 품었던 다윈은 성선택이라는 기발한 개념을 떠올렸다. 간단하게 설명하면, 성선택은 번식 성공확률의 증가분이 생존비용을 상쇄하는 경우에 발생한다. 특정 새 종에서 암컷이 깃털 색이 화려한 수컷 새를 선호하는 쪽으로 일어나는 것의 예를 들 수 있다. 수컷 아거스 꿩Argus Pheasant은 길고 화려한 꼬리 때문에 포식자를 피하기 어려워질 수도 있지만, 암컷을 유혹할 수 있다면 깃이 덜 화려한 수컷보다 더 많은 자손을 남길 것이다. 진화적인 성공을 측정하는 잣대는 후손이다.

다윈은 두 가지 과정을 통해 일어나는 성선택을 구상했다. 암컷에게 접근하려는 수컷끼리의 경쟁, 그리고 암컷의 선택이다.[2] 다윈은 또한 성선택의 시작점이 청둥오리를 비롯한 새에서 수수한 깃털을 가진 수컷보다 다채로운 색을 보이는 수컷이 더 많은 번식 성공으로 보상받았던 것이라고 생각했다. 다시 말해 다윈이 상상했던 성선택은 수컷이 화려하게 진화하기를 선호하는 것이었다.

왈리스는 동의하지 않았다. 첫째로 왈리스는 다윈만큼 성선택을 중요하게 여기지 않았고, 둘째로 성선택의 시작점은 밝은 색의 깃털이며 암컷이 수수한 깃털을 지니게 진화하는 방향으로 선택이 일어났다고 여겼다. 그는 수컷이 더 "활기차기 때문에" 수컷의 깃털이 더 밝다고 여겼다. 실제로 왈리스는 선택이 수수하고 잘 눈에 띄지 않는 암컷의 색 쪽으로 일어났는데, 그래야 알을 품을 때 포식자의 눈을 잘 피할 수 있기 때문이라고 생각했다.

성선택에 관해 왈리스는 이렇게 말했다. "우리가 관찰한 사실을 설명할 수 있는 유일한 방법은 색과 치장이 건강, 활력, 전반적인 생존 적합도 등과 상관관계가 있다고 가정하는 것이다."[3]

왈리스와 다윈은 성선택 및 밝은 색의 진화에 대해 수년 동안 계속해서 정중하게 논쟁했다. 나중에 가서는 다윈이 옳았다고 의견의 일치를 보았지만, 왈리스도 몇 가지 중요한 발견을 했다.[4]

왈리스의 발견중 하나는 애벌레의 색과 관련이 있다. 이것은 오랫동안 다윈을 괴롭혔던 문제였는데, 애벌레는 번식할 수 없기 때문에 (번식을 하는 것은 오직 성체인 나비, 나방 따위의 것들이다) 애벌레에게서 흔히 나타나는 밝은 색조가 성선택의 결과일 수는 없었기 때문이다. 월리스의 올바른 추론에 의하면 특정 애벌레에서 나타나는 밝은 색은 포식자 새를 피하기 위해 진화한 것으로, 애벌레가 맛이 없다는 광고이다.[5]

월리스가 살펴보았던 다른 문제는 새알의 색에 대한 것이었다. 이 것은 다윈이 고려하지 않았던 주제였다. 다윈의 할아버지 에라무스 다윈Erasmus Darwin이 자신의 책『동물생리학』에서 새알의 색에 대해 언 급했음에도 말이다.[6] 문제는 이랬다. 종종 눈에 띄는 뚜렷한 색의 알은 어떻게 적응한 것일까? 월리스는 이 문제에 대해 심각하게 고민했고 그 나름대로의 어떤 규칙을 보기 시작했는데, 여기에는 에라무스 다윈의 제안대로 알의 색이 포식자에게서 어느 정도 알을 보호해 줄 가능성도 있었다. 먼저 월리스가 말하길, 알은 두 종류로 나눌 수 있는데, 하얗고 기본적으로 색이 없는 것과 색이 있는 것이 있다. 난 각을 만드는 것은 ─그가 석회탄산이라고 부르는─ 탄산칼슘인데, 탄산칼슘은 흰색이므로 "원시" 새알은 파충류 조상의 알과 마찬가지로 하얗다는 것이다.[7] 이어서 월리스는 물총새kingfisher, 벌잡이새bee-eater, 딱따구리, 트로곤trogon, 부엉이처럼 은밀한 장소에 알을 낳는 새들은 하얀 알을 낳는다고 지적했다. 그러고는 이렇게 알이 바깥세계에 노출되지 않아서 자연선택의 압박을 받지 않는 상황에서는 흰색이 단점이 되지 않으므로 알이 조상과 마찬가지로 별다른 색을 칠하지 않은 채 남아있다고 제안했다. 구멍에 둥지를 트는 행위와 하얀 알의 관계는 월리스가 제안했다는 것이 일반적인 생각이지만, 나는 내가 아는 한 이 문제를 최초로 언급했던 휴잇슨에게서 월리스가 단서를 얻은 것은 아닌지 궁금하다.[8]

하얀 알에 대한 월리스의 설명이 암시하는 점은, 알의 색이 적응의 결과일 가능성이 있다는 것이다. 여기에 대해 논의하기 전에 월리스는 열린 공간에 하얀 알을 낳는 새들에 대해서 설명해야 했는데, 이 새들의 사례가 그의 생각을 반박하는 것으로 보였기 때문이다. 월리스가 말하길 특정 비둘기, 쑥독새nightjar, 쇠부엉이Short-eared owl는 열린 공간에서 번식을 하긴 해도, 이 하얀 알들이 혼자 남겨지는 때는 거의 없고 부모 새들이 보호색을 띄고 있기 때문에 포식자로부터 안전하다. 합리적인 설명처럼 보이긴 하지만, 그래도 알이 가끔씩 혼자 남겨지는 상황을 생각하면 보호색을 띠도록 적응을 거쳐야 했을지도 모른다. 흰색에 다른 이득이 없다면 말이다. 우리는 이 문제에 대해서 나중에 다시 다룰 것이다.

월리스는 계속해서 말한다. "이제 우리는 색이 있거나 풍부한 무늬가 있는 알들을 대규모로 알게 되었는데, 이 중 다수가 보호색의 성격을 지닌 색조나 무늬를 보이고 있음이 분명한데도, 여기서 우리는 더 어려운 문제에 당면한다." 그러고 나서 월리스는 수많은 새의 이름을 대는데, 쇠제비갈매기little tern나 꼬마물떼새ringed plover처럼 주변의 조약돌과 완벽하게 같은 모양의 알을 낳아서 까마귀나 여우 같은 포식자로부터 알을 효과적으로 보호하는 새들도 들어있다.

그리고 월리스는 앞서 언급한 사례와는 완벽하게 반대가 되는 바다오리에 대해서 다음과 같이 얘기한다.

바다오리 알은 색과 무늬가 훌륭하게 다양한데, 이것은 바다오리가 번식하는 바위가 접근이 어려운 탓에 바다오리를 적으로부터 완벽하게 보호해주기 때문이다… 알이 선명해지고 얼룩지고 반점이 생기면서 감탄이 나올 만큼 다양한 무늬를 획득한 것은, 개체가 온전히 마음대로 변하는 것을 막을 선택 유인이 없었기 때문이다.[9]

다른 말로 하면 월리스는 바다오리 알이 선택 압박을 받지 않았기에 놀랍도록 다양한 색을 지니도록 진화할 수 있다고 얘기하는 것이다. 그는 깃털과 마찬가지로 알의 색 역시 "활력"이 결정하며, 여러 종은 각자 그 생명력의 부산물로서 색을 만들어내는데… 쇠제비갈매기나 꼬마물떼새처럼 포식행위가 이를 억제해주지 않는다면 마음대로 날뛴다고 생각했다. 여기서 자연선택의 작동방법에 대한 월리스의 생각이 연상시키는 것은 부모의 제제를 받던 아이가 그 통제에서 벗어났을 때 야성이 충만하게 뛰어노는 모습이다. 앞으로 확인하겠지만 월리스는 틀렸다. 구멍에 둥지를 트는 새의 흰 알이 자연선택의 영향을 받지 않았다는 추측은 사실이 아니었다. 이어서 포식자가 없는 서식지 때문에 바다오리 알이 자연선택에 개의치 않는다는 추측도 잘못된 것으로 드러났다. 월리스에 의하면 자연선택이 일어나지 않을 경우 한편으로는 알의 색이 나타나지 않고 한편으로는 색이 폭동을 일으키는데, 이것이 나한테는 왈리스가 조란학을 너무 쉽게 여기고 있는 것처럼 보인다. 적어도 그는 구멍에 둥지를 짓는 새보다는 바다오리가 일반적으로 더 활기차다고 주장했어야 하지만 그러지 않았다.

다수의 보통사람은 물론이고 일부 과학자들에게까지도 자연선택이 이렇게 어려운 개념인 이유는 작동 원리를 파악하기 어려운 경우가 많기 때문이다. 예를 들어 우리가 이전 장에서 만난 아서 톰슨은 1920년대에 왈리스가 내놓은 하얀 알에 대한 의견을 재검토하면서 이렇게 서술한다.

이 하얀 알 문제에 대해 더 깊이 살펴보는 방법은 이렇게 말하는 것이다. 파충류에서 나타나는 것처럼 색소가 없는 난각은 원시적인 형태이며, 하얀색 알을 낳기를 고집하는 새는 은밀한 장소를 찾거나 지붕 있는 둥지를 만들어야 한다고 말이다.[10]

이것은 1920년대에 흔하게 사용했던 진화론적 주장의 유형이었는데, "현대종합설modern synthesis"에서 생물학적 현상을 설명하기 위해 자연선택과 유전학을 결합하기 전까지 계속 남아있었다. 오늘날의 시각에서 보자면 톰슨의 주장은 상당히 혼란스럽다. 알의 색이 "고정되어" 있는데, 둥지의 위치 선택은 그렇지 않다고 말하기 때문이다.

둥지를 고르는 것이 알의 색보다 자연선택의 대상이 되기 쉬운데도 말이다. 오늘날 우리는 이런 추측을 함부로 하지 않는다.

새알의 사례만 보아도 이제 우리는 자연선택이 다양하게 작동한다는 것을 알고 있으며, 이 다양성이 유전자에 암호화돼있지 않으면 진화적 변화가 일어날 수 없다는 것을 알고 있다. 또한 다양성이 유전자 변이의 결과로 발생한다는 것을 알고 있는데, 만약 톰슨이 하얀 알에 대한 주장을 오늘날 내세운다면 나는 아마도 이렇게 말했을 것이다. (i)어떤 종은 알의 색을 바꾸는 유전변이가 일어난 적이 없었고 따라서 여기에 대한 자연선택도 작용하지 않았을 수 있다. (ii)이런 종의 경우 선택은 다른 형질에서 일어났음이 분명한데 예를 들면 더 은밀한 둥지를 선택하거나, 어른 새의 깃털이 보호색을 띄거나, 부모 새가 더 강력하게 둥지를 보호하는 행동을 보이는 것 등이 있다.

하얀 알과 둥지 사이의 관계에 대해서는 몇 가지 가설이 있다. 하나는 1880년대에 알렉산더 모리슨 맥알도위_{Alexander Morison McAldowie}가 제안했는데, 난각의 색소는 태양복사로부터 발달 중인 배아를 보호하기 때문에 어두운 구멍 안에 둥지를 짓는 새들에게는 난각의 색소가 불필요하다는 것이다.[11]

왈리스가 생각했던 대로 최초의 새알은 어쩌면 파충류 조상의 알처럼 하얗고 무늬가 없었을지도 모른다. 파충류는 알에 색이 필요 없는데, 알을 땅이나 구멍이나 식물 아래 숨기기 때문에 포식자와 태양복사로부터 상대적으로 안전하다. 새는 진화하면서 다양한 유형의 둥지를 사용하기 시작했는데, 그러면서 알이 햇빛에 노출되는 것이 불가피해졌을 수 있고 포식자로부터도 더 취약해졌을 것이다. 에라무스 다윈이나 월리스가 언급했듯 이러한 상황에서는 갈색의 점박이 알이 덜 눈에 띄고 포식자로부터도 덜 취약하다고 제안하는 것이 합리적으로 보인다.

색과 무늬가 있는 알이 티끌 하나 없이 새하얀 알보다 포식자로부터 더 안전하다는 월리스의 가설을 검증해볼 수 있는 방법이 두 개 존재한다. 먼저 우리는 비교연구를 수행할 수 있는데, 다양한 서식지에서 번식하는 새의 알이 무슨 색인지 비교하고 어떤 광범위한 규칙이 나타나는지 살펴보는 것이다.[12] 다음으로 우리는 실험을 수행할 수 있는데, 가장 명확한 것은 알의 색을 바꾼 다음에 알이 포식자에게 탈취당할 확률이 달라지는지 확인하는 것이다. 그동안 이런 검증들을 많이 해왔는데, 주로 달걀을 흰색 또는 보호색으로 칠한 다음 포식자로부터 취약한 인공 둥지에 두고 관찰했다. 이 실험은 결과가 너무 명백해서 시도해볼 가치가 없어 보일 정도로 보인다. 그러나 이런 실험의 전반적인 결과는 월리스의 생각을 뒷받침해줄 만한 것을 거의 내놓지 않았다. 대부분의 경우에 하얀 알은 보호색을 띤 알보다 포식당할 가능성이 더 높지 않았다. 월리스가 틀렸다는 의미일까? 그럴 수도 있다. 하지만 실험이 잘못되었다고 할 만한 이유도 몇 가지 있다. 첫째, 색을 칠한 실험용 알은 모습만큼이나 냄새가 달라서 주로 냄새를 맡고 사냥하는 포유류 포식자를 유혹했을 수 있다.

둘째, 새의 시야는 우리와 다르기 때문에, 연구자가 예술적 노력을 최대로 기울였음에도 알에 칠한 보호색이 까마귀나 까치 같은 조류 포식자에게는 그다지 보호색처럼 보이지 않을 수도 있다. 셋째, 이 실험들 중 상당수는 색칠한 알을 인공둥지에 두는데, 둥지 자체가 확연히 눈에 띌 수도 있다.

새알의 색이 포식자로부터 알을 보호한다는 발상을 좋아하는 사람에게는, 갈색 둥지 속에 유럽노래지빠귀European song thrush나 미국지빠귀American robin 따위 새들이 낳아놓은, 적어도 인간의 눈에는 놀랍도록 눈에 띄는 파란 알이 늘 문제였다. 에라스무스 다윈은 이런 알 역시 일종의 보호색을 띠고 있는 것이라고 여겼는데, 그가 "고리버들 둥지"라고 부르는 것의 속을 둥지 아래에서 비춰보면 파란 하늘에 대비해 알이 덜 눈에 띄기 때문이다. 이 생각은 다양한 관점에서 틀렸는데 노래지빠귀나 미국지빠귀 같은 종은 진흙으로 틈을 채우면서 둥지를 짓기 때문에 둥지 속이 비쳐 보이지 않는다는 점도 그렇지만, 주요 포식자가 둥지를 아래에서 올려볼 것이라는 가정도 틀렸다.

전반적으로 보았을 때 알의 색이 진화한 이유는 크게 위장과 노출, 탁란 방지, 개체 식별 등 세 가지로 나눌 수 있는데, 여기에 대해서는 차례로 하나씩 살펴볼 예정이다.

만약 여러분이 시끄럽게 우짖는 샌드위치제비갈매기sandwich tern 떼를 헤치며 자갈 자갈 해변을 걸어본 적이 있다면, 훌륭하게 위장한 새들의 알을 밟지 않고 지나가는 것이 얼마나 어려운 일인지 알 것이다. 어쩌면 몹시도 운이 나쁜 나머지 알이 여러분의 발바닥에 선사하는 끔찍한 감각을 경험해 봤을지도 모르겠다. 제비갈매기, 물떼새plover, 섭금류, 메추라기처럼 땅에 둥지를 짓는 새들은 대개 알이 완벽하게 위장을 하고 있어서 이런 실수를 쉽게 저지르게 된다. 후대로 세대가 이어지는 동안 자연선택이 알을 주변 환경과 완벽히 비슷하게 만드는 모습을 상상하기란 어렵지 않다. 주변 환경과 비슷하지 않은 알은 발견되어 잡아먹히므로, 이 불일치를 만든 유전자는 다음 세대로 넘어갈 수 없다. 완전히 동일한 현상이 자연선택 작용의 고전 사례인 회색가지나방Biston betularia에서도 나타난다. 산업혁명 때문에 나무가 그을음으로 얼룩지자 포식자 새를 피해 더 잘 위장할 수 있는 더 어두운 색 나방으로 선택이 일어났다. 회색가지나방 및 다른 나방에 대한 후속 연구는 나방들의 위장에 다른 중요한 양상이 추가로 나타났음을 보여주었다. 자연선택은 나방이 세대를 거듭할수록 자기들의 위장을 유지하도록 하면서, 동시에 위장 효과를 극대화할 수 있는 환경에 정착하는 나방을 선호했다.[13] 여기서 드는 의문은 제비갈매기나 섭금류 같은 새들도 가장 잘 위장할 수 있는 곳에 둥지를 틀기로 결정했을까 하는 것이다. 일본메추라기는 우리가 앞에서 본 대로 알에 무늬가 빽빽이 들어찬 경우가 흔한데, 일본메추라기를 대상으로 한 최근 연구에서는 암컷이 자신의 알 색을 "알고" 그와 가장 비슷한 환경을 선택하는 것처럼 나타났다. 이 행동학적 요소는 위장의 효과를 크게 높인다. 중요한 질문은 암컷 메추라기가 자신이 어떤 알을 낳는지 어떻게 아느냐이다. 첫 번째 번식 시도를 통해 학습한 것일까, 아니면 본능적인 지식이 알의 색과 번식 장소를 연결하는 것일까?[14]

어두운 구멍에서 번식하는 새의 알에 나타난 반점과 줄무늬는 무엇을 위한 것일까? (포르피린이 가장 많이 차지하고 있는) 색소 반점이 난각의 뾰족한 부분에서 가장 많이 보인다는 것을 눈치챈 한 무리의 연구자들은 정답을 발견했다고 생각했다. 이들은 칼슘 수준이 낮은 난각 부위를 보강하여 알의 강도를 높이기 위해 무늬가 생겼다고 제안했다. 그러나 다른 연구자들이 후속으로 진행한 연구에서는 여기에 대한 근거를 찾을 수 없었다. 어두운 곳에서 번식하는 새가 얼룩무늬 알을 낳는 것이 중요한지에 대해서 우리는 여전히 단서를 찾지 못하고 있다.[15]

특정 알이 밝은 색을 띠는 이유는 그 알들이 특히 눈에 띄도록 진화했기 때문이다. 이 발상은 1900년대 초에 찰스 스위너턴Charles Swynnerton이 처음 제안했는데, 열렬히 알을 수집했던 그는 왈리스가 알의 색에 대해서 했던 이야기의 상당 부분에 동의하지 않았다. 스위너턴은 밝은 색 알은 맛이 없을 수 있는데, 그렇게 진화함으로써 독성을 지닌 곤충들과 마찬가지로 포식자 쪽에서 발견하고 피하도록 만드는 것일지도 모른다고 제안했다. 그는 쥐, 갈라고, 인도몽구스를 비롯하여 몇 종류의 (길들인) 포유류 포식자에게 매우 다양한 새의 알을 내놓는 방식으로 자신의 생각이 맞는지 알아보았다. 그는 또한 사람을 대상으로도 실험을 하고 알 맛에 대한 반응을 기록했다. 월리스[H. M. Wallis] 씨는 스위터넌과 편지를 왕래했던 이들 중 하나였는데, 그는 (난각을 얻기 위해) 알의 내용물을 불어버리는 대신 빨아들였던 때는 어떻게 했고 덕분에 그가 발견했던 엄청나게 다양한 알의 맛은 어땠는지 설명했다. "울새[robin], 나이팅게일, 제비의 알은 불쾌한 맛이다. 그러나 덤불해오라기[little bittern]의 하얀 알은 크림처럼 달콤하고 부드럽다." 스위너턴의 길들인 몽구스 또한 오직 특정 알만을 맛있다고 여기는 듯 했는데, 바위종다리[dunnock]와 찌르레기[blackbird]의 파란 알은 게걸스럽게 먹어치웠지만 굴뚝새와 박새의 하얀 알은 거부했다.

스위너턴은 신중한 관찰자였고, 색이 눈에 띄는 알은 먹을 만하지 않다는 자신의 가설을 무척 실험해보고 싶어했다. 또 자신의 수많은 실험이 지니는 한계를 알아챌 만큼 영리했으며, 결국에는 알의 색과 먹을만한 맛 사이에 어떤 관계가 존재한다고 할 만한 증거가 부족하다고 결론내렸다.[16]

스위너턴의 결론에도 불구하고 동물학자인 휴 코트[Hugh Cott]는 30년이 지난 1940년대에 색이 밝은 알은 맛이 없다는 발상을 다시 검토했다. 코트는 눈에 띄는 색과 좋은 맛 사이의 관계에 몰두했는데, 새의 고기와 알 모두가 관심의 대상이었다. 코트는 불행히도 자신의 흥분에 사기당한 불쌍한 실험가였다. 1940년대에는 과학연구를 진행하는 방식이 오늘날과 달랐다는 점, "증거"를 구성하는 요소들이 달랐다는 점을 이해하더라도, 새 고기의 맛에 대한 코트의 연구는 결함이 있었고 나중에 틀린 것으로 밝혀졌다. 그는 또한 색이 눈에 띄는 알은 보호색을 띠는 알보다 맛이 없다고 주장했다. 하지만 이 연구 역시 결함이 있었다. 코트의 실험 계획에는 다양한 종류의 알을 가볍게 익혀서 맛 감별사인 사람들에게 제공하는 것이 들어있었다. 익힌다니? 어떤 포식자가 익힌 알을 맛보기나 했을까? 그 외에도 방법론적 문제들이 여럿 있었는데, 그중 하나로 찌르레기의 파란 알을 포함하여 모든 연작류passerine의 알이 보호색을 띤다고 여긴 것이 있다. 전반적으로 난각의 눈에 띄는 색이 맛이 없다는 신호임을 증명하는 증거는 거의 없다.[17]

자연선택이 작동하는 방식은 우리에게 수수께끼처럼 보일 수도 있는데, 특히 선택 목표가 불명확할 때 그렇다. 그 목표가 무엇인지는 오직 우리의 상상으로만 추측할 수 있는데, 알의 색이 거쳐 온 적응이 얼마나 중요한지 등의 문제를 걸고 넘어가는 연구자(주로 행동 생태학자)들은 자신들이 생각해낸 가설에 자부심을 갖는다. 그들은 색이 눈에 띄는 알을 설명하기 위해 세 가지 가설을 만들어 냈다.

첫 번째는 "협박 가설"이라고 부르는 것이다. 이 가설은 알의 색이 밝아지도록 진화한 이유가 수컷을 압박해서 —직접 알을 품거나 알 품는 암컷에게 먹이를 제공하는 형식으로— 알을 더 신경 쓰도록 함으로써 포식자로부터 알을 보호하게 하기 위해서라고 제안한다. 암컷이 알의 색을 눈에 띄도록 진화시키면, 알은 노출된 상태일 때 포식자를 유혹하기 쉽고, 그 결과 번식 시도를 무산시킬 수도 있다는 것이다. 이런 상황을 피하기 위해 수컷은 직접 알을 품든지, 아니면 알을 품고 있는 암컷에게 먹이를 구해주어서 암컷이 알을 홀로 남겨두고 먹이를 찾아 돌아다닐 가능성을 낮춰야만 한다. 글쎄.

두 번째 가설에 의하면 색이 눈에 띄는 알은 암컷의 건강상태를 반영하는데, 알이 더 밝을수록 짝인 수컷이 암컷과 알에게 투자할 가능성이 있다. 특히 이 가설에 의하면, 산화방지 효과가 있는 것으로 알려진 담록소의 농도가 더 짙을수록 암컷과 어쩌면 암컷의 자손까지도 더 양호한 건강상태를 자랑한다. 그 결과 암컷이 알의 색에 담록소를 더 많이 집어넣을 수 있을수록 짝인 수컷이 더 많은 노력을 제공할 가능성이 있다. 닭이 스트레스를 받거나, 아프거나, 또는 둘 모두일 때 색소가 적은 알을 낳는다는 사실이 이미 알려져 있으니, 이 발상은 비논리적으로 보이지는 않는다.[18] 흥미롭게도 얼룩무늬딱새는 이 가설의 두 가지 양상에 대한 증거를 모두 제시한다. 더 건강한 암컷이 더 선명하게 파란 알을 낳고, 더 밝은 알을 낳는 암컷은 짝의 도움을 더 많이 받는다.[19] 다른 연구자들은 이 발상의 논리에 의문을 제기하면서 구멍에 둥지를 트는 얼룩무늬딱새 같은 종의 알이 얼마나 잘 보이겠냐고 물었다.[20] 반대로 열린 둥지를 짓는 미국지빠귀 연구에서는 지빠귀가 원래 낳아놓은 알들을 둥지에 따라 연한 파란색에서부터 선명한 파란색이 되도록 인위적으로 바꾸어놓았다. 그 결과 선명하게 파란 알을 담고 있는 둥지의 수컷 짝은 연한 파란색 알을 담은 둥지의 수컷보다 새끼를 위해 먹이를 더 많이 가져왔다.[21] 이 두 가지 연구는 가설을 명백하게 증명하는 것처럼 보이지만, 아직은 판단을 내릴 수 없다. 더 많은 종을 조사해볼 필요가 있으며, 특정 실험을 성공적으로 반복했을 때에만 과학자들은 진정으로 결과에 대해 확신할 수 있다.

세 번째 가설에서는 눈에 띄는 알, 특히나 하얀 알을 땅 위의 열린 둥지에 낳는 행태는 적응을 거친 결과이며, 이 알들의 색이 태양복사와 자외선을 막아주기 때문이라고 제안한다. 태양복사가 문제가 될 수 있다는 것은 실험으로 확인되었다. 1970년대에 진행했던 실험에서는 닭과 웃는갈매기laughing gull의 알을 카키색이나 흰색으로 칠해서 오후 동안 햇빛에 노출시켰는데, 그 결과 카키색으로 칠한 알의 내부 온도는 하얀 알보다 3℃가 높았다. 비슷한 실험으로 원래 흰색이거나 크림색인 타조의 알을 갈색 크레용으로 어둡게 칠하고 케냐의 햇살에 노출시킨 것이 있는데, 본질적으로 동일한 결과가 나왔다. 어둡게 칠한 알은 흰 알보다 3.6℃ 더 따듯했고, 내부의 평균 온도는 배아가 살아남을 수 있는 최고온도(42.2℃)를 넘어 43.4℃까지 도달했다.[22] 누군가는 왜 웃는갈매기는 카키색 알을 낳는데 타조는 흰 알을 낳는지 물어볼 수도 있다. 정답은 웃는갈매기는 낮 기온이 결코 케냐만큼 높지 않은 곳에서 번식한다는 것이다. 게다가 갈매기는 갈까귀와 까마귀 등 포식자에게 민감하기 때문에 알을 홀로 남겨두는 법이 거의 없고, 따라서 알이 햇볕을 보는 일도 드물다. 반면 타조는 종종 알을 혼자 남겨두긴 하지만 이집트독수리_{Egyptian vulture}의 약탈을 제외하면 안전한 데다가 이집트독수리의 경우 어른 타조가 쉽게 감지할 수 있다. 여기에는 포식과 열 스트레스 사이의 교환관계가 존재하는데 포식자에게 촉각을 세우고 있는 갈매기는 진한 보호색을 띤 알을 선호하고 열 스트레스가 더 큰 타조는 연하고 놀랍도록 눈에 띄는 알을 선호한다.

  새알의 색에 대한 우리의 두 번째 설명은 탁란 방지와 관련이 있다. 뻐꾸기처럼 남의 둥지에 탁란하는 새들은 어떻게 자기 알을 대다수 숙주 새의 알과 그토록 유사하게 맞추는 것일까? 한때는 암컷 뻐꾸기가 숙주의 알을 보고는 그 모습을 두뇌에 새겨두었다가 자궁으로 보내서 낳으려는 알의 표면에 재현한다고 믿었다. 칼라복사기와 스캐너라면 그렇게 할 수 있겠지만, 뻐꾸기에게는 무리한 요구일 것이다. 일부 사람들이 뻐꾸기가 이 방법으로 자기 알을 숙주 새의 알과 일치시킨다고 생각하는 동안, 알 수집가나 조류학자는 이런 생각을 믿은 적이 없다. 알 수집가나 조류학자들은 뻐꾸기의 암컷 개체가 늘 동일한 색의 알을 낳기 때문에 알의 색을 조정하지도 않고 조정할

수도 없다는 사실을 알고 있었다.[23]

그렇다면 새알의 일치는 어떻게 발생할까? 몇 가지 가능성이 존재하는데, 뻐꾸기가 자신과 비슷한 알을 낳는 숙주 새를 찾아다닐 가능성도 있다.

이 발상에 대해 조사해보기 위해서는 유럽의 일반 뻐꾸기에서 뻐꾸기방울새cuckoo finch라는, 우리에게 덜 친숙하지만 뻐꾸기처럼 탁란하는 새에게로 주위를 돌릴 필요가 있다.

40℃를 맴도는 더위에 숨을 쉬기조차 어렵다. 공기에서는 햇볕에 탄 풀 냄새가 나는 듯하다. 오늘 이른 아침 나는 런던발 비행기에서 걸어 나왔고, 이제는 잠비아의 촘마Choma에서 탁란하는 새를 연구하는 동료 클레어 스포티스우드Claire Spottiswoode를 방문 중이다. 쇼핑을 완료한 우리는 차를 몰고 허름한 마을 외곽을 지나 흙길을 달려서 우리에게는 덤불처럼 보이지만 잠비아 사람들에게는 농지인 곳으로 향하고 있다. 우리는 몇 마일을 달린 후에 잠비아로 이주하여 담배를 키우는 존 콜브룩-롭젠트John Colebrook-Robjent 소령의 농장에 도착한다. 그의 흑인 일꾼들은 "수용소"라고 알려진 구역의, 진흙으로 지은 작은 오두막이나 아주 일부의 경우 직접 구운 벽돌로 지은 오두막에서 최소한의 조건만 갖춘 채 살아가고 있다. 나는 이전에도 여기에 와서 이 남자들을 만나보았는데(하지만 남자들의 부인은 몇 만나지 않았다), 이들은 둥지 탐색꾼들이다. 이들은 소령이나 클레어를 위해 매우 효과적으로 둥지의 위치를 찾는다. 당시 클레어는 연구를 위해 소령이 꼼

새는 알을 "왜" 색칠했을까

꼼하게 목록까지 만들어둔 탁란하는 새의 알 수집품을 조사하던 참이었다.

2008년에 소령은 72세의 나이로 아내인 로이스Royce보다 먼저 세상을 떠났는데, 그때까지 나는 그녀를 만나본 적이 없었다. 우리가 도착했을 때 정원에 있던 그녀의 모습을 멀리서 본 나는 젊어 보이는 그녀의 모습에 놀랐다. 하지만 그것은 착각이었다. 가까이서 본 그녀는 대량으로 모아둔 특수소품 중 하나인 금발 가발을 쓰고 있었기 때문이다. 그 다음에 가발을 쓰지 않은 그녀를 보았을 때, 그녀는 원래 나이처럼 보였다.

1930년대에 런던에서 자라면서, 동시대를 살았던 다른 많은 사람들과 마찬가지로 젊은 롭젠트 역시 열렬한 알 수집가였다. 소년시절의 취미는 집착으로 바뀌었고, 훗날 롭젠트는 "20세기의 가장 유명한 조란학자 중 하나"가 된다.[24] 그는 학교를 졸업하자마자 입대했는데, 다양한 곳을 몇 차례 전전한 후에 1963년 아프리카로 파병된다. 그러나 1969년에 장교를 퇴역했고, 이전에 농사를 지어본 경험이 전혀 없음에도 잠비아에 정착해서 담배를 경작해보기로 결심했다.

농사에 대한 관심은 순식간에 전부 새에 대한 열정으로 바뀌었고, 롭젠트는 농장에서 일하는 소년들을 훈련시켜서 둥지를 찾고, 새의 가죽을 벗기고, 표본에 이름을 붙이도록 시켰다. 그중 10살에 일을 시작했던 라자로 하무시킬리Lazaro Hamusikili라는 남자는 결국 무척 유능해져서 없어서는 안 되는 사람인 동시에 골칫거리가 되었다. 라자로는 성공에 대한 보상을 돈으로 받았는데, 나이가 들면서 술을 마시는 데 돈을 쏟기 시작했고, 결국엔 한 번에 며칠씩 자취를 감추곤 했다. 내가 2008년에 그를 처음 만났을 때, 라자로는 40대 초반이었고, 롭젠트는 막 세상을 뜬 다음이었다.

로이스는 클레어와 나를 환영하며 집으로 맞아주었고, 고인이 된 남편의 수집품을 담은 보관장을 우리가 조사할 수 있도록 허락해 주었다. 알의 수는 엄청나게 많았고, 이후에 내가 트링의 자연사박물관에서 보게 되는 루프턴의 바다오리 알과는 달리 꼼꼼하게 이름표가 붙어있었다.

롭젠트는 집에서 멀지 않은 곳의 덤불 아래 묻혀있지만 그의 명성은 서로 반대로 난 혜성의 꼬리처럼 그가 사망한 뒤에도 빛을 내고 있다. 한쪽의 빛은 그의 성공 이야기이다. 다른 쪽의 그는 상습범과 다름없어 보인다. 어느 쪽을 보느냐는 여러분의 관점에 달려있다. 알에 대한 롭젠트의 갈망은 조류학자들과 환경보호론자들의 사이에서 무척 유명했다. 실제로 롭젠트가 1988년 10월 6일 일기장에 적었던 내용은 이렇다. "아침에 나는 부패방지위원회의 치안감이 이끄는 팀을 비롯한 네 명의 직원, 리빙스턴 박물관 관계자 두 명, 국립공원 및 야생동물 보호국의 정찰병 두 명의 '방문'을 받았다… 특정한 서류, 편지, 기록부, 목록, 일기장… 등을 압수당했다." 복음주의적인 환경보호론자의 제보를 받은 잠비아 야생동물 관리국은 자격증이나 허가증 없이 알을 소유한 혐의로 롭젠트를 기소했다. 재판은 그해

10월 22일 촘마에서 열렸다. 롭젠트가 일기장에 기록한 대로, 법원은 수많은 지역주민과 친구들로 가득 찼고, 이들 중 하나는 벌금형을 받을 경우에 대비해 돈을 높이 쌓아왔다. "훌륭한 의사표시"였다. 오전 11시에 시작한 재판은 12시 30분쯤 끝났다. 잠비아의 조류학을 위해 롭젠트가 얼마나 훌륭한 일을 했는가에 대해 몇 사람의 의견을 들은 다음 판사는 "법정에 있는 사람들에게… 자신은 내가 한 일이 잠비아와 특히 잠비아 사람들에게 커다란 조류학적 혜택을 가져다주었다고 생각한다면서, 내가 잠비아의 아이들과 그 아이들이 받을 혜택을 위해서도 유용한 일을 했다고 말했다… 나는 완전히 석방되었다." 판사는 또 당국에게 롭젠트가 "최대한의 지원을 받아야 하며… 수집 허가를 발급받아야 한다."고 말했다.

이유가 무엇이었든, 허가증이 등장하는 일은 없었다.[25]

롭젠트가 꼼꼼하게 목록으로 정리해둔 알 및 가죽 수집품에 대해서는 영국의 자연사박물관에서도 잘 알고 있었고, 롭젠트가 사망한 다음 박물관 측에서는 그의 수집품들을 트링으로 이전할 준비를 했다. 이 일이 매끄럽게 진행될 것이며, 소소한 서류작업만 거치면 될 뿐인데다가, 이마저도 잠비아와 1964년까지 잠비아를 식민지로 삼았던 지배국 사이의 호의 덕분에 더 수월할 것이라고 생각하는 정도야 큰 잘못은 아닐지도 모른다. 현실은 그렇지 않지만. 잠비아 야생동물관리국이 재판 후에 롭젠트에게 필요한 허가를 내주지 않았던 것이 큰 걸림돌이 되어 결과적으로 지금까지 수집품을 영국으로 옮기는 작업은 해결책 없이 미뤄지고만 있다. 다행히도 롭젠트가 사망하고 얼마 지나지 않아 트링의 알을 관리하는 더글러스 러셀이 잠비아로 가서 수집품의 목록을 작성한 다음, 잘 포장하여 다른 농장으로 안전하게 옮겨두었다. 러셀이 그렇게 해두길 천만다행이었던 것이, 이 년 후에 클레어와 내가 잠비아로 돌아갔을 때 로이스는 세상을 떠난 뒤였고, 집은 잠겨있고 표면상으로 보호받고 있긴 했지만 이미 약탈당한 상태였다. 알 수집에 대해서 어떻게 생각할지는 모르겠지만, 롭젠트의 공책을 비롯한 수많은 소지품들이 사라졌거나 한때는 그의 집이었던 곳 바닥에 흙먼지와 함께 널브러져 있다는 사실은 비극적으로 보인다. 역사의 중요한 조각이 오물과 함께 놓여있다는 것은, 내가 루프턴의 바다오리 알 수집품에서 보았던 알과 자료 사이의 연결고리 상실과 맞먹는 것이었다.[26]

롭젠슨이 특별히 관심을 가졌던 것은 탁란하는 새와 숙주 새였는데, 주로 황색옆구리날개부채새tawny-flanked prinia, 붉은머리개개비red-faced cisticola, 혹은 작은 갈색 새를 숙주로 삼았던 뻐꾸기방울새에 특별한 흥미를 보였다. 탁란성 베짜는새라고도 부르는 뻐꾸기방울새 수컷은 아름다운 샛노랑색이지만 암컷은 대부분의 베짜는새 암컷과 마찬가지로 특징 없이 얼룩덜룩한 갈색이다. 이 새의 학명인 *Anomalospiza*를 적절하게 해석하면 "낯선 방울새"라는 뜻이다.[27]

롭젠트가 뻐꾸기방울새에 매료되었던 이유는 뻐꾸기방울새와 숙주인 황색옆구리날개부채새의 알이 무척 다양할 뿐 아니라, 같은 둥지에서 발견한 두 종의 알이 대부분 놀랍도록 닮아있었기 때문이었다. 탁란하는 새의 알과 숙주 새의 알이 보이는 유사성은 여러 세대에 걸쳐 알 수집가의 마음을 사로잡았다. 이런 알을 수집했던 가장 유명한 (혹은 악명 높은) 알 수집가는 아마 에드가 찬스Edgar Chance였을 것으로 보이는데, 이 부유한 영국 사업가는 20세기 초반에 둥지를 공유한 뻐꾸기와 숙주 새의 알을 약 1,600개나 축적했다. 정직하지 않게 불법 알을 거래했기 때문에 조류학계에서는 외면받았지만, 찬스는 몇 가지 영리한 관찰을 했고 우리가 일반 뻐꾸기의 생태를 이해하는 데 상당한 도움을 주는 두 권의 책을 썼다.[28]

롭젠트는 자신의 수집품 덕분에 암컷 뻐꾸기방울새의 유형이 두 개여야 한다는 것을 알고 있었는데, 각각은 특정한 유형의 알을 만들어서 날개부채새이건 붉은머리개개비이건 특정 숙주 새의 둥지에만 알을 낳는다.[29]

그는 뻐꾸기방울새에 대해 성공적으로 글을 써본 적이 한 번도 없는데, 그가 세상을 떠나기 전 클레어가 그를 방문했다. 그의 알 수집품을 보자마자 클레어는 뻐꾸기방울새가 자신의 생각보다 훨씬 더 많은 연구의 대상이 될 수 있다는 것과, 둥지 탐색꾼의 도움을 얻으면 연구하는 것이 완벽하게 가능하다는 것을 눈치챘다. 연구에 푹 빠진 클레어는 이후 수년 동안 소령의 농장에서 그의 둥지 탐색꾼들을 고용하여 작업했고, 몇 가지 놀라운 발견을 이루었다.

날개부채새 같은 숙주 새는 뻐꾸기방울새가 알을 탁란했을 때, 수

많은 시간과 에너지를 뻐꾸기방울새의 새끼를 키우는 데 낭비하느라 자신의 새끼를 전혀 키우지 못한다. 뻐꾸기방울새 암컷은 일반적으로 날개부채새의 둥지에 알을 낳는데, 한 번에 두 개에서 네 개의 알을 낳는 숙주 새가 아직 알을 다 낳지 않았을 때를 노린다. 뻐꾸기방울새의 알은 숙주 새의 알보다 하루나 이틀 정도 먼저 깨어나는데, 양부모가 날라 오는 먹이를 독점함으로써 숙주의 새끼들이 깨어나자마자 빠르게 굶어죽게 만든다. 진화적인 관점에서 보면 뻐꾸기방울새의 알을 키우는 날개부채새는 문자 그대로 손해밖에 보지 않는다. 뻐꾸기방울새의 알을 골라내서 버릴 수 있는 숙주 새가 그런 능력이 결여된 새보다 더 많이 번식에 성공할 것이라는 사실은 놀랍지 않다. 그러나 날개부채새 같은 숙주 새들이 기생하고 있는 알을 알아보고 거부하는 법을 배울수록, 뻐꾸기방울새도 날개부채새가 자신의 알과 구분하기 어려운 알을 만들어내도록 선택 압력을 받는다. 숙주 새가 알을 선별하여 추방하는 행위는 뻐꾸기방울새 같이 탁란하는 새가 알을 복제하는 결과를 낳았다.

이것은 군비경쟁이다. 숙주 새가 선별과 추방에 능숙해질수록 뻐꾸기방울새는 숙주 새를 속일 알을 만들어야 하는 더 큰 압박에 시달린다. 이 군비경쟁이 숙주 새에게 불러온 결과 중 하나는 점점 더 다양한 알을 생산하는 것인데, 날개부채새의 경우가 정확히 여기에 해당한다. 서로 다른 암컷의 알은 색이 다양한데, 바탕색은 연한 파랑색에서 황갈색을 넘어 짙은 빨간색에 이르고, 카키색, 검정색, 빨강

색의 반점 또는 선 무늬가 있는 것도 있다.

클레어가 현장조사를 시작하자, 뻐꾸기방울새와 날개부채새 사이의 군비경쟁에 대한 증거가 나왔다. 그녀는 자신이 찾은 뻐꾸기방울새 알은 바탕색이 파란색인 데 반해 롭젠트가 정확히 똑같은 장소에서 1980년대에 수집했던 보관장 속 알은 바탕색이 또렷한 빨강색이라는 사실을 눈치챘다. 변화가 있었던 것으로 보인다.

클레어의 신중한 분석에 의하면 지난 40년 동안 뻐꾸기방울새 알뿐만 아니라 숙주 새의 알 역시도 색이 변한 것으로 나타났다. 둘은 거의 동시에 색을 바꾸었다. 숙주가 점점 더 극단적으로 알의 색을 바꾸면서 진화하면, 뻐꾸기방울새도 곧장 그 변화를 따라간 것처럼 보였다. 클레어가 말했듯 "이것은 앞뒤가 맞는다. 날개부채새 알에서 주로 나타나는 색과 무늬가 좋은 방어수단으로 기능하는 것이, 뻐꾸기방울새의 복제능력에 따라잡히기 전까지라면 말이다. 그 시점이 오면 자연선택은 분명 참신한 모습의 알을 낳아서 뻐꾸기방울새의 알이 쉽게 도드라지도록 만드는 날개부채새를 선호하기 시작할 것이다."[30] 숙주 새와 탁란하는 새의 군비경쟁이 초래하는 공진화共進化를 이보다 더 잘 보여주는 사례는 찾기 어려울 것이다.

색과 무늬가 비범하게 다양한 날개부채새 알은 바다오리 알의 축소판과 같다. 두 종 모두 강한 선택의 결과로 이런 다양성을 갖추게 되었는데, 날개부채새의 경우 탁란하는 새 때문에 벌어진 선택이었다. 바다오리의 경우 개체 인식과 관련이 있다.

나는 바다오리 알의 색이 다양한 이유가 활력 때문이라고 얘기하는 월리스의 생각을 좋아한다. 실제로 바다오리는 활기가 넘치는 새이다. 내가 바다오리를 무척 좋아하는 이유 중 하나도 그 때문이지만, 슬프게도 이것이 바다오리가 훌륭한 알을 낳는 이유는 아니다.

　바다오리 알의 엄청나게 다양한 색과 무늬가 자신의 알을 찾는 데에 도움을 준다고 맨 처음 제안했던 사람은 1700년대 후반에 살았던 토머스 피난으로 보인다. 물론 가정이었긴 하지만 피난은 자신의 제안이 어떤 맥락에서 나온 것인지 설명하지 않았다.[31] 한 세기가 지난 1878년에 은행가이자 아마추어 조류학자였던 존 거니John Gurney는 플램보로우 곶에서의 알 수집에 대한 이야기를 쓰면서, 렝 씨에게서 들었던 피난의 제안과 비슷한 이야기를 기록했다. 렝 씨는 "바다오리가 자신의 알이 무엇인지 알고 있다고 확신한다. 어떤 목적에 그렇게나 다양한 무늬가 필요하겠는가?"라고 말한 바 있다.[32]

　더 완벽한 발언은 헨리 드레서의 위엄 넘치는 여러 권짜리 책『유럽의 새들』에 등장하는데, 1880년대에 출간된 이 책에서 드레서는 그레이 씨의 말을 담고 있다. 그레이는 "에일자 크레이그Ailsa Craig 섬에 대해 즐겁게 설명하면서… 영리하게 제안하길 '그토록 많은 수의 알이 같이 모여 있는 곳에서 무늬와 색의 다양성은 새가 자신의 알을 알아보도록 해준다'고 하면서도, 비가 오면 알이 더러워지기 때문에 확신할 수 없다"고 말한다.[33] 그레이의 말에 의하면 알의 색이 다양한 이유는 고밀도 번식에 적응한 결과이며, 이 다양성 덕분에 바다오리가 자신의 알을 식별하고 돌볼 수 있다는 것이다.

과학은 가설을 검증함으로써 나아가는데 대개는 실험을 진행함으로써 가설을 지지할만한 근거를 얻거나 그러지 못하는 과정을 거친다. 우리가 이미 만났던 베아트 찬스가 1950년대 후반에 이 가설을 시험하기 위해 시작했던 실험에도 분명한 목표가 있었다.

어떤 시도를 해보아야 할까? 한 가지 방법은 바다오리가 번식하는 절벽을 올라가면서, 새들에게 겁을 줘서 쫓아낸 다음에 바다오리 알을 색이 다른 알과 바꿔치기 하고, 되돌아온 부모 새가 알을 수용하는지 보는 것이다. 사실 이 실험은 캐나다의 야생동물 관리국에서 근무하는 바다오리 추종자, 레 터크Les Tuck가 1950년대에 펑크 섬에서 했던 것인데 결과는 이랬다. "둥지로 돌아온 새들은 늘 같은 장소에서 알품기를 이어갔고, 자신의 알과 바꿔치기한 알에 거부 반응을 보이지 않았다." 이 단순한 실험에 기초하여 터크는 다양한 색은 식별을 위한 것이 아니라고 결론 내리면서 알의 색이 위장을 위한 것이라고 확신했다.[34]

터크의 실험은 너무 단조로웠다. 실험을 생물학적으로 알맞게 설계하려면 새의 생태와 일반 상식에 대해 잘 알아야 한다. 여러분이 바다오리가 되었다고 상상해 보길 바란다. 누군가 다가와서 당신을 놀라게 하는 바람에 여러분은 알을 두고 떠난다. 바다로 날아갔다가 길게 선회하여 알을 남겨두었다고 알고 있는 번식장소로 돌아온다. 그곳에는 알이 있지만 여러분이 두고 떠난 것과는 다른 알이다. 그러면 여러분은 두 가지 선택을 할 수 있다. 알을 받아들이고 다시 품기 시작하거나 거부하는 것이다. 만약 "거부"를 선택한다면 그해에 번식 성공 확률은 0이 될 것이다. 만약 받아들인다면 모양이 살짝 다르긴 해도 그 알이 여러분의 알일 가능성이 있으므로 번식 성공 확률이 0보다는 크다. 어쨌거나 알이 제자리에 있기는 하고, 때로는 알이 먼지를 뒤집어써서 모습이 바뀌는 경우도 있기 때문에, 모든 것을 감안하면 수용하는 것이 최선의 선택이다.

이제 터크의 실험이 가지고 있는 단점을 피할만한, 더 나은 실험을 설계하는 일을 생각해보자. 바다오리가 자신의 알을 이웃의 알과 구분할 수 있는지 알아보는 가장 명백한 방법은 바다오리에게 선택지를 주는 것, 정확히 말하면 선택을 강요하는 것이다. 번식 장소는 크기가 손바닥 반 정도 밖에 안 되는 공간으로 매우 중요하기 때문에, 번식장소에 대한 선호와 알에 대한 선호를 구분하는 방법도 생각해야 할 것이다. 생물학적으로 현실적인 상황을 재현해서 이 문제를 해결할 수 있다. 알이 마치 살짝 굴러간 것처럼 번식장소에서 불과 몇 센티미터 떨어진 곳으로 알을 옮기고, 같은 거리만큼 떨어진 곳에 또 다른 알을 둔 다음에, 바다오리가 돌아와서 두 알 중 하나를 구해서 품도록 하면 된다.

찬스가 했던 실험도 기본적으로는 이런 것이다. 그렇다. 이 상황에서 바다오리는 자신의 알을 알아보고 구한다. 찬스의 연구는 또한 바다오리가 자기 알의 색을 학습한다고 제안했다. 찬스는 바다오리가 알을 낳은 직후에는 알을 다르게 생긴 알과 바꾸어도 부모 새가 받아들이는 것을 발견했는데, 아마 색과 무늬를 다 학습하지 못했기 때문으로 보인다. 알을 한동안 품었던 새는 낯선 알을 받아들이길 훨씬 주저했다. 새들은 흙과 배설물로 알이 더러워지는 문제를 겪는데, 이와 비슷하게 알의 색을 점진적으로 바꾸면 새는 다른 색의 알을 받아들였다. 암컷이 평생 동안 매우 유사하게 생긴 알을 낳는다는 점을 고려할 때, 나는 암컷이 해마다 자기가 낳은 알의 생김새를 어느 정도까지 기억하는지 궁금하다. 수컷 바다오리는 짝의 알의 생김새를 기억한다는 약간은 다른 문제를 마주하며, 이 문제에 대해 더 유동적이기도 한데, 일생동안 하나 이상의 암컷과 짝짓기를 할 수도 있기 때문이다.

찬스는 또한 바다오리가 —암컷에 따라서는 다르지만 동일한 암컷에서는 유사한— 알의 모양을 이용해서도 자신의 알을 식별하는지 확인했다. 그러나 여기에 대한 증거는 없었다. 물체의 크기가 적당하고 "알맞은" 색과 무늬를 칠하기만 했다면 바다오리는 그것이 정사각형이든, 직사각형이든, 꼭대기가 평평한 삼각뿔이든 상관없이 가져와서 품었다.[35]

1980년대 후반과 1990년대 초반에 허드슨 만Hudson Bay 북부의 코트 섬Coats Island에서 연구를 진행했던 토니 개스턴Tony Gaston은 찬스가 큰 찬스가 진행했던 알 식별 실험(1959)을 큰부리바다오리를 대상으로 반복하기로 결심했다. 두 바다오리 종은 모두 알의 색과 무늬가 상당히 다양하고 높은 밀도로 운집하여 번식하지만, 큰부리바다오리는 절대 넓고 평평한 지역에서 번식하지 않고 일반 바다오리만큼 밀도 높게 모이지는 않는다.

개스턴과 동료들이 발견했던 것은 자기 알 하나와 낯선 알 하나가 진짜 번식장소에서 각각 몇 센티미터 떨어진 곳에 있어서 두 알 중 하나를 선택해야 할 때 새가 대개 자신의 알을 알아보고는 거기에 앉아서 품기 시작한다는 것이다. 또 알을 원래 장소로 끌고 온 다음에 그대로 서서 부리와 발로 알을 건드리면서 정확히 제자리에 두는 새도 있다. 이것은 큰부리바다오리도 일반 바다오리와 마찬가지로 자기 알을 알아본다는 명백한 증거이다.

그러나 개스턴과 동료들은 또 다른 사실을 눈치챘는데, 큰부리바다오리가 일반 바다오리보다 낯선 알을 더 잘 받아들인다는 것이다. 어쩌면 일반 바다오리는 번식하는 바위 턱이 더 넓기 때문에 소란이 지나간 후에 더 열심히 더 먼 곳까지 알을 찾아보는지도 모른다. 일반 바다오리는 원래 장소에서 4미터 떨어진 곳까지 가서 알을 찾아오는 모습이 목격된 반면, 큰부리바다오리는 알에서 떨어지고자 하는 최대 거리가 바위 턱을 따라 몇 센티미터 정도이다. 큰부리바다오리의 알 식별력이 다소 떨어지는 이유는 큰부리바다오리들이 보금자리로 돌아와서 알이 사라진 것을 발견했을 때 이웃의 알을 훔치기도

하는 이유를 설명해 줄지도 모른다. 이것은 일반 바다오리에게서는 보고되지 않은 행동이다.[36]

두 바다오리 종처럼 가까운 거리에서 둥지도 없이 번식하는 다른 새는 몇 없다. 아메리카큰제비갈매기royal tern와 붉은부리큰제비갈매기 Caspian tern 같은 일부 제비갈매기들이 서로 가깝게 모여서 번식하지만, 각자 별개의 둥지가 있으며 알에 특별하게 다른 무늬가 있어야만 자기 알을 낯선 알과 구분할 수 있다. 또 이 종들의 알 무늬는 원래 개체 식별을 용이하게 만들기보다는 위장용으로 진화한 듯 보인다.

한때는 뻐꾸기의 숙주 새가 되는 작은 새들이 자기 알을 알아본다고 생각하기도 했다. 그렇지 않다면 어떻게 숙주 새가 뻐꾸기 알을 버리는 일이 자주 일어날 수 있겠는가? 하지만 최초의 연구 중 일부는 이 새들이 뻐꾸기 알을 알아보는 이유가 자기 알이 어떻게 생겼는지 알고 있기 때문이 아니라 그저 뻐꾸기 알이 자기 알과 다르기 때문이라고 제안했다. 이런 생각은 베른하르트 렌쉬Bernhard Rensch 가 1920년대에 수행했던 연구에 기반하고 있는데, 연구에서 그는 정원솔새garden warbler가 알을 낳을 때마다 바로 그 알을 쇠흰턱딱새lesser whitethroat의 알과 바꿔치기했다. 정원솔새가 네 번째 알을 낳았을 때 렌쉬는 그 알을 둥지에 그대로 남겨두었는데, 그러자 정원솔새는 네 번째 알을 없애버렸다. 렌쉬는 네 번째 알이 둥지 안에 있던 다른 알들과 다르기 때문에 버려졌다고 받아들였지만, 부모 새가 이전 며칠 동안 알들을 보고 (자기들의 생각에) 자기 알의 모습을 학습했기 때문일 가능성도 있다. 실제로 북미에서 아메리카흑조brown-headed cowbird가 탁란하는 회색개똥지빠귀gray catbird를 대상으로 했던 후속 연구를 진행했는데, 학습이 알 인식과 탁란 방지에 중요한 역할을 한다는 것을 보였다.[37]

뻐꾸기와 찌르레기사촌cowbird은 한 가지 문제를 발생시킨다. 둘은 종간種間 탁란을 하는 새들로 자기 종이 아닌 다른 종의 둥지에 알을 낳는다. 어쩌면 더 은밀하고 더 탐지하기 어려운 것은 같은 종에 기생하는 종내種內 탁란일지도 모른다. 몇 가지 종에서 종내 탁란이 발생한다고 알려져 있는데 여기에는 찌르레기common starling, 특정 베짜는새weaverbird, 물닭, 쇠물닭moorhen 등이 있다. 기생당하고 있는 것을 알아채고 어떤 조치를 취할 수 있는 것이 이롭다는 것은 쉽게 알 수 있다. 물론 기생하는 입장에서는 이런 일이 벌어지길 바라지 않을 것이다. 그리하여 부채날개새와 뻐꾸기방울새와 마찬가지로 숙주 새와 탁란하는 새 사이에는 군비경쟁이 벌어진다.

종내 탁란을 하는 새 중에서 연구가 가장 잘 진행된 것은 아메리카물닭American coot이다. 산타크루즈에 있는 캘리포니아 대학의 브루스 리온Bruce Lyon이 했던 브리티시컬럼비아 개체 수 조사에서는 둥지 안의 알 중 평균 13퍼센트가 탁란하는 암컷의 것이었다. 기생하는 물닭의 새끼는 숙주 새의 새끼를 희생시켜서 살아남기 때문에 탁란은 번식 성공률에 상당히 부정적인 영향을 주는데, 따라서 우리는 물닭이 이 비용을 최소화하는 방식으로 진화했다고 예상한다. 물닭의 알은 바탕색과 무늬가 무척 다양한데, 숙주 새는 이 차이를 이용해서 낯선 알을 구분한 뒤 둥지 재료에 묻어버린다. 이런 식으로 묻어버린 알들이 그렇지 않은 알들에 비해 숙주의 알과 덜 닮았다는 사실은, 새가 알을 특색에 따라 구분한다고 강하게 이야기한다.[38] 이어서 레온은 숙주 새가 정말로 낯선 알을 알아보았기 때문이지 그저 알이 다르게 생겨서 거부하는 것은 아님을 영리하게 검증했는데, 이것은 렌쉬가 정원솔새를 보고 제안했던 내용과는 다르다. 레온은 둥지들끼리 알을 바꿔서 숙주 새의 알과 탁란하는 새의 알이 같은 비율로 들어있는 둥지를 만들었는데, 12개 둥지 중 8개 둥지에서 부모 물닭이 탁란하는 알을 묻어버리거나 자기 알보다 주변으로 밀어버렸다. 그리고 12개의 둥지 중에서 이런 취급을 당하는 숙주 새의 알은 없었다.[39]

각자 다른 종을 대상으로 연구한 17건의 연구에서 모든 증거는 새가 자기의 알을 알아본다는 것을 보여주고 있다. 짐작건대 자기 알을 진짜로 알아보려면 알의 생김새를 기억해야 하지만, 차이에 기반하여 구분하려면 —한 번에 알을 여러 개 낳는 새의 경우— 알을 알아보고 종류가 다른 알의 비율을 계산할 수 있어야 한다.

타조는 여러 마리의 암컷이 하나의 둥지에 알을 낳고 대량의 알을 수컷 한 마리가 품는데, 이 타조도 알을 진짜로 알아본다. 가장 나이가 많은 암컷이 수컷과 남고 나머지는 자리를 뜨는데, 아마도 알을 더 낳을 둥지를 찾아가는 듯하다. 나이든 암컷의 목표는 자기 알을 가능한 한 잘 품도록 하는 것이기 때문에, 다른 암컷의 알을 모두 둥지 가장자리나 밖으로 밀어버린다. 나이든 암컷은 무늬 없는 크림색 알의 표면에 난 기공의 형태로 알을 알아보고 이런 행동을 하는 것으로 보인다.[40]

알의 색에 대한 연구는 알프레드 러셀 월리스의 다윈주의적 추측 이후로 오랜 길을 걸어왔다. 생물학의 다른 여러 분야와 마찬가지로, 알의 색을 조사하는 일은 기술혁신과 함께 추진력을 얻었다. 최근 수십 년 동안 연구자들은 디지털 카메라를 이용해서 색을 상대적으로 더 쉽고 이전보다 더 정밀하게 측정했고 수량화했다. 또 우리는 새가 어떻게 자기 알을 포함한 세상을 보는지 훨씬 더 잘 이해하고 있으며, 새가 빛 스펙트럼의 자외선 부분을 볼 수 있어서 우리보다 색을 더 잘 구분할 수 있다는 사실도 알고 있다. 이런 발전 덕분에 이 분야의 일부 주요 연구자들이 부르는 대로 "난각 색소 연구의 르네상스"가 도래했다. 일부 중요한 질문에 답하는 동시에, 이들 연구는 기본적으로 두 색소가 만들어내는 놀랍도록 다양한 난각의 색과 무늬를 우리가 더 잘 이해할 수 있게 만들었다. 마지막으로 모든 좋은 연구들이 그렇듯, 이 르네상스도 새로운 질문의 대상을 부상시켰다.[41]

총천연색인 알의 외부에서부터 다음에 우리가 이동할 곳은 내부의 투명한 부분이다. 흰자 말이다.

○

6

미생물 전쟁: 흰자의 생물학

○

다양한 새 무리에 따라 흰자의 양과 농도가 달라지며…
노른자와는 달리 새가 부화하기 전까지 전부 소모된다.

−오스카 하인로트,『새들의 생애』(1938)

흰자는 "무無"가 눈에 띈다. 흰자는 알에서 가장 수수한 부분인데, 여기에는 몇 가지 이유가 있다. 먼저 흰자는 이름에 흰색이라는 의미가 있음에도 투명하다. 물론 요리를 통해 흰자의 단백질이 부자연스럽게 변형되면 흰색이 되긴 한다. 다음으로 흰자는 형태가 없어 보인다. 점액질 같은 물질이 초라하게 방울 모양을 하고 있는 것에 불과하다. 마지막으로 어렸을 때 나는 흰자의 90퍼센트가 물이라고 들었는데, 그야말로 "무"라는 개념을 강화한다. 대부분이 물이라면 흰자가 그리 대단한 것은 아니다.

진실을 말하자면, 중요하지 않다는 생각과는 거리가 멀게도 사실 흰자는 무척 놀랍고 신비로운 물질이다. 알이 발달하는 데는 흰자가 필수적인 역할을 수행하는데, 성장 중인 배아에게 물과 단백질을 제공하고 동시에 알이 둥지 안에서 뒤집히거나 굴러가면서 받는 물리적 충격을 완화한다. 하지만 그보다 훨씬 중요한 점은, 흰자가 정교한 생화학적 방어벽이 되어서, 발달중인 배아에 침입하려 기회를 노리는 미생물을 막아준다는 것이다.

이 장에서는 미생물이 새알에 침입하지 못하도록 진화한 —흰자가 가장 중요한 역할을 하는— 알의 장벽이 얼마나 놀라운 과정을 거치며 이어져왔는지 살펴볼 것이다. 목적을 이루기 위해서 몇 가지 작동원리를 함께 들여다볼 것이기 때문에, 약간 서둘러 갈 것이다. 그러니 준비하시라.

우리는 흰자를 어디에서 어떻게 만드는지 살펴보면서 시작할 것이다. 아리스토텔레스 같은 그리스의 학자와 파브리키우스와 윌리엄 하비 같은 초기 르네상스 시대 학자들은 알이 두 개의 다른 부분, 즉 흰자와 노른자로 구성되어 있다는 사실이 이해하기 어려웠다. 배아가 발달하는 데 영양분이 필요하다면 왜 하나의 물질로 충분하지 않을까? 그보다 더 어리둥절한 부분은 흰자가 어디서 오는 것일까? 하는 것이었다. 아리스토텔레스의 설명은 당시에 옳다고 여겨졌던 "노른자는 암컷에서, 흰자는 수컷에서 온다"는 믿음을 불식시키면서 시작한다. 그는 두 부분이 모두 암컷에게서 온다고 확신하면서 노른자 자체가 흰자를 생산한다고 에둘러 말했다.[1] 약 이천 년 후 파브리키우스는 훨씬 더 정확한 설명을 내놓았다.

노른자가 자궁부를 이동하면서 천천히 회전하는 동안, 노른자는 점진적으로 흰자를 조금씩 모아간다. 거기(자궁)에서 생산한 흰자는 노른자 주위를 감싸기 위해 준비해둔 것인데, 노른자가 가운데의 구불구불한 길을 넘어 끝에 도착할 때까지 노른자에 붙다가, 그 위를 난막이 감싸고 또 다시 난각이 생긴다.[2]

뜻밖에도 하비의 말은 이렇다. "경험에 비추어 보건대, 나는 아리스토텔레스의 의견 쪽으로 기운다."[3] 하지만 그가 왜 그렇게 생각했는지는 명확하지 않다.

하비는 또 파브리키우스가 쓴 다음 내용을 비판한다.

흰자는 노른자와는 별도로 또 다른 역할을 하는데, 배아가 그 안에서 유영할 때 자기 무게에 가라앉지 않도록 지탱해준다… 여기에는 흰자의 끈끈하고 맑은 성질이 도움이 된다. 배아가 노른자에 남아있다면 깊이 가라앉기 쉽고 심지어 노른자를 파괴할 것이다.[4]

하비에게 이것은 거의 도를 넘은 이야기이다. 하비는 이렇게 말한다. "전부 다 전혀 만족스럽지 못하다! 흰자가 맑은 것과 배아를 지탱하는 것이 무슨 상관이 있다는 말인가? 또, 어떻게 더 맑은 흰자가 더 두껍고 비대한 노른자보다 배아를 더 쉽게 지탱한다고 하는가?" 하비가 덧붙이길 배아는 "흰자나 노른자 속에서 유영하지 않으며, 배아가 발달하기 시작한 곳의 아래쪽에 고인 액체, 기술적으로 포배강 blastocoel이라고 하는 곳을 유영한다."[5]

흰자가 난관의 팽대부magnum라고 부르는 곳에서 만들어진다는 사실이 처음 밝혀진 때는 1800년대 중반인데, 이는 동물학자들이 빠르게 개선되는 현미경을 이용해서 세상을 면밀하게 관찰한 결과였다.[6] 나중에 우리는 흰자를 구성하는 요소에는 어떤 것이 있는지를 자세하게 살펴볼 것이다.

내가 어렸을 때 어머니는 내가 가장 좋아했던 저녁 식사인 반숙 달걀과 기다랗게 자른 식빵을 주기적으로 차려주셨다. 언젠가 나는 너무 배가 고파서 달걀 꼭대기를 허겁지겁 두드려 열고, 숟가락을 푹 집어넣었다가, 잔뜩 퍼서 입 안으로 가져간 적이 있다. 달걀을 입에 넣자마자 나는 밀려오는 역겨움을 느끼며 식탁 너머로 입 안에 있던 것을 전부 뱉어버리고 말았다. 알은 상태가 나빴거나, 상했거나, 썩었거나, 뭐라고 부르든 간에 그런 상태였다. 나는 그 전에도 그 이후로도 그렇게 역겨운 무언가를 맛본 적이 없다.

당시 어머니는 내가 간식시간에 경험한 것에 상당히 담담한 반응을 보이셨다. 내가 나중에 알게 된 바로, 그때는 알을 농장과 가게에서 때로는 일 년에 가까울 정도로 오랜 기간 보관하던 것이 일상이었고 썩은 계란이 드물지 않던 때였다. 어머니는 내 달걀이 썩었으며 아마 오랫동안 방치되었을 것이라고 얘기하셨다. 내용물이 썩기 시작할 만큼 오랫동안 내버려 둔 것이라고.

그 달걀이 내 미뢰에 큰 혼란을 일으켰던 것은 불과 몇 초에 불과했지만, 내 두뇌에 남긴 기억은 영원했다. 이것이 미생물 방어 체계가 붕괴한 알이다. 썩은 알 특유의 냄새(그리고 맛)는 미생물이 활동하며 부산물로 남긴 황화수소가 풍기는 것이다. 어쩌면 상업적으로 생산한 달걀이 가끔씩 미생물의 침략을 받는 것에 놀랄 필요는 없을지도 모른다. 어쨌거나 우리는 어떤 조건에서 달걀을 수집하고 저장하고 운송하는지 거의 알지 못하기 때문이다. 내 달걀이 썩었던 이유는 암탉이 감염됐었기 때문일까? 운송 중에 난각에 금이 가서 미생물들이 안으로 들어올 수 있었기 때문일까? 또는 어쩌면 내가 기억하는 대로 온전한 모양새였지만 수주 또는 수달 동안 감염된 달걀과 물리적으로 접촉하고 있어서였을까?

1960년대에 상업적으로 달걀을 생산하던 사람들은 달걀이 미생물에 감염될 위험을 잘 인지하고 있었고, 미생물에서부터 달걀을 보호하기 위해서 알을 시장에 내놓기 전에 난각의 세균을 제거하고자 달걀을 세척했다. 얄궂게도 달걀을 씻는 일은 상황을 악화시킬 뿐인데, 알의 가장 바깥을 감싸고 있으며 미생물이 기공으로 들어오지 못하도록 중요한 역할을 하는 큐티클 층이 사라지기 때문이다. 만약 물의 온도가 알보다 차가우면 알이 마르면서 미생물이 기공으로 빨려 들어가기도 한다. 알을 씻으면 미생물을 막는 것이 아니라 오히려 들어오게 만드는 것이다.[7] 결국엔 더 정교한 세척 및 건조 체계가 등장하면서 문제가 해결되었다. 이것은 미국의 이야기였다. 유럽연합에서는 알을 세척하는 것을 금지하며, 대체로 씻지 않은 알이 더 안전하다고 주장했는데, 내가 인터넷에서 찾았던 일부 통계 역시 이 말을 지지하는 것처럼 보인다.

태어난 다음에 닭의 배설물이 묻은 알은 세척하기 전까지 미생물에 감염될 확률이 훨씬 더 높다. 우리 학과의 기술진 중 하나는 수년 동안 집에서 닭을 키우면서 직장에 달걀을 가져와 팔았다. 달걀은 저렴하지 않았지만 인기가 있었다. 그 직원이 모두에게 "유기농" 계란이라고 말했고, 일부러 달걀 상자 군데군데 깃털을 두거나 달걀 중 하나에 닭의 배설물을 묻혀두어서 "유기농"이라는 개념을 강화했기 때문이다. 한번은 그가 내게 솔직하게 사정을 털어놓은 적이 있는데, 그가 팔았던 달걀 대부분은 슈퍼에서 싸게 사 온 것이라고 했다. 얄궂게도 달걀에 묻은 닭의 배설물은 달걀을 더 매력적으로 보이게 만들었지만, 우리를 아프게 할 수도 있었다.

알이 감염될 수 있는 미생물에는 박테리아, 바이러스, 효모, 곰팡이 등이 있다. 내가 어렸을 적에 썩은 달걀을 먹고 받은 고통이 역겨운 맛과 오염된 기억에 그친 것은 행운이었는데, 달걀에서 가장 흔하게 발견되는 박테리아인 살모넬라는 잠재적 살인마이기 때문이다.[8] 바로 이 건강상의 위험 때문에 우리는 알의 방어체계에 대해 지금처럼 많은 것을 알게 되었다.

알 속에 있는 미생물이 불러오는 위험은 1988년에 날카로운 관심을 받았는데, 영국 보수당 내각의 보건부 차관인 에드위나 커리 Edwina

Currie가 "슬프게도 지금 (영국의) 모든 알 제품은 살모넬라균에 감염되었다"고 발표했기 때문이다. 그녀의 말은 대혼란을 초래했다. 달걀 판매와 소비가 급감했고 수백만 마리의 닭을 살처분했다. 커리가 말했어야 했던 것은 대부분의 상업용 암탉이 살모넬라균에 감염되었다는 것이지 대부분의 새가 아니었다. 이 모호한 발언으로 영국의 달걀 산업과 정부는 비싼 값을 치렀다. 정부는 달걀 생산자에게 엄청난 보상금을 지급해야 했고, 커리도 비싼 값을 치루긴 마찬가지였다. 그녀는 강제로 사퇴했다.

흥미롭게도 알의 감염원은 내부에 있었는데, 다시 말해 일부 상업용 암탉이 살모넬라를 보균하고 있었고, 그것이 알로 전염되었던 것이다. 수년이 지난 후 커리가 옳았음이 드러났다. 실제로 1980년대 영국의 달걀에서 살모넬라균이 급속하게 확산되었지만 정부는 이것을 감추고 있었다.[9]

영국 양계산업은 그 뒤에 살모넬라 백신을 개발함으로써 안전하고 세균 없는 달걀을 만들기 위해 수백만 파운드를 들이며 노력했다. 영국에 사는 이들에게는 다행히도 백신 개발은 성공했다. 예를 들어 백신이 널리 퍼지기 전인 1997년에는 영국에서 살모넬라균에 감염된 사례가 14,700건이었지만 2009년쯤 약 600건으로 감소했다. 오늘날도 수입란의 경우 여전히 위험이 남아있다. 암탉이 주사를 맞지 않았을 수도 있기 때문이다. 그리고 미국에서는 살모넬라균에 감염된 사례가 매년 100,000건을 넘어가는데, 여기에 대해서는 백신의 가격이

너무 비싸기 때문이라는 주장이 있다.[10]

야생 새는 어떨까? 야생 새의 알도 미생물의 침입에 민감할까? 감염의 원인이 오로지 대량생산과 달걀 처리과정에만 있는 것이 아니라면 야생 새도 마찬가지일 것으로 보인다. 놀라운 점은 미생물이 기공을 통해 달걀을 감염시킨다는 사실을 아주 오래 전인 1851년에 알아냈음에도 불구하고 2000년대 초반까지 야생 새의 알도 미생물 감염에 취약하다는 사실을 몰랐다는 것이다.[11] 우리는 훨씬 오랫동안 박테리아와 다른 미생물들이 어디에나 있고 좋은 먹이—거의 모든 살아있는 생명체의 조직도 포함된다—가 있다면 어디서나 잘 자란다는 사실을 알고 있었다. 어른 새는 물론이고, 우리와 같은 동물은 면역체계를 이용해 미생물의 공격을 막는다. 알은 영양분이 풍부하지만 면역체계가 없다. 새가 이 문제를 피한 방법은 알에 방어 층을 여러 겹 두르는 것이었는데, 여기서 흰자가 중요한 역할을 한다. 그러나 생물학적으로 완벽한 체계는 없으며, 알이 세균을 막을 방법을 진화시키는 즉시 미생물도 알에 침투할 또 다른 방법을 찾아야 하는 압력을 받는다. 이것은 세균과 새의 군비경쟁이다.

새의 항문을 지나긴 하지만 갓 태어난 알의 표면에는 박테리아가 놀랍도록 적다. 그러나 새의 둥지에도 박테리아가 있기 때문에 얼마 안 가 난각에 박테리아가 묻게 된다. 사실 알의 표면에만 있는 박테리아는 배아에게 그다지 위험하다고 할 수 없지만, 박테리아가 기공이나 난각에 난 미세한 실금을 통해 안으로 침투할 수 있다면 내부에 있는 배아는 재앙을 맞는다.

난각의 기공이 미생물에게 열린 문이라는 사실을 처음 눈치챈 사람 중 하나는 우리가 앞서 만난 존 데이비였는데, 1860년대에 그는 암탉이 22일 동안 품었던 알이 열자마자 어떤 상태였는지 설명했다. "나는 알의 내난각막 일부가 곰팡이에 덮여있는 것을 발견했는데, 홀씨가 외부에서 들어왔던 것이 분명하며, 난각의 기공을 통한 것으로 추정된다."[12]

1970년대에 론 보드Ron Board는 알의 가장 바깥층이야말로 미생물이 기공으로 들어오지 못하도록 막는 주된 역할을 한다고 확신했다. 1950년대 브리스톨 대학을 다녔던 그는 에딘버러 대학에서 계란의 박테리아 감염에 대해 연구하며 박사과정을 마쳤고 이후 새로 설립한 배스 대학에서 강사로 일했다. "이름은 보드지만 성격은 지루하지 않다"고 자신을 소개한 그는 스스로를 "식품 안전 미생물학자"로 여겼다. 엄청 신나게 보이는 직업은 아니지만, 사실 그는 동물학자에 상당히 가까웠고 정원에는 대개 연구용으로 얻은 관상용 가금류와 물새를 두는 것을 즐겼다. 여러 측면에서 론 보드는 1960년대와 1970년대에 성공한 학자의 전형이 되었다. 트위드 자켓을 걸치고 파이프를 신중하게 뻐금뻐금 피웠던 보드는 과학적 자유를 누렸고, 과학연구의 황금기였던 당시 특성상 연구자금도 수월하게 지원받았으며, 그 결과 야생 새에 대한 몇 가지 근본적인 사실을 발견하며 성과를 냈다.[13] 1973년 여름에 주사전자현미경으로 몇 가지 난각의 표면을 조사하던 보드는 경력에 전환점을 맞는다.

1930년에 등장했던 주사전자현미경은 1960년대 중반이 돼서야 상업적으로 이용하기 시작했고, (무척 비싸긴 하지만) 대학의 과학 및 공학부에서 통상적으로 갖추는 기자재가 되었다. 주사전자현미경은 매혹적이게 아름답고 뚜렷한 3D화면을 보여주는데, 이 현미경이 보여주는 다양한 난각의 형상은 보드가 자신의 연구방향을 바꾸기에 충분할 정도로 매력적이었다.

보드가 무엇을 발견했는지 설명하기 전에, 우리는 알의 표면에 대해 약간의 배경지식을 갖춰야한다. 1840년대 연구에서는 달걀의 가장 바깥쪽을 감싸고 있는 층이 오늘날 큐티클이라고 부르는 유기물로 구성되어 있다는 것을 밝혔다.[14] 티나무, 키위, 물꿩을 비롯한 다른 새들의 알에도 비슷하게 단백질 기반의 유기성 큐티클이 있다. 반대로 가넷, 가마우지, 펠리컨을 포함한 바닷새와 기라뻐꾸기guira cuckoo, 플라밍고, 논병아리 알의 표면에는 칼슘염으로 구성된 무기물이 있다.[15] 여기에는 두 가지 칼슘이 존재한다. 바테라이트vaterite라고 알려진 물에 잘 녹는 탄산칼슘과, 물에 더 잘 견디는 인산칼슘이다. 알의 가장 바깥 표면이 큐티클처럼 유기성일 수도 있고 탄산염처럼 무기성일 수도 있기 때문에, 두 종류를 한꺼번에 담기 위해 난각부속물질shell accessory material, SAM이라는 용어를 쓰기로 했다. 이 바깥쪽 층이 유기성이든 무기성이든 상관없이 난각부속물질 층의 두께는 가마우지처럼 30μm인 것에서 가넷처럼 60μm인 것까지 다양하고, 전체 난각

두께의 11퍼센트를 차지한다.[16]

보드는 다양한 새의 난각을 조사했고, 논병아리나 플라밍고처럼 축축하고 진흙투성이인 장소에서 알을 낳아 품는 종의 경우 표면이 범상치 않다는 사실을 발견했다. 주사전자현미경의 엄청난 성능 덕분에 이런 새들의 알 표면을 덮고 있는, 지름이 0.5미크론 정도인 다량의 미세한 구를 보았던 것이다. 다양한 물새의 알이 때로는 분을 바른 듯 하고, 때로는 백악질 같고, 때로는 밀랍을 바른 듯한 특이한 질감을 보인다는 사실은 이미 잘 알려져 있었다. 내 조류학계의 영웅 중 하나이자, 옥스퍼드 대학의 에드워드그레이현장조류학연구소 Edward Grey Institute for Field Ornithology 소장이었던 데이비드 랙David Lack은 1960년대에 알 표면에 존재하는 이 특별한 특징이 방수효과를 낸다고 제안했다. 하지만 보드가 지적했듯이 랙은 방수효과가 왜 중요한지 설명하는 데 실패했다.[17]

사실 데이비드 랙은 물이 난각의 기공을 막거나 기공 속으로 들어가 버리면 안에 있는 배아가 숨을 쉴 수 없다는 것을 확실히 알고 있었다. 그가 알지 못했던 것은 알이 어떻게 방수효과를 얻었냐는 것인데, 바로 이것을 발견한 것이 보드이다.

그가 서술한 내용은 이렇다.

물을 먹은 난각이 배아를 익사시켰다는 기록은 없는 듯하지만, 양계업자들이 경험한 바에 따르면 일부 기공에 오염된 물이 넘친다는 것

은 알이 부패하는 길로 첫 발을 들였다는 것임에 틀림없다.[18]

물새가 처할지도 모르는 위험이 단순히 익사뿐이 아니라는 단서
가 여기에 있다. 미생물 오염 또한 문제이다. 보드는 자신의 초기 논
문 중 하나에서 이 문제를 던진다. 박테리아는 알을 오염시킬 수 있
으며, 알의 기공을 통해 침투한다. 미생물은 물속에서 가장 효과적
으로 이동하므로 난각의 방수기능은 미생물을 막는 데에 일조한다.
방수작용은 알 속에 있는 배아가 숨을 쉴 수 있도록 허락하면서 일
종의 생물로 된 고어텍스처럼 기능해야 한다. 보드가 발견한 바에 의
하면 알은 난각부속물질로 기공을 감싸서 이 문제를 해결할 수 있으
며, 2장에서 보았던 것처럼 가장 효과적인 방법은 미세한 구들이 모
인 층이 자체의 물리학적 특성으로 물을 튕겨냄으로써 알이 젖지 않
도록 막아내는 것이다.

또 보드는 알의 큐티클 너머로 이차 방어선이 있다는 것을 알고
있었다. 바로 내난각막인데, 보드는 내난각막의 극히 세밀한 망 같은
구조가 박테리아를 잡는 그물 역할을 한다고 생각했다.[19] 내난각막은
돌파 불가능한 방패는 아닌데, 몇 종의 박테리아는 섬유를 소화시킬
수 있어서, 효과적으로 구멍을 뚫고 알 내부의 다음 층으로 들어갈
수 있다. 흰자로 말이다. 이것은 미생물과 알 사이에 진행 중인 군비
경쟁의 좋은 (또는 좋지는 않은) 사례이다.

특정 박테리아(특히 간균_Bacillus)가 흰자에서 자랄 수 없다는 사실은

1900년대 초부터 알려져 있었는데, 흰자 방울을 접시에 두고 두세 달을 방치하여도 박테리아가 자라지 않는다는 사실은 흰자가 박테리아 형성을 막는다는 것을 분명하게 보여준다. 이 사실은 흰자에 무언가 특별한 것이 존재함을 암시하는 첫 번째 단서였는데, 페니실린을 발견한 것으로 유명한 알렉산더 플레밍Alexander Fleming은 1922년에 흰자의 무엇이 특별한지를 발견했다.[20] 흰자에는 박테리아를 파괴하는 단백질이 들어있는데, 플레밍은 이것을 라이소자임lysozyme이라고 불렀다. 부순다는 뜻의 "라이스lysis"에, 발효시킨다는 뜻이며 효소를 가리키는 어미인 "자임zyme"을 붙여서 만든 이름이다. 그 후에 라이소자임은 우리의 눈물, 침, 그 밖의 몇 가지 체액 등 살균효과를 갖추는 것이 중요한 곳에서도 발견되었다.[21] 하지만 라이소자임은 흰자 속에 있는 몇 가지 항균단백질 중 하나일 뿐이다. 1940년대에 이르자 흰자에서 미생물의 성장을 막을 수 있는 단백질이 최소 5개 이상 발견되었다. 1989년에 이르자 그 숫자는 13개로 늘었다. 그 후로 2000년대에 등장한 프로테오믹스proteomics 기술과 같은 새로운 기술이 출현하면서 100개가 넘는 항균단백질을 흰자 속에서 찾아냈으며, 아직 발견하지 못한 것도 많이 남아있는 것으로 보인다.[22]

흰자를 더 자세히 살펴보도록 하자. 표면상으로는 별로 볼 것이 없는 듯하지만, 아주 신선한 달걀을 접시에 깨 보면 흰자가 균일하지 않다는 사실을 바로 알 수 있다. 흰자는 네 가지로 구별할 수 있으며, 동심원을 그리는 네 개의 층으로 되어있다. 잠시 기술적인 이야기로

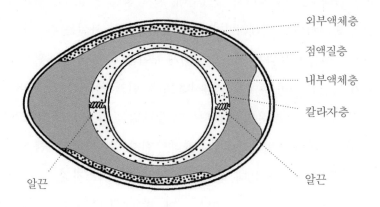

외부액체층
점액질층
내부액체층
칼라자층
알끈
알끈

8. 흰자의 네 가지 부위와 그 위치.
로마노프와 로마노프의 그림(1949)을 다시 그렸다.

넘어가자. 바깥부터 안쪽으로 설명하자면, 가장 바깥쪽에는 외부액
체층이 있고(전체 흰자 부피의 23퍼센트), 바로 이어서 밀도 높은 점액질
의 층이 있으며(53퍼센트), 그 다음에는 내부액체층(17퍼센트), 마지막
으로 더 밀도 높고 알끈이 달려있는 칼라자층chalaziferous layer이 노른자
를 직접 감싸고 있다(3퍼센트). 가장 마지막 층은 누두부에서 분비하
는데, 아마 난자의 맞은편 끝에 가느다란 실들을 형성하고 이것이 꼬
여서 두 개의 알끈이 될 것이다.

 알끈은 우리가 달걀을 그릇에 깨놓았을 때 보이는 하얗고, 정해
진 형태가 없으며 스크램블에그를 먹을 때 자주 만나는 질기고 울퉁
불퉁한 조각이다. 알끈은 난자가 나선형을 그리며 난관의 팽대부를

지나는 동안 형성된다. 알끈의 역할은 노른자가 흰자 가운데에 매달려 있도록 붙잡는 것이다. 알끈은 한쪽 끝이 (흰자의 가장 안쪽 층을 통해) 난자 자체에 붙어있고 다른 쪽 끝이 흰자의 밀도 높은 점액질층에 단단히 박혀있다. 그리고 이 흰자의 점액질 층은 알의 뾰족한 끝과 뭉툭한 끝 쪽 난각막에 붙어있다. 또 알끈은 노른자가 회전할 수 있도록 함으로써 알이 뒤집혀도 배아가 항상 흰자의 내부액체층 아래, 노른자의 꼭대기에 자리할 수 있도록 한다.[23] 배아는 노른자의 가장 밀도가 낮은 곳에서 발달함으로써 "전복 방지" 능력을 얻는다. 배아가 가장 높은 곳에 있으면 부모 새의 포란반과도 가까워 온기를 최대한 얻을 수 있고, 또한 난각의 안쪽 표면과도 가까워 산소도 가장 많이 얻을 수 있다.[24]

흰자는 미생물이 필요하거나 사용할 수 있는 것을 하나도 담고 있지 않은데, 어쩌면 이것이 흰자가 미생물을 막는 가장 놀라운 방법일 것이다. 흰자의 "무"에는 이유가 있던 것이다. 흰자에는 영양분이 거의 없어서 미생물의 생명을 지탱해주기 어렵고, 약간이나마 있는 영양소도 박테리아를 막는 특정 단백질이 지키고 있다. 미생물에게 난각막에서 흰자를 건너 내부에 있는 노른자로 가는 여정은 사람으로 치면 물 한 방울 내리지 않는 아타카마 사막Atacama Desert을 걸어서 건너려고 하는 것과 같다. 그곳에는 생명을 붙들어줄 만한 것이 아무것도 없다. 박테리아와 곰팡이류를 막는 데 이보다 더 경제적인 방법은 상상하기 어렵다. 또 흥미로운 점은 알 속 흰자의 양과 그에 따른 알의 크기는 노른자를 미생물로부터 방어할 필요성에 어느 정도 영향을 받는다는 것이다.

상상하기 어렵다면 이렇게 해보자. 달걀을 옆으로 눕힌 다음 날카롭고 뾰족한 가위로 난각에 지름이 2센티미터 정도 되는 동그란 창문을 오려보자. 그리고 알의 안을 들여다보는 것이다. 그럼 알의 진짜 구조가 보일 텐데, 중심에 있는 노른자는 우윳빛 알끈에 매달려 있고 끈적이는 흰자에 둘러싸여있다. 이제 여러분이 $2\mu m$밖에 안 되는 살모넬라균이라고 상상해보자. 이제 막 기공과 두 난각막을 뚫고 들어온 여러분은, 사막의 가장자리에 서있는 사람이 그렇듯, 연속해서 펼쳐지는 네 개의 광활하고 생명이 없는 구역을 건너야 하는 고난이 예상되어 나아가기를 단념할 것이다.

하지만 흰자는 두 가지 방어 전략을 더 숨겨두고 있다. 하나는 흰자의 알칼리성(pH 9 또는 10) 성질로 미생물은 일반적으로 염기성을 싫어한다. 이 사실은 1863년에 존 데이비가 처음 발견했다. 다른 하나는 흰자에 들어있는 많은 항균성 단백질이 상대적으로 따듯한 온도에서 가장 효과적이라는 것이다. 항균작용은 특히 부모 새가 알을 품어주는 온도에서 가장 효과적인 것으로 보인다.[25]

알 속의 미생물이 새에게 어떤 문제를 초래할 수 있는지를 알고 싶고, 어떻게 새가 미생물에 감염될 위험을 극복해내는지 알고 싶다면, 미생물이 번창하기 좋은 습하고 더러운 지역에서 번식하는 특정한 새들을 살펴봐야 할 것이다.

이런 종이라면 나에게는 세 가지 유형의 새들이 떠오른다. 습윤 열대에 사는 새들, 알을 체온을 이용해 품는 대신 부패중인 식물더미에 묻는 무덤새, 그리고 종종 하나뿐인 알을 조분석 진창에서 품는 바다오리가 그렇다.

새알 속 미생물에 대한 연구는 상대적으로 새로운 연구 분야이고, 거의 최근인 2004년까지도 야생 새의 알에 감염된 미생물이 배아를 죽일 수 있는지에 대해 확실하게 알려지지 않았었다.[26]

야생 새의 알 속 미생물이 중요하다는 것을 발견한 것은 우연한 계기에서였다. 스티브 바이신저Steve Beissinger는 캘리포니아 대학교 버클리 캠퍼스의 생물학자이자 조류학자로, 왜 특정 열대지역 새들은 다른 여러 온도에서 사는 새들과는 반대로 알을 낳자마자 품는지를 궁금해했다. 일반적으로 새는 하루에 알을 하나만 낳는데, 어떤 종은 한 번에 열 개까지 알을 낳으므로, 다른 여러 온도에서 번식하는 새들처럼 알을 전부 낳은 다음에서야 품기 시작하면 처음 낳은 알은 열흘 동안 품지 않고 놔두게 된다.[27] 기후가 온화한 지역에 사는 새의 경우, 품지 않아 주위의 온도가 낮은 상태로 알을 방치해두면 알 속의 배아는 이삼 주 동안을 가사상태로 보낼 수 있다. 서늘한 기후가 알의 생존기간을 늘려주는 것이다. 그러나 열대 지방의 더 따뜻한 주변 온도에서는 서늘한 가사상태를 만들 수가 없다. 바이신저와 동료들은 열대지방 새들이 알을 낳자마자 품기 시작하는 이유가 알의 유효기간이 온화한 기후에서보다 더 짧기 때문이라는 발상을 검증해보기로 했다.

푸에르토리코의 카리브해 섬에서 작업했던 바이신저의 연구 대상은 보석눈지빠귀사촌pearl-eyed thrasher이라는 아름다운 이름의 지빠귀를 닮은 새였다. 실험의 골자는 막 낳은 지빠귀사촌의 알을 따뜻하고 건조한 저지대에서 서늘하고 습한 고지대로 옮겼다가 일주일 후에 알을 다시 암컷에게로 돌려주어 품게 하는 것이었다. 예상되는 결과는 더 높은 고도에서 서늘하게 보관했던 알은 더 오랫동안 품지 않고 둘 수 있다는 것이었다.

결과적으로 지빠귀사촌 알의 유효기간은 매우 짧은 것으로 드러났는데, 하루 동안 품지 않고 두었던 알은 부화 실패율이 21퍼센트였고 일주일을 품지 않고 두었던 알은 부화 실패율이 98퍼센트로 올랐다. 하지만 더 중요한 점은 저지대와 고지대 사이에 실패율의 차이가 없었다는 것이다. 분명 주변 온도는 가장 중요한 요소가 아니었다. 하지만 바이신저와 동료들이 발견한 것은 서늘하고 습한 고지대에 두었던 알 다수에는 눈에 확연히 보일 정도로 곰팡이가 피었고, 그 때문에 배아가 죽었다는 것이다.

예기치 못한 발견에 바이신저는 고민했다. 바이신저는 가금류 생태학자들이 이미 엄청난 돈을 쏟아부어서 미생물이 달걀에 미치는 영향을 탐색했다는 사실을 알았고, 자신이 살펴본 지빠귀사촌에 무슨 일이 일어난 것인지 이해하는 데 그들의 발견이 도움이 될지 궁금했다. 사실 30년 전에 론 보드는 바이신저의 접근법을 예측했었다. "난각과 흰자와 알을 다른 종과 비교연구한 결과 가금류 연구에서 도출한 원리가 전반적으로 적용될 것으로 추측된다."[28]

부자연스러운 조건에서 보석눈지빠귀사촌은 알을 낳자마자 품기 시작했다. 알을 품는 부모가 주는 온기는 무척 중요한데, 알의 온도를 최적의 지점까지 높여서 흰자의 항균효소를 가장 효율적으로 작동하게 만들 것이기 때문이다. 이것은 알을 품으면 알을 건조하게 유지할 수 있다는 사실과 함께, 수많은 미생물을 통제하는 요인이다. 실제로 알을 품는 일은 무척 중요한데 바이신저의 연구에 따르면 자연스럽게 품어준 알은 미생물에 감염되지 않았다고 한다.[29]

이 결과로 미루어볼 때, 온화한 기후에서 번식하는 일부 새들과 똑같은 전략을 따라서 지빠귀사촌이 한 번에 낳는 수의 알을 전부 낳을 때까지 알을 품지 않는다면, 미생물 감염으로 부화에 실패하는 알이 훨씬 많아졌을 것이다. 정말로 그런지 확인하기 위해 바이신저와 동료들은 구조가 비슷하지만 이번에는 온화한 기후에서 번식하는 새들을 대상으로 또 다른 실험을 수행했는데, 예상대로 알을 품지 않고 두더라도 미생물 감염의 위험이 증가하지 않았다. 그러므로 열대지방에서 번식하는 새들은 알이 미생물 감염에 더 취약한 것으로 보인다.[30]

과학연구가 태동하던 1660년대에 프란시스 윌러비와 존 레이는 자신들의 책 『조류학』에 알려진 모든 새의 설명과 그림을 넣겠다고 결심했다. 당시에 존재한다고 생각했던 새의 수는 약 500종 정도였지만(실제로는 약 만 종의 새가 살았다), 그럼에도 그들의 결심은 놀랍도록 야심찬 것이었는데, 알고 있는 것들이 너무 적었고, 특히 서유럽 밖에 사는 새들의 경우는 더 심각했기 때문이다. 때문에 둘은 여행자나 탐험가의 설명에 자주 의지했고, 많은 경우 사실과 환상을 구분하기 어려웠다. 무엇을 사실로 받아들이고 무엇을 터무니없는 소리라며 거부해야 할까? 진실을 함께 버리게 되는 사태를 막기 위해 그들은 자신들의 사전에 부록을 만들어서 "허구로 의심되는 새들"을 모아두었다. 이 부록에 등장하는 새들 중 하나는 그들이 "다이daie"라고 불렀던 새로 다음과 같이 적고 있다.

매우 이상한 (감히 이상하기 그지없다고 말할 수 있는) 점은 그토록 작은 새가 그토록 큰 알을 그토록 많이, 땅 밑의 그토록 깊은 구덩이에 낳으며, 거기에 숨어있던 알은 부모 새가 품어주거나 돌봐주지 않아도 부화하고, 새끼는 부화한 즉시 알아서 날아간다는 것이다.[31]

레이는 이렇게 말하며 결론 내린다. "나는 감히 이 설명이 새빨간

거짓말이며 터무니없다고 강하게 주장한다."

　그렇지 않았다. "다이"는 필리핀무덤새Philippine megapode이며 그 설명—마젤란이 1519년에서 1521년까지 떠났던 동인도 및 필리핀 탐사에 동행한 안토니오 피가페타Antonio Pigafetta가 원래 출처이다—은 놀랍도록 진실에 상당히 가깝다. 필리핀무덤새는 인도-태평양 지역과 호주에 사는 발이 큰 새들 중 하나로 알을 따뜻한 화산토나 발효 중인 식물더미에 묻어서 부화시킨다.[32]

　필리핀무덤새와 비슷한 유형의 새들 중에서 가장 유명한 두 종의 새로는 풀숲무덤새malleefowl와 숲칠면조brushturkey가 있는데, 둘 모두 호주에서 발견한 종이며 부패중인 식물 더미를 이용하여 알을 부화시킨다. 이 평범하지 않은 부화 방식이 다소 특이한 적응을 거친 결과라는 사실은 놀랍지도 않다. 썩는 중인 식물은 극도로 습할 뿐 아니라 미생물이 우글거리는데, 알이 발달하기 위해 필요한 열을 만들어내는 것도 물론 미생물이다.

　1980년대 초반 보드는 뭔가 이상한 낌새를 느끼고 풀숲무덤새의 알을 조사했다. 그가 예상했던 대로 엄청난 수의 미세한 구가 알의 가장 바깥층을 덮고 있었는데, 보드는 이것 때문에 물과 미생물이 기공으로 들어오지 못한다고 가정했다. 게다가 이 구에는 매우 작은 유기물이 들어있어서 미생물이 좀먹지 않는다.[33] 삼십 년이 흐르고 보드가 사망한 직후에 또 다른 연구그룹이 호주숲칠면조Australian brushturkey의 알을 조사했고, 마찬가지로 수많은 미세한 인산칼슘 구가

알의 바깥쪽을 덮고 있는 것을 발견했다.[34]

미생물 감염에 취약한 것은 새의 알뿐이 아니다. 악어도 무덤새와 마찬가지로 부패하는 식물더미를 이용해 알을 부화시킨다. 하지만 연구의 대상이 된 적은 거의 없는데, 알려지기로는 이들 파충류의 알에도 항균효과가 있다고 한다.[35] 알이 항균효과를 내는 것은 매우 오래된 형질일지도 모르는데, 달팽이, 물고기, 개구리 알의 흰자도 미생물 감염에 저항할 수 있기 때문이다.[36]

흰자가 미생물에 대처하는 방식이 새의 종에 따라 다양하다는 사실은 1940년대부터 알려져 있었고,[37] 숲칠면조의 알을 연구하는 연구자들은 이 알의 흰자가 특히나 미생물에 더 잘 저항할 것이라고 예상했다. 지금까지 나타난 결과에 의하면 숲칠면조 알의 흰자는 달걀의 흰자 수준으로 미생물을 막는 정도밖에 되지 않는다. 나는 이 결과에 무척 놀랐음을 인정할 수밖에 없는데, 가장 바깥쪽 층이 얼마나 효과적이든 자연은 대개 몇 개의 안전장치를 준비해두기 때문이다. 돌연변이 미생물이 숲칠면조의 난각 방어 체계를 우회할 방법을 찾아냈다고 상상해보자. 흰자에 항균단백질이 없다면, 일단 알 속으로 들어온 돌연변이 미생물이 노른자까지 가서 배아를 먹어치우는 것을 막을 길이 없을 것이다. 여기에 대해 설명하기 위해 연구자들이 내놓은 결과는 다소 직관에 반대되는데, 이들은 숲칠면조가 미생물에 더 효과적으로 대항하기 위해 흰자에 첨가물을 넣으면 배아 발달에 부정적인 영향을 받을 수도 있다고 제안했다.

이 발상은 1970년대에 미국의 생물학자 고든 오리언스Gordon Orians 와 댄 젠슨Dan Janzen이 「왜 배아는 그토록 맛있나?」라는 도발적인 제목 의 논문에서 제시했던 것과 기본적으로 동일하다. 포식자에게 매우 매력적이고 맛있는 알은 몇몇 애벌레가 그렇듯이 포식자를 역겹게 할 만한 것을 지니고 있는 편이 좋을 것이라고 생각하기 마련이다. 그 러나 오리언스와 젠슨은 "모든 새알이 맛있는" 이유가 알에 무언가 불쾌한 것이 있으면 배아의 성장속도가 느려지기 때문이라고 추측했 다. 휴 코트(4장 참고)에게는 유감이지만 말이다.[38]

고의로 알을 먹을만하지 못하게 만든다고 여겨지는 새가 적어도 한 종이 있기는 하다. 아시아, 지중해, 유럽, 남아프리카 대부분에서 서식하는 후투티는 생김새가 호랑이무늬를 한 곡괭이 같다고 묘사 되어 왔다. 깃털은 뚜렷한 갈색, 검정색, 흰색 줄무늬이고 부리는 낫 모양이며 가슴은 아름다운, 실로 매력적이고 특이한 새였다. 후투티 가 신화 속에서 중요한 위치를 차지했던 이유는 어쩌면 외모와 역겨 운 습성 사이의 간극 때문인지도 모른다. 아리스토텔레스는 후투티 가 둥지를 똥으로 만드는데 특히 "사람"의 똥을 이용한다고 이야기 했다. 훨씬 훗날 프랑스의 동식물학자 콩트 드 뷔퐁Comte de Buffon은 이렇 게 저술한다. "오랫동안 자주 반복했던 말은, 후투티가 늑대, 여우… 소 등 사람을 포함한 모든 동물의 배설물로 둥지를 더럽히는데, 지독 한 악취를 풍김으로써 새끼를 보호하기 위해서라는 것이었다."[39] 그 러고 나서 뷔퐁은 후투티가 실제로 자기 둥지에 똥을 바르지는 않지만 "둥지가 매우 더럽고 불쾌한 것은 사실인데, 밖으로 배설물을 버릴 수 없는 새끼가 오랫동안 오물 위를 기어 다니기 때문이다"라고 말한다. 그리고 이것이 바로 "후투티처럼 더럽다"라고 말하는 이유임이 틀림없다고 덧붙인다.

뷔퐁이 옳다. 후투티의 둥지 구멍은 다른 새들에 비해 훨씬 더러운데 새끼의 똥이 매우 묽어서 부모 새가 치울 수 없기 때문이다. 다른 많은 새의 새끼들은 분비물을 젤리 같은 껍질로 가지런히 싸서 배출하기 때문에 부모가 새끼의 분비물을 집어서 둥지 밖에다 버릴 수 있다. 후투티의 새끼는 특히나 악취가 심한 액체 배설물을 뿜어서 둥지에 접근하려는 포식자를 물리친다.

후투티의 둥지에서 나는 불쾌한 냄새의 또 다른 출처는 암컷과 새끼의 꼬리샘이다. 수컷 후투티의 꼬리샘 분비물은 평범한 반면 암컷과 새끼의 꼬리샘 분비물은 역겹다는 사실은 무언가 흥미로운 일이 벌어지고 있음을 즉각 암시한다.

1840년에 크리스티안 루드비히 니치Christian Ludwig Nitzsch가 발견하여 보고했던 바에 의하면 암컷과 새끼 후투티는 꼬리샘에서 악취가 나는 갈색의 기름기 있는 분비물을 내뿜는데, 처음에는 이것을 두고 오직 둥지를 노리는 포식자를 막기 위한 것이라고만 생각했다.[40] 그러나 한 세기도 더 지나고 난 후에 스페인의 연구자 후안 솔러Juan Soler와 동료들은 이 분비물에 공생하고 있는 박테리아가 깃털을 상하게 하는 특정 박테리아로부터 후투티의 깃털을 지켜주는 것을 발견했다.[41] 후투티의 꼬리샘에 있는 항균성 박테리아는 "좋은 박테리아"로, 어떤 요구르트에 있다는 소위 좋은 박테리아와 다소 비슷한 것이며, 다만 우리에게 훨씬 덜 유쾌할 뿐이다. 스페인 연구자들은 후투티 둥지에 있는 좋은 박테리아의 활동을 정지시키자 부화하는 알이 줄어드는 것을 확인했고, 새의 깃털에 미치는 긍정적인 효과와 더불어 새와 박테리아 사이에 또 다른 상호이익관계가 존재한다고 추측했다.

그 다음 연구자들은 꼬리샘 분비물이 어떻게 번식 성공률을 높이는지 조사했다. 연구자들은 뜻밖에도 후투티 알은 바깥쪽을 감싸는 막이 없다는 사실을 발견했다. 난각부속물질이 없는 것이다. 이것은 놀라운 일인데, 우리가 다른 새에게서 확인했듯이 알의 가장 바깥쪽 층은 병원균을 막는 일차 방어선이기 때문이다. 사실 후투티의 평범하지 않은 알 표면은 1800년대 중반에 (우리가 앞서 만났던) 빌헬름 폰 나투시우스가 처음 묘사했었는데, 그는 큐티클 층의 부재와 더불어 "난각 표면에 움푹 패인 뚜껑 없는 구덩이가 빽빽이 나 있고… 바늘로 구멍을 내서 체를 만든 것 같은" 모습을 눈치챘다. 나투시우스는 거의 전적으로 난각을 묘사하는 데에 관심이 있었기 때문에 후투티를 포함한 어떤 종의 특정한 난각이 왜 그렇게 생겼는지에 대해서는 거의 추측해보지 않았다.[42] 그러나 스페인 연구자들은 부모 새가 알을 품기 시작하고 며칠 지나지 않아 알 표면의 작은 구덩이가 꼬리샘에서 나온 어떤 물질로 가득 차는 것을 보고 왜 그런지를 생각했다. 이 물질에는 좋은 박테리아가 포함되어 있었기에 연구자들은 박테리아가 난각으로 옮겨가서 병원균을 통제하는지를 궁금해 했는데, 이를 위해 영리한 실험을 진행했다. 일부 암컷 후투티의 분비샘을 일시적으로 막아서 암컷이 알에 꼬리샘 분비 물질을 바르지 못하도록 한 것이다. 이런 식으로 통제를 가했던 암컷은 알에 자기의 꼬리샘 분비 물질을 바를 수 있었던 암컷보다 알을 덜 부화시켰다. 증명이 완료되었다.

후투티의 사례는 몇 가지 측면에서 매우 놀랍다. 먼저 항균물질이 중요한 것은 다른 새들과 마찬가지이지만 후투티는 항균물질이 흰자에 있는 것이 아니라 꼬리샘에서 나와 알의 외부에 자리 잡는다.[43] 다음으로 후투티 알의 표면은 바깥쪽 막이 없고 수많은 작은 구덩이가 있는데, 꼬리샘 분비물을 담기 위해 특별히 진화한 것으로 보인다. 나한테는 이것이 이상하게 보이는데 다음과 같은 이유 때문이다. 난각에 큐티클 층이 없는 상태에서, 더러워지고 위험한 박테리아로 우글거리게 될 둥지 구멍에 알을 낳기 시작한 후투티의 조상을 떠올려 보자. 자연선택은 위험한 미생물로부터 알을 보호할 수 있다면 그 어떤 변이라도 선호했을 것이다. 이러한 상황에서 후투티에게 나타날 수 있는 가장 단순한 변이는 큐티클 보호막이 있는 알을 낳는 것이다. 변이가 이어지면서 첫째, 항균성질을 지닌 특이한 꼬리샘 분비물, 둘째, 난각 표면의 특이한 구덩이, 마지막으로, 암컷이 꼬리샘 분비물을 알에 바르는 특이한 행동을 만들어 낸다는 것은 큐티클 보호막을 만드는 것보다 훨씬 더 복잡한 것 같다.

약간 이해하기 어렵긴 하지만, 다른 새들 역시 후투티처럼 꼬리샘 분비물로 알 표면의 미생물을 통제하는 낌새가 있긴 하다. 132종의 새를 연구한 비교연구에서는 꼬리샘의 상대적인 크기가 한 번에 낳은 알들의 전체 표면적 넓이와 같은 방향으로 움직이는 모습을 보였다. 분비물로 각 알을 확실하게 덮는 것이 새에게 중요한가에 대해, 여러분이 했을 법한 예상과 정확히 일치하는 결과이다.[44]

바다오리는 어떨까? 나는 조지 루프턴이 매일 저녁 브리들링턴의 하숙집으로 돌아와서 알 수확물을 살펴보는 모습을 마음의 눈으로 볼 수 있다. 또 나는 그 시기의 메트랜드 알을 손에 쥐고 그 다채로운 표면을 눈으로 만끽하면서 그가 얼마나 행복했을지도 느낄 수 있다. 바깥에 붙은 오물로 판단하건대 부모 새가 이틀 정도 품었던 알이지만, 루프턴은 알에 남은 이전 생애의 흔적을 젖은 수건으로 닦아버린다. 하숙집 여주인과 이야기해둔 대로, 루프턴은 빈 접시, 물이 가득 든 그릇, 알 뚫는 드릴들을 외과의사의 도구처럼 식탁 앞에 늘어놓는다. 각 드릴은 나선형으로 홈이 새겨져 있는 원뿔 모양의 금속 제작품인데, 소목장이들이 나사 구멍을 뚫을 때 사용하는 드릴을 길게 늘여놓은 것처럼 생겼다. 첫 번째 알을 든 루프턴은 알 표면에서 뚫을 지점을 찾는다. 징을 박듯이 루프턴이 엄지와 다른 손가락 사이로 부드럽게 드릴을 비틀자 탄산칼슘이 식탁 위로 눈처럼 부드럽게 떨어진다. 드릴이 내난각막을 뚫고 흰자에 닿았다는 바로 그 느낌이 들 때까지 루프턴은 드릴을 더 세게 밀며 돌린다.

지름이 6밀리미터 정도인 원형 구멍이 완벽하게 대칭을 이루도록, 루프턴은 드릴을 돌리면서 몇 차례 앞뒤로 움직인다. 모든 수집가는 알에 구멍을 뚫는 자신만의 방법이 있으며, 그 과정에 완벽을 추구한다. 루프턴은 거의 직각으로 구부러진 놋쇠 관을 집어서 관의 좁은 쪽 끝을 자신이 방금 만든 구멍 입구에 대고, 넓은 쪽 끝을 입으로 가져간다. 알의 구멍이 아래의 빈 접시를 향하도록 한 다음에 그는 놋쇠 관을 힘껏 분다. 이걸 해본 사람이라면 누구나 알겠지만 알의 내용물을 불어서 빼내는 것은 약간의 노력이 필요하다. 루이 암스트롱처럼 볼을 부풀리고 눈이 튀어나올 듯 힘을 주면서, 루프턴은 구멍을 통해 푸르스름한 빛을 띄는 흰자에 힘을 가했다. 서로 다른 흰자 부분이 구멍을 막았다가 나오기 시작한다. 가장 바깥의 액체 부분은 거의 물처럼 쉽게 빠져나온다. 밀도 높고 끈적이는 부분은 최후까지 저항하다가 시끄러운 방귀처럼 요란스레 빠져나오지만 일부는 난각에 붙기 때문에 루프턴은 손가락으로 그 부분을 잡아당겨야 한다. 마지막 숨을 내쉬면 알끈이 든 흰자 방울이 나타난다. 그 다음 천천히 차분하게 노른자가 나온다. 이어지는 불투명한 황금색 물결이 부드럽게 그릇으로 흐른다. 거의 마지막에 배반germinal disc이 나타나는데, 노른자 사이의 이 작은 점에서 보이는 붉은 실은 형성되기 시작한 배아의 혈관이다. 루프턴은 이것을 보면서 이미 짐작했던 것에 확신을 더한다. 이 알은 바로 직전의 알 수확이 끝나자마자 태어난 것이며, 분명 부모 새가 이삼일 정도 품었던 것이다. 더 신선한 알은 배아 발달의 기미가 나타나지 않는다.

루프턴은 난각 안을 물로 몇 차례 행구는 것으로 작업을 마친다. 물이 빠지길 조금 기다렸다가 속을 비운 알들을 모아서 방으로 올라간 뒤, 사고가 일어나지 않을 곳에 두고 밤새 말린다. 루프턴이 나가자마자 잽싸게 들어온 하숙집 여주인은 약속한 대로 루프턴이 남기고 간 노른자와 흰자가 든 그릇을 가지고 가서 아들에게 저녁으로 줄 스크램블 에그를 만든다. 낭비하지 않으면 부족한 것이 없는 법이다. 벰턴 절벽에서 바다오리가 번식하는 6주 동안 클리머들은 매 삼일마다 알을 모아온다. 클리머들의 목적은 사람이 먹을 수 있을 정도로 신선한 알을 모으는 것인데, 알을 보관장에 더하기 전에 내용물을 제거해야 하는 수집가들의 편의를 위한 것이다. 신선한 알은 발달 중인 배아를 담고 있는 알보다 훨씬 내용물을 불어버리기 쉽다. 바다오리 알을 3일 간격으로 수집하면 생길 수 있는 또 다른 행운은 대부분의 알이 상대적으로 깨끗하다는 것인데, 번식장소에 지천으로 널린 바다오리 배설물이 알에 심각하게 묻기에는 시간이 부족하기 때문이다. 날씨가 건조하면 바다오리의 바위 턱도 건조하다. 하지만 비가 온 다음이라면 바다오리의 바위 턱은 빠르게 악화되어 비린내를 풍기고, 돼지농장이나 다를 바 없는 상태가 되며, 알은 바다오리 똥으로 빠르게 오염된다. 나는 더러운 알을 만지거나 축축한 바다오리의 바위 턱 주변을 오른 적이 있는데, 아무리 손을 많이 씻어도 냄새를 없애는 데 이삼일은 족히 걸렸다.

2014년에 나는 스코머 섬에서 부화중인 알을 (햇볕이 잘 드는 날에) 조사했는데, 112개의 표본 중 난각에 똥이 묻어있지 않은 것은 하나도 없었다. 평균적으로는 난각 표면의 10퍼센트에 똥이 묻어 있고, 일부는 난각의 반 이상에 똥이 묻어 있었으며, 그중 두 개는 전체에 똥이 묻어 있었다. 냄새로 판단하건대 바다오리의 똥은 미생물이 좋아할 만한, 생선을 바탕으로 한 오물이었다. 바위 턱 위에 널려있는 똥은 따뜻하게 데워지거나 마르고 있는 중이었다. 이 연구를 시작하기 전까지만 해도 나는 박물관 소장품이나 책 속에서 보는 모든 바다오리 알이 깔끔하고 부자연스럽게 깨끗하다는 사실을 눈치채지 못했었다.[45] 바다오리 알이 늘 많고 적은 똥으로 오염되어 있다면, 바다오리는 어떻게 그렇게 형편없는 부화 환경에 대처하는 것일까? 바위 턱에는 분명 많은 미생물이 우글댈 것인데 어떻게 알로 침입하지 못하도록 막을까?

우리는 정답을 모르는데, 아무도 조사한 사람이 없기 때문이다. 실제로 나도 이 책을 쓰기 전까지 바다오리의 번식 생태가 진화하는 과정에서 똥이 했던 전체 역할을 알지 못했다.

무덤새와 후투티에 대해 우리가 알고있는 것을 기반으로 하면, 바다오리가 더러운 환경에 적응하는 몇 가지 방법을 추측해볼 수 있다.

한 가지 가능성은 —바다오리를 포함한 대부분 새의 알에 어두운 무늬를 만드는— 프로토포르피린 색소가 미생물을 막는 어떤 보호막 역할을 하는 것과 관련이 있다.[46] 그러나 필 캐시_{Phil Cassey}와 동료들의 연구에 의하면 바다오리 알의 프로토포르피린 농도는 특별히 높지 않았고,[47] 어쨌거나 알에 따라 어두운 무늬가 많은 알도 있고 거의 없는 알도 있는 등 그 양이 무척 다양하기 때문에 이 가능성은 없는 것으로 보아도 무방할 듯하다.

또 다른 가능성은 난각의 표면을 고려한 것이다. 습하고 더러운 환경에서 알을 품는 다른 새들을 보면 난각 표면이 미세한 구로 이루어져 있는데, 이것이 기공으로 물이나 미생물이 들어오지 못하도록 막을 가능성이 있다. 실제로 바다오리 난각의 표면에는 아주 작은 돌기들이 돋아있는데, 그 위를 일부 연구자들이 방수기능이 있다고 생각하는 미세한 구들이 덮고 있다. 이 구로 된 층에 방수기능이 있다면 숲칠면조의 경우와는 다르게 기능해야 할 텐데, 아직까지는 이것이 어떻게 바다오리 배설물에 있는 박테리아를 막는지 확실치 않다. 우리는 주사전자현미경을 이용하여 바다오리 난각의 구조를 조사하기 시작했는데, 얼마 안가 더 좋고 선명한 기술을 발견했다. X-레이 마이크로-컴퓨터 단층촬영(줄여서 마이크로-CT)이었다. 마이크로-CT는 병원에서 사용하는 CT와 기술은 동일하지만, 규모가 현미경 수준이다. 이것은 바다오리와 레이저빌의 난각 표면에서 나타나는 놀라운 차이를 무척 자세하게 보여준다. 이 차이가 얼마나 중요한지는 아직 알 수 없지만 오물과 관련이 있는 것은 확실한데, 우리가 이미 보았듯 바다오리 알은 늘 배설물에 오염되어 있는 반면, 레이저빌 알은 그렇지 않기 때문이다.

안으로 들어가면 난각막을 만나는데, 바다오리의 경우 난각막이 특히나 튼튼하기 때문에 미생물을 막는 측면에서 중요한 역할을 할 수도 있다. 그 다음에 만나는 것은 흰자이지만, 바다오리의 흰자가 특별히 더 효과적인 항균성질을 지니고 있는지는 여전히 확인해야 할 문제이다.[48]

우리는 보석눈지빠귀사촌, 숲칠면조, 바다오리 등 더러운 환경에서 알을 품는 새들과 매우 청결한 환경에서 알을 품는 새들을 비교해보아야 한다. 매우 깨끗하다는 것은 무엇일까? 건조한 환경이 중요하다. 우리가 알고 있는 몇 종의 새알이 이 범주에 들어간다. 여기에는 숲비둘기, 타조, 그리고 울새나 몇 종의 딱새처럼 작은 연작류의 새들이 있다. 이들 종은 모두 난각에 큐티클 층이 없는데, 건조한 환경에서 알을 품는 덕분에 미생물에 감염될 확률이 무척 작기 때문으로 짐작된다. 그러나 솔직히 우리도 잘 모른다.[49]

바다오리만 똥으로 뒤덮인 알을 품는 것은 아니다. 특정 오리는 사람이나 여우 때문에 놀라서 둥지를 떠날 때 고의로 알에 배변한다. 큰흰죽지canvasback, 댕기흰죽지trufted duck, 넓적부리shoveller, 참솜깃오리common eider 등은 모두 이런 행동을 하는데, 냄새나는 배설물로 포식자가 알을 먹지 못하게 막으려고 하는 것으로 보인다. 1900년대 초에 어느 새 관찰자가 남긴 글에서 설명하는 내용에 따르면 참솜깃오리의 "녹색의 기름기 있는 배설물은 평범한 배설물과는 완전히 다른데… 그 끔찍한 악취는 배고픈 개마저 단념시킬만 하다."[50] 실험에서 확인한 바에 의하면 포식자인 까마귀는 참솜깃오리의 배설물이 묻은 알을 먹지 않았다. 기공을 막아서 배아의 호흡을 어렵게 하거나, 알이 미생물에 감염될 위험을 높이는 등의 악영향을 배아의 발달과정에 미치지만 않는다면 표면에 배설물이 묻는다 해도 별 문제는 없다. 누가 알까? 이 특이한 오리들이 낳은 알의 난각, 흰자, 또는 난막이 어떤 특별한 특성을 지니고 있어서 어미새의 배설물이 미치는 영향을 개선할 수 있을지?

종종 자연에서는 비슷한 문제를 대략 비슷한 방식으로 해결한다. 하지만 적응의 결과가 완벽한 것은 아닌데, 제약이 따르기 때문이다. 이런 제약은 새의 진화사에도 가끔씩 등장하며, 자연선택은 주어진 범위 내에서 일을 해야 한다. 그렇지 않다면 어떻게 우리가 방금 보았던 다양한 항균 전략을 설명할 수 있겠는가? 그렇지 않다면 후투티는 어떻게 설명할 수 있을까? 물론 우리가 미처 떠올리지 못한 요소들이 있을지도 모른다.

이 장에서는 주로 흰자의 훌륭한 항균효과에 대해 다루었는데, 이제부터는 흰자의 중요성을 기념하며 이 장을 마무리 지으려 한다.

서머셋 모옴Somerset Maugham의 강렬한 자전적 소설 『인간의 굴레』는 알에서 유일하게 가치 있는 부분이 노른자라는 관념이 확고하게 뿌리내리도록 했다. 이야기는 목사인 윌리엄 캐리 부부가 발이 안쪽으로 휜 장애를 가진 고아 조카 필립 캐리를 키우는 과정을 묘사한다. 그것은 애정이 없는 생활이었는데, 필립은 언젠가부터 백부가 낮잠을 자는 동안 가만히 앉아서 조용히 있으라는 이야기를 듣는다. 티타임까지 가만히 앉아있을 수 없다고 항의하는 필립에게 백부는 기도문을 외우라고 지시한다. 필립의 백부는 이렇게 덧붙인다. "내가 차를 마시러 왔을 때 기도문을 틀리지 않고 외울 수 있다면 너에게 내 계란의 꼭대기를 주마." 이 말은 이중으로 빈정대는 것인데, 기도문을 외우는 일의 무의미함은 제외하고도, 흰자밖에 없는 삶은 계란의 꼭대기는 대부분의 사람들이 생각하기에 좋은 것과는 거리가 멀기 때문이다.

겉으로 보기엔 아무것도 없어 보이지만 새알의 흰자는 적어도 세 가지 측면에서 최소 노른자만큼 중요하다는 사실을 필립 캐리가 알았더라면, 덜 실망했을지도 모른다. 첫 번째는 흰자가 파충류와 새를 구분한다는 것이다. 파충류의 알에는 흰자가 매우 적다. 대신 이들의 배아는 발달하는 데 필요한 물을 주위 환경에서 얻는다. 알 주위에 있는 흙이나 식물에서 가죽 같은 알 껍질로 물을 빨아들이는 것이다. 새의 경우에는 대개 부모 새가 둥지 안에서 알을 따뜻하게 품기 때문에 알이 주변의 물을 흡수하는 것은 불가능하므로 처음부터 배아가 필요한 물을 모두 담고 있어야 한다. 이 물이 있는 곳이 바로 흰자이다. 두 번째는 내가 방금 했던 이야기를 강화하는 것이다. 달갈에서 흰자와 노른자를 다양하게 제거하는 실험을 한 결과, 노른자의 양을 줄인 경우에는 부화할 때 몸 안에 보유한 노른자의 양이 적다는 것을 제외하면 병아리에게 별다른 영향을 주지 못하는 것으로 드러났다. 그러나 흰자를 줄인 경우에는 배아의 발달이 느렸고 왜소한 병아리가 부화했다. 이 결과에 대해 처음에는 흰자를 제거함으로써 병아리에게 꼭 필요한 일부 단백질이 부족했기 때문이라고 생각했지만, 후속 연구에서는 성장하고 발달하는 데 꼭 필요한 물을 병아리가 얻지 못해서임이 드러났다.[51] 세 번째는 알이 커질수록, 내 말은 더 큰 종의 새가 낳은 알일수록, 알의 전 구성요소는 부피가 증가하는데, 흰자의 경우 부피가 불균형적으로 증가한다. 더 큰 종이 낳은 더 큰 알일수록 흰자가 노른자보다 상대적으로 더 많이 증가한다는 것이다.[52]

달걀에서 흰자가 수행하는 중요한 역할에 대해 확인해 보았으니, 다음에는 노른자, 사실상 먹이를 실은 암컷의 성세포에 대해 생각해 볼 차례다.

○

7

탄생을 위하여: 노른자와 난소, 생식

모든 동물은 알에서 태어난다.

-존 레이, 프랜시스 윌러비, 『조류학』 (1678)

모든 신화에 등장하는 상징들 중 가장 강력한 동시에 생식력, 부활, 성욕을 가장 잘 대표하는 것은 뱀이며, 내 동료중 하나가 최근에 썼듯, "뱀은 인간 조건의 탄생을 도운 조산사이다."[1] 비록 남근과 정자를 모두 연상시키는 기다란 몸이 명백하게 남성성을 상징하고 있음에도 불구하고, 새와 인간의 번식과 관련하여 가장 기이한 초기 통찰의 일부를 제공했던 것은 실은 암컷 뱀이다.

윌러비와 레이의 『조류학』에서는 당시 —번식과 배아 발달을 모두 아우르곤 했던 용어인— "세대generation"에 대해 무엇을 알고 있었는지 개괄적으로 설명한다. 윌러비와 레이는 정자의 존재에 대해서는 몰랐지만 수많은 해부 경험을 통해서 고환과 난소의 필수적인 역할은 잘 인지하고 있었다. 특히 윌러비와 레이는 새의 난소가 (왼쪽에) 하나

탄생을 위하여: 노른자와 난소, 생식

만 있는 모습을 언급하는데, 이것은 아리스토텔레스가 이미 알아챘던 특징이기도 하다. 그리고 이들이 설명한 새의 구조는 포유류와는 완전히 달랐다. 새의 난소는 번식기 때 포도송이와 닮은 모습이 되는데, "수많은 난자에 붙어있는 결합조직이 한 데로 모여 두꺼운 줄기가 되고 난자들을 체내의 제자리에 붙들어둔다."[2] 그러나 번식기가 지나고 나면 난관은 실처럼 줄어들고 난소는 수수를 모아놓은 것 같은 모습이 된다. 이때의 난자는 너무 작아서 윌러비와 레이가 "씨앗알"이라고 부를 정도인데, 모습과 동시에 잠재력을 암시하는 이름이다. 번식기가 오면 이 한줌의 "씨앗"들이 부피를 키우고, 노른자로 가득 찬다. 여기서 초심자조차도 분명하게 추론할 수 있는 것이 있다. 큰 난자는 성숙한 것이고 작고 하얀 씨앗 알은 미성숙한 것이다. 약간의 훈련을 거치면 해당 번식기에 이미 몇 개의 난자가 난소에서 나갔는지도 이야기할 수 있는데, 각 난자가 빠져나간 작은 주머니(난포)가 비어있는 상태로 난소에 남아있기 때문이다. 그리고 난자가 빠져나간 난포를 "배란 후 난포"라고 부른다. 레이와 윌러비가 얘기했듯이 새의 난소에 있는 난자의 수는 엄청나게 많다. 일부는 성숙했지만 대부분은 성숙하기를 기다리는 상태에 있는 난자들은, 적어도 평생 공급할 수 있을 정도는 쉽게 되는 듯하다.

가장 가능성 있는 것은, 암탉이 처음 형성될 때부터 앞으로 평생 낳을 알을 모두 갖고 있는 것이다. 때문에 보유하고 있던 알 송이를 다 소진하고 나면 번식을 멈추고 쇠약해진다. 이것은 앙겔루스 아바티쿠스 Angelus Abbaticus가 독사에서 관찰했던 것과 마찬가지이다… 자연이 암컷에게 노른자를 새로 만들어내는 능력을 주었다면, 왜 (우리가 이야기했듯 수 년 동안 낳기에 충분할 정도로) 많은 노른자를 재고로 준비해두도록 했겠는가? 이것은 새에게만 해당하는 이야기가 아니라, 네발 달린 모든 암컷, 그리고 물론 여성들에게도 해당하며, 모든 여성은 처음부터 알 또는 태아의 씨앗을 체내에 보유하고 있다가 나중에 평생에 걸쳐 출산한다.[3]

이 문단에는 상당히 많은 정보가 들어있기 때문에 우리는 이 문단을 신중하게 분해하여 놓치는 것이 없도록 해야 한다. 윌러비와 레이의 목적은 우리에게 새의 번식에 대해 설명하는 것이지만, 이를 위해 16세기 의사인 발두스 앙겔루스 아바티쿠스(보통은 간단하게 아바티Abati라고 부른다)의 생각을 빌렸다. 아바티가 유명해졌던 가장 큰 이유는 1589년에 출판했던 독사에 대한 얇지만 훌륭한 책 때문이었다.[4]

주로 독사의 독에 흥미가 있던 아바티는 독사를 해부하여 내부 구조를 묘사했는데, 생식기관도 그중 하나였다. 그는 일부 암컷의 난소에는 "알(난자를 의미한다)이 엄청나게" 쌓여있는 반면, 다른 암컷에는 난자가 전혀 없는 것을 눈치챘다. 아바티가 놀랐던 이유는 몇몇 과거의 "권위자"들 때문이었는데, 특히 플리니우스Pliny(서기 23년~79년 저술활동)와 갈렌Galen(서기 129년~200년 저술활동) 같은 이들이 독사는 일생

동안 한 번 번식을 마친 뒤 죽는다고 주장했기 때문이다.[5] 그것이 사실이라고 가정할 때 아바티는 왜 일부 암컷이 그토록 많은 난자를 보유하고 있는지를 생각해야 했다. 왜 낳는다고 알려진 알의 수보다 훨씬 많은 난자를 갖고 있을까? 영리하게도 아바티는 난자가 풍부한 암컷 독사는 어린 개체이고 난자가 없는 것은 늙어서 난자를 다 소진해버린 개체라고 추측했다. 독사가 오직 한 번 번식한다고 생각했던 플리니우스와 갈렌은 틀렸다. 옛 권위자에 대한 이 같은 도전은 과학 혁명의 아주 이른 초기에 흔적을 남겼다. 실제로 자신의 발견에 매우 확신을 갖고 있던 아바티는 자신의 책 9장에 (다소 어색하긴 하지만) 이런 제목을 붙였다. "왜 독사가 평생 한번 번식한다는 것이 사실이 아닐 수 있는가: 여러 차례 번식한다는 것이 확인되었다."

윌러비도 아바티가 쓴 독사에 대한 책을 한 권 서재에 갖고 있었는데, 윌러비와 레이의 사고흐름을 이해하기 위해서는 둘이 쓴 『조류학』을 아바티의 책과 함께 신중하게 읽어야 한다.

기본적으로 윌러비와 레이는 아바티의 책을 이용해서 새들도 독사처럼 삶을 시작할 때부터 난자를 전부 갖고 있으며 사용한 다음에는 보충할 수 없다고 추론했다. 그러나 이것이 네발 달린 동물과 "물론 여성에게까지" 해당한다는 윌러비와 레이의 말은 순전히 추측에 의한 것이다. 그들은 규칙을 추론한 것으로 보인다. 파충류, 새… 그리고 물론 포유류까지 모두 동일하다고 말이다. 우리는 여성에 대한 그들의 말이 파격적인 추정이라는 사실을 알고 있는데, 인간의 난소는 1827년에야 볼 수 있었고, 1950년대가 되어서야 인간의 난소에 있는 난자를 정확하게 셀 수 있었기 때문이다. 나중에 확인하겠지만 이것은 윌러비와 레이의 주장을 결정적으로 뒷받침했다.[6]

사춘기와 중년 사이에 여성이 보유한 알(난자) 재고량은 한정적이고 급격하게 감소하는데, 이 사실은 "생식생물학 분야에서 가장 기본적인 원칙 중 하나"로 여기는 것이다.[7] 많은 여성이 자신의 생물학적 시계가 똑딱이는 것을 느낀다는 생각은 전혀 놀랍지 않다. 실제로 난자의 수가 —50년 동안 50만 개에서 0개에 가깝게— 기하급수적으로 감소하기 때문이다.

인간생식 연구자들에게 여성의 난자 보유량이 태어날 때부터 정해져 있다는 개념을 처음 떠올린 사람이 누구냐고 묻는다면, 아마 하인리히 빌헬름 고트프리드 폰 발데이어Heinrich Wilhelm Gottfried von Waldeyer 의 이름을 댈 것이다. 1836년에 태어난 발데이어는 독일 최고의 해부학자 중 하나가 되었는데, 당시에 전성기였던 발생학 연구가 해부학 연구에 꼭 필요하다고 믿었다. 배아가 발달하는 동안 생식기관이 어떻게 형성되는지에 대한 지식이 거의 존재하지 않는다는 것을 눈치챈 그는 여기에 중점을 둔 연구를 했고, 새를 포함하여 다양한 생명체를 공부했다. 그는 훌륭한 교과서인 『난소와 난자』를 1870년에 출간했는데, 여기서 그는 —아바티나 윌러비나 레이의 존재를 알지 못한 채— 새와 소녀 모두 난자를 전부 갖춘 채 삶을 시작한다는 사실을 발견했다고 주장한다.[8]

난자의 수가 정해져 있다는 발데이어의 시각은 50년 동안 생식생물학을 지배했다. 그러나 이후 에드거 알렌Edgar Allen과 허버트 에반스Herbert Evans라는 두 명의 미국인 연구자가 각각 1923년과 1931년에 독립적인 주장을 내세웠다. 그들은 자신들이 생각하는 "명백한 조직학적 증거"에 의하면 난자를 만드는 과정이 계속 이어진다고 주장했다. "생식세포가 집단으로 파괴되는 난관 폐쇄 물결이 지나간 후에는 수천 개의 난모세포가 형성되는 재생의 물결이 뒤를 따랐다."[9] 발데이어의 발상은 발 디딜 곳을 잃어버렸다.

솔리 주커맨Solly Zuckerman(훗날 주커맨 경Lord Zuckerman이 된다)은 1920년대에 원숭이와 유인원의 생식생물학을 개척한 것으로 유명한데, 그 역시도 미국인들의 시각에 설득당한 사람들 중 하나였다. 그는 자신이 어떻게 발데이어의 생각을 거부하고 에반스와 알렌의 새로운 원칙을 선택했는지 설명했다. 에반스와 알렌의 발상은 매우 논리적인데, 여성이 생식수명(즉, 중년까지)을 통틀어 난자를 계속 생산하는 쪽이 남성이 (더 긴) 생식수명을 통틀어 정자를 계속 생산한다는 사실과 잘 맞기 때문이다.[10]

생식에 대한 연구를 진행하는 동안 주커맨과 그의 동료인 아니타 만들 박사Dr Anita Mandl는 악명 높게 까다로운 수술로 쥐의 난소에 있는 난모세포를 세는 방법을 발견했다. 그리고 결국엔 발데이어가 맞았을지도 모른다고 의심하면서 미국인들의 시각에 의심을 품기 시작했다. 주커맨과 만들은 연구를 통해 난모세포의 수가 난자와 함께 기하급수적으로 감소한다는 매우 명백한 증거를 발견했다. 그리고 두 가지 가능성 있는 설명을 제시했다. 발데이어가 제안한 대로 공급에 제한적이거나, 난자를 계속 생산하긴 하지만 나이를 먹으면서 생산 속도가 급격히 감소한다는 것이다. 주커맨은 첫 번째 생각을 더 마음에 들어했고, 1950년대 초 무렵에는 충분한 자료를 모아서 자신 있게 발데이어의 가설을 복권시켰다.[11]

이제 우리는 인간 여성이 18주에서 22주 정도 되는 태아일 때 각 난소에 성장하지 않은 난포(잠재적 난자인 난모세포)를 약 300,000개씩 지니고 있다는 사실을 알고 있다. 각 난소의 난포는 13세 무렵에는 180,000개로 줄어들고, 25세쯤에는 65,000개, 35세쯤에는 16,000개가 되며, 50세에는 각 난소에 남아있는 난자의 수가 천 개를 넘지 않는다.[12]

이것은 엄청나게 큰 숫자인데, 그렇다면 무엇이 문제일까? 한 여성이 (잇달아 출산하며) 낳을 수 있는 아이의 수는 최대 69명인데, 그렇다면 50세 무렵에 각 자궁에 남아있는 난모세포가 천여 개 뿐이라 해도 넘치도록 충분한 양처럼 보인다. 왜 여성과 다른 암컷 척추동물이 이렇게 과도하게 많은 난자를 생산하여 저장하는지는 지금까지도 수수께끼이다. 수컷이 생산하는 대단히 많은 정자의 양은 훨씬 쉽게 설명할 수 있는데,[13] 무엇보다도 정자는 태어날 때 전부 생산해두는 것이 아니라 계속해서 생산하기 때문에 유효기간을 걱정할 필요가 없다. 수수께끼는 암컷의 난자를 그토록 오랫동안 저장하는 시스

템이 왜 진화했나 하는 것이다. 어떻게 보면 난자는 굉장히 많아야만 하는데, 새 생명을 탄생시키는 데 사용할 수 있을 만큼 건강하게 오랫동안 살아남는 난자는 많지 않기 때문이다. 또 우리는 결함 있는 난자가 월경기간 동안 선별적으로 제거된다는 것을 알고 있다. 적어도 우리가 현재 알고 있다고 생각하는 바에 의하면 그렇다.[14]

태어날 때부터 난자의 수가 정해져있다는 발상은 최근 다시 도전을 받고 있다. 이번에는 줄기세포의 역할을 탐구하는 연구자들이 의문을 제기하고 있는데, 다소 논리적이기도 하다. 이 관점을 옹호하는 사람은 질문한다. "필요할 때마다 신선하고 건강한 난자를 만드는 것이 더 타당하지 않을까?"[15] 다른 연구자들은 이 "새로운 발상"을 그다지 믿음직스럽게 보지 않으며, 필사적으로 아이를 원하는 여성들을 설득해서 비싸고 증명되지 않은 불임치료에 돈을 지불하게 만드는 공개 사기극으로 치부한다.

새 이야기로 돌아가도록 하자. 윌러비와 레이가 새를 주제로 집필 활동을 했던 이유는 당시 사람들이 알고 있던 것들에 객관적인 설명을 제공하기 위해서였다(둘은 물고기, 곤충, 식물에 대한 다른 책도 집필할 계획을 하고 있었다).[16] 이것은 과학적인 지식이 탄생한다는 의미였고, 새에 대한 기존의 서술을 전부 재평가하겠다는 의미였다. 할머니가 들려주는 이야기는 버리고 믿을만하거나 직접 검증해볼 수 있는 정보만 남기겠다는 말이었다. 보기보다 크게 성가신 일은 아니었는데, 부유한 귀족이었던 윌러비는 오늘날 우리가 아는 것과 비교해서도 상당한 규모의 도서관을 갖고 있었고, 17세기의 조류학 지식은 제한적이었기 때문이다.

윌러비와 레이의 접근방식은 그 이전과는 달랐다. 둘은 객관적이었다. 이 "과학적 방법"을 이용하면서 윌러비와 레이는 신중하게 정보를 얻기 시작했고, 자신들이 발견한 것과 기존 작가들에게서 얻은 정보를 구분하여 독자들에게 전달했다. 이렇게 정직하게 수행하는 과학 연구는 혁신적인 것이다. 당시 대부분의 작가들 사이에서는 표절이 성행했고, 작가들은 기존 지식에 대한 소유권을 훔쳐서 자신의 것인 체하며 무분별하게 (그리고 대개 비판도 없이) 소유권을 행사했기 때문이다. 생식에 대한 자료를 모으기 위해 윌러비와 레이가 많이 의지했던 것은, 윌리엄 하비가 오랜 산고 끝에 1651년에 발간했던 책인 『동물의 세대에 대한 논쟁』이었다. 윌러비와 레이는 하비의 업적에 경의를 표하면서도 잘못됐다는 생각이 들면 하비를 비판하길 겁내지 않았다. 흥미로운 점은 암컷이 정해진 양의 알을 가지고 삶을 시작한다는 아바티의 발상을 하비가 몰랐거나 동의하지 않았던 것처럼 보인다는 것이다. 실제로 하비는 다른 생각을 가지고 있던 것 같은데, 암탉의 난소에 작은 난자가 존재하는 것을 가리켜 이렇게 말한다. "암탉의 난소에는 아직 알의 씨앗이 준비되어 있지 않지만, 그럼에도 불구하고 짝짓기를 통해 수정하고 나면 곧바로 난소에서 알을 생산한다."[17]

레이는 여기에 대한 답을 『조류학』에 쓴다. "내가 알기로 하비 박사는… 암탉은 씨앗 알을 체내에 갖고 있지 않다가, 짝짓기를 하고 나면 새 씨앗 알을 낳을 것이라고 주장한다… 하지만 내 생각에 이 훌륭한 동식물학자는 이 문제에 대해 충분하게 생각하거나 조사해 보지 않은 듯 하다."[18] 즉, 레이가 생각하기에 하비는 새의 난소에 있는 엄청난 수의 미발달 난자를 간과해버린 것이었다.

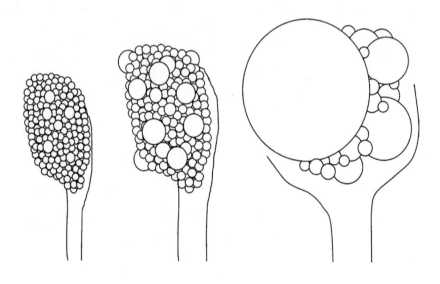

9. 각기 다른 발달 과정에서 보이는 일반적인 새의 난소.
(왼쪽) 발정기 이전의 난자. 난자가 씨앗처럼 생겼다.
(중간) 발정기 중의 난자. 일부 난자가 커지기 시작한다.
(오른쪽) 성숙한 난자는 노른자로 가득 찬다.

이제 우리는 가축용 암탉이 난소에 수백만 개의 난자를 보유하고 있으며, 그중 수천 개는 맨눈으로도 볼 수 있다는 사실을 알고 있다. 또 우리는 1920년대에 레이몬드 펄Raymond Pearl과 윌리엄 쇼프William Schoppe가 했던 뛰어난 초기 연구 덕분에, 윌러비와 레이, 그리고 그 뒤에 등장한 다른 모든 사람들의 생각과는 달리 새가 난자를 새로 생산할 수 있다는 사실도 알고 있다. 펄과 쇼프가 수행했던 실험은 외과수술로 닭의 난소 일부를 제거하는 것이었는데, 그 후에 난자의 수가 수술 전에 있었던 만큼으로 다시 늘어나는 것을 발견되었다. 매우 이상한 점은 우리가 알지 못하는 이유 때문에 새는 난자를 새로 생산할 능력을 갖고 있지만, 여성은 그렇지 않다는 것이다. [19]

알 수집의 전성기이던 18세기와 19세기에는 바다오리가 단 하루만에 알을 만들어낸다고 흔히 생각했다. 증거는 명백해 보였다. 바위턱으로 내려가서 알을 모두 걷어오고 다음날 다시 가보면, 이것 참, 또 있다! 이번에는 알이 더 많이 있다. 암컷 바다오리는 알을 빼앗기면 밤새 또 다른 알을 낳을 뿐인가 하는 생각이 들 정도이다.

뱀턴 절벽 클리머들은 이것이 사실이 아님을 알고 있었다. 1800년대 (글로 된 기록은 없지만 어쩌면 그보다 훨씬 전) 이후로 클리머들은 바다오리 알을 치우고 나면, 그 다음 알이 이주 후에 등장한다는 사실을 알았다. 클리머들은 여기에 확신을 갖고 있었는데, 암컷 바다오리가 언제나 같은 색의 알을 언제나 같은 바위 턱에 낳는다는 사실을 알고 있었기 때문이다. 이런 바다오리의 생태를 잘 알고 있던 루프턴과 다른 수집가들은 같은 암컷이 같은 번식기에 연속해서 낳은 두 개, 세 개, 블루문이 뜨는 때면 네 개의 알을 전문적으로 수집했다. 클리머와 수집가들이 쏟아부은 노동의 결과는 트링을 비롯한 여러 곳의 자연사박물관에서 두 개, 세 개, 또는 네 개의 그룹을 이루며 유리뚜껑이 달린 보관장에 들어있다.

사실 우리는 바다오리 알이 교체되는 현상을 이용해서 알이 어떻게 형성되는지 설명할 수 있다. 이때 가장 중요한 양상은 진짜 난자인 노른자가 형성되는 과정이다. 식량으로 가득 찬 이 단세포는 배반에 암컷의 유전물질을 담고 있다. 유전물질을 만들어내는 것은 큰 일이 아니지만 영양분을 축적하는 것은 시간이 걸리는 일이다. 이 영양분이 노른자를 구성하고 배아가 성장하도록 돕는다.

바다오리 알은 달걀보다 큰데, 그만큼 노른자도 더 크고 무게도 35g 더 무겁다. 그러나 알 무게 대비 노른자 무게의 비중은 바다오리와 달걀이 31퍼센트로 같다. 그리고 달걀의 노른자처럼 바다오리 알의 노른자도 영양분이 가득한데, 새가 섭취한 먹이에서 온 지방과 단백질이 대부분이다. 실제로 노른자를 만드는 시간 동안 암컷 바다오리는 바다와 서식지에서 멀리 떨어져서 노른자를 만들기에 충분한 영양분을 축적하기 위해 먹이를 찾아다닌다.

알이 형성되는 동안 무슨 일이 벌어지는지 엿볼 수 있는 방법은 루이지 다디Luigi Daddi라는 이탈리아 과학자가 1890년대에 발견했는데, 그는 닭에게 빨간 색소를 먹이고 나서 나중에 달걀의 노른자를 조사했다. 계란을 완숙으로 삶아서 단단해진 노른자를 반으로 자르자, 색소가 분포된 층이 나타나면서, 노른자도 양파처럼 층층이 쌓이면서 형성된다는 것을 확인시켜주었다. 유쾌한 소식임이 분명한데, 그보다 40여 년 전인 1859년에 영국의 의사 알렌 톰슨Allen Thomson이 추측했던 노른자 형성 방식이 바로 이렇기 때문이다. 사실 노른자가 이런 방식으로 만들어진다는 생각은 1600년대에 하비도 떠올렸던 적이 있지만, 아마도 알아챈 사람이 없거나 알았어도 잊어버렸던 듯하다.[20] 하비는 흰자를 노른자 자체가 만드는지, 아니면 자신의 스승 파브리키우스의 생각처럼 자궁이 만드는지를 알아내려 노력했다. 하비는 전자를 선호했고, 파브리키우스가 본인의 생각에 취해 착각하고 있다고 짐작했는데, "알을 단단하게 삶으면 흰자를 쉽게 층층이 분리할 수 있기 때문이었다. 아직 난자에 매달려 있는 노른자 역시 완전히 삶으면 이런 특성이 나타난다."[21]

색소를 이용해서 노른자의 형성과정을 알아냈던 다디의 실험은, 1900년대 초반에 다른 연구자들도 사용했는데, 그중에는 훗날 뇌하수체호르몬인 프로락틴prolactin을 발견한 공로로 칭송받게 되는 오스카 리들Oscar Riddle도 있었다. 몇 년이 지난 1908년, 또 다른 연구자 클라우드 로저Claude Rogers는 암탉에게 얼마나 많은 색소를 먹이든 달걀의 노른자에서는 색이 균일하게 나타난다는 사실을 발견했다. 노른자에는 늘 빨갛게 물든 띠와 본래의 노란색 띠가 번갈아 나타났다. 로저의 실험 결과는 리들이 제안했던, 어두운 띠는 암탉이 활발하게 먹이를 먹는 낮 시간에 생기고, 연한 띠는 암탉이 활동을 하지 않는 밤에 생긴다는 이야기와 일치했다. 다시 말하면 어둡고 밝은 한 쌍의 띠는 난자가 발달하면서 노른자가 하루에 얼만큼 쌓이는지를 보여준다. 띠의 두께를 측정한 로저는 노른자가 처음에는 천천히 쌓이다가 나중에 축적 속도를 높이며, 암탉이 전체 노른자를 생산하는 데 걸리는 시간은 약 14일이라는 사실을 알아냈다.[22]

가축용 암탉을 속여서 색소 알약을 삼키게 하는 것은 노른자의 발달과정을 연구하는 좋은 방법으로 판명났지만, 야생 새도 마찬가지일 것이라고 설득하는 일은 더 어렵다. 미국의 가금류 과학자 딕 그로Dick Grau는 1970년대에 도전에 나선다. 캘리포니아의 데이비스 대학교에서 근무하는 그로는 가금류 연구자 중에서는 특이하게 야생 새에게도 관심이 있었다. 그는 쉽게 잡아서 색소를 먹일 수 있는 종의 새는 특히 바닷새를 제외하고는 별로 없다는 것을 알고 있었다. 그로는 캘리포니아의 아메리카바다쇠오리와 뉴질랜드에서 안식일을 보내면서 연구했던 피오드랜드왕관펭귄Fiordland crested penguin에게 실험을 성공했고 난자에 노른자가 쌓이는 방식을 알아냈다.[23]

하지만 색소 알약을 먹이는 것이 불가능한 다른 종의 새들도 많다. 또 다른 접근방법이 필요했다. 그보다 몇 년 전에 연구자들은 색소가 없는 상태에서도 희미하게 반복되는 밝고 어두운 고리를 삶은 노른자에서 때때로 감지했다. 그로는 이 고리를 더 뚜렷하게 만들 수 있는 방법을 찾는다면 문제를 풀 수 있을 것 같았다. 몇 차례의 시도를 통해 그로는 노른자를 얼려서 반으로 자르고, 단면이 아래로 가게 하여 중크롬산칼륨potassium dichromate 용액에 담근 뒤 하루 동안 기다리면, 노른자의 고리색이 진해지면서 연하고 진한 회녹색 고리가 반복되는 양파 같은 아름다운 무늬가 생긴다는 것을 알아냈다.[24]

신선한 알을 모으는 것이 암컷 새를 잡아서 색소를 먹이는 것보다 훨씬 쉽기 때문에, 새로운 기술을 고안해서 사용하기 시작한 그로는 연구가 쉬워졌다. 그로는 동료들과 함께 노른자의 형성기간이 다양하다는 사실을 발견했는데, 노른자의 형성이 정신없이 빠르게 진행되는 붉은배지느러미발도요red phalarope는 4에서 5일, 흰갈매기는 12일, 바다오리는 12일에서 18일, 서던로열알바트로스southern royal albatross는 30일이 걸린다.[25] 1980년대에 나도 동료들과 함께 바다오리의 노른자 형성 속도를 측정해 보았는데, 그로의 연구팀이 얻었던 값을 확인할 수 있었다. 그러나 두 번째 알은 노른자가 자라는 기간(평균 9.3일)이 첫 번째 알(11.5일)보다 더 짧았다. 이는 이미 예상했던 결과인 것이, 첫 번째 알을 잃고 나면 암컷은 가능하면 빨리 또 다른 알을 낳아야 한다는 압박을 받을 것이기 때문이다.[26]

이미 확인했듯이, 바다오리의 자궁 속에 있는 수천 개의 작은 난자들 중에서 매우 소수만이 다음 단계로 나아가라는 신호를 받고 노른자로 속을 채운다. 그 선택이 어떻게 이루어지는지 우리가 파악한 종은 없다. 무작위적인 선택이라고 하기는 어렵다. 또 모든 난자가 동일하다고 상상하기도 어렵다. 그렇다면 왜 처음부터 난자가 그렇게 많은 것일까? 일반적으로 생각하기에 선택된 난자는 품질이 더 좋은 듯하지만, 어떤 면에서 더 좋은 것인지는 모른다.

선택받은 난자는 필수적인 영양분을 받아서 노른자를 형성하는데, 난소의 잘 발달된 혈관계를 통해 간에서 생산한 지방과 단백질을 비롯하여 비타민, 미네랄, 색소 등을 받는다. 이 영양분 혼합물은 배아에게 필요한 거의 모든 것을 제공한다. 나머지 부분인 흰자는 배아에게 물과 단백질을 제공하고, 난각은 성장하는 배아의 골격에 필요한 칼슘을 일부 제공한다.

언제 노른자를 형성하길 멈춰야 하는지 명령하는 프로그램이 분명 존재한다. 몇 층으로 만들어야 하는가? 얼마나 커야 하나? 특정 종에 속하는 모든 암컷의 조작방법이 동일하다면 그것이 무엇인지 그리 어렵지 않게 떠올릴 수 있을 테지만, 바다오리 연구에서 확인했듯 사정은 그렇지 않다.

노른자의 크기는 왜 다양할까? 몇 가지 그럴듯한 이유가 있다. 첫째, 건강한 암컷이 먹이를 특별히 효율적으로 구하거나 충분히 저장함으로써 상대적으로 더 큰 노른자를 생산하고, 새끼가 더 좋은 조건에서 삶을 시작하도록 해줄지도 모른다. 반대로 먹이를 충분히 구하는 데 고전하는 암컷은 간신히 배아가 자라서 부화할 수 있는 정도의 노른자를 만들 수 있다면 최소한의 조건만을 갖추고도 바로 알을 만들기 시작할 것이다.

암컷이 알에 들어가는 노른자의 양을 전략적으로 조절함으로써 새끼의 성공을 최대화할 가능성도 있다. 캘리포니아 대학의 생물학자 낸시 벌리Nancy Burley는 1980년대에 애완용 금화조를 대상으로 진행했던 실험에서 이런 발상을 떠올렸다. 벌리는 깜짝 놀랄만한 발견을 했는데, 개체를 구별할 목적으로 새의 다리에 부착하는 플라스틱 컬러 고리가 상대편 성별을 유혹하는 매력에 영향을 주었다. 빨간 고리는 수컷 금화조의 매력을 더 돋보이게 만들었고, 초록 고리는 반대의 효과를 냈다. 벌리는 여기에 대한 설명을 수컷 금화조의 빨간 부리에서 찾았는데, 빨간 고리가 더해짐으로써 단순히 이 부리의 매력을 강화시켰다는 것이다. 금화조의 깃털에는 초록색이 없기 때문에 초록색 고리는 수컷의 매력을 약화시킨다고 보았다.

이것을 발견한 이후 벌리는 컬러 고리를 이용하면 수컷의 매력을 조작할 수 있고 성선택의 작용원리를 더 잘 이해할 수 있겠다고 생각했다. 그녀가 보게 된 것은 놀라웠는데, 모든 새가 동일하게 물과 먹이에 접근할 수 있었음에도 빨간 고리를 단 수컷은 초록 고리를 단 수컷보다 더 오래 살고 번식 성공률도 높았다. 또 다른 놀라운 점은, 빨간 고리를 단 (매력적이고 더 건강해 보이는) 수컷과 짝을 이룬 암컷은 초록 고리를 단 (매력적이지 않은) 수컷과 짝을 이룬 암컷보다 더 번식

준비를 열심히 했다. 이 같은 양육 노력의 정도 차이를 그녀는 "차별 할당"이라고 불렀다.[27]

아직 알에 대한 이야기는 하지 않았는데, 고리를 단 수컷과 짝을 이룬 암컷이 어떤 알을 낳았는지 벌리가 살펴보지 않았기 때문이다. 이 실험을 언급한 이유는 짝의 상태에 따라서 암컷 새의 번식 노력에 차이가 있다는 개념을 소개하기 위해서이다.

벌리의 실험이 있고 나서 몇 년 지나지 않아서 내가 지도하던 박사과정 학생 엠마 커닝햄Emma Cunningham은 암컷 청둥오리가 알의 크기를 조정한다는 사실을 발견했다. 자기가 고른 수컷(즉, "선호하는" 수컷)과 짝을 이뤘느냐, 엠마가 골라준 수컷(즉, "선호하지 않는" 수컷)과 짝을 이뤘느냐에 따라서 알의 크기가 달랐다. 그러나 엠마가 노른자의 크기를 측정했던 것은 아니어서, 짝의 상태가 알 속에 들어가는 노른자의 양에까지 영향을 미치는지는 여기서 알 수 없지만, 후에 이어지는 연구는 그렇다고 답한다.[28]

노른자의 양이 새끼의 건강과 생존을 좌우할지도 모른다는 발상을 검증하고 싶다면, 알의 노른자 양을 조절하는 실험을 하는 것이 좋다고 생각할지도 모른다. 하지만 이미 6장에서도 보았듯이 실험은 우리가 기대하는 것보다 더 복잡하고 덜 유익하다. 그러므로 유일하게 남는 방법은 새의 종에 따라서 알 속에 든 노른자의 상대량이 어떻게 자연스럽게 달라지는지를 살펴보는 것이다.

금화조나 다른 종이 "차별할당"을 한다는 발상이 등장하기 훨씬 이전에, 아리스토텔레스는 새의 종에 따라서 알 속 노른자의 양이 달라진다는 것을 눈치챘다. "노른자는 완벽하게 원형이고 새의 크기에 따라 크기가 다양한데, 물새는 노른자가 더 크고 육지새는 흰자가 더 크다."[29] 러시아의 의사이자 생리학자인 듀크 이반 로마노비치 타차노프Duke Iwan Romanowitsch Tarchanoff는 1884년에 단 9종의 새알을 조사한 다음, 노른자의 상대량은 새끼가 부화할 때 발달한 정도와 밀접하게 관련 있다는 사실을 깨달았다.

대륙검은지빠귀와 울새처럼 매우 작은 새들은 부화 직후에 새끼가 앞을 보지 못하고, 털도 없으며, 몸을 잘 가누지도 못하는데, 이런 새들은 상대적으로 노른자가 작은 알을 낳는다. 반면에 부화 직후부터 새끼가 활동할 수 있고, 혼자서 돌아다닐 수 있고, 먹이를 먹을 수 있는 닭과 오리 같은 종들은 노른자가 큰 알을 낳는다. 전체 범위를 살펴보면 한쪽 끝에는 노른자가 알의 15퍼센트를 차지하는 북방가넷이 있고, 다른 쪽 끝에는 매우 성숙한 채 부화하며 노른자가 알의 무려 70퍼센트를 차지하는 세로무늬키위southern brown kiwi가 있다.[30]

직관적으로 생각하기에는 알 속에 든 노른자의 양이 이후 태어날 새끼의 크기나 건강에 영향을 미치는 것은 확실한 듯하다. 그러나 노른자의 품질이 다양할 수도 있는지에 대해서는 덜 확실하며, 그 "품질"에 호르몬이나 어미새가 첨가한 다른 물질들이 포함되는지는 훨씬 덜 확실하다.

10. 각기 다른 새의 알에서 노른자가 차지하는 비중을 나타
낸 그림. 노른자의 양이 다른 만큼 이 새들의 부화 시 성장
단계도 다르다. 위에서부터 아래로 개개비reed warbler(20%), 갈
매기(30%), 오리(40%), 풀숲무덤새(50%), 키위새(70%).
소더랜드와 란의 그림(1987)을 다시 그림.

1930년대와 1940년대에 연구자들이 발견한 바에 의하면 알을 낳는 암탉에게 특정 호르몬을 주사한 경우 그 알이 낳은 알에서 부화한 새끼도 동일한 호르몬을 지니고 있었다. 당시에는 이 현상을 두고 적응의 효과가 아닌 "병리학적 동요"로 바라보았다. 그러다 뉴욕의 록펠러 대학에서 일하던 독일인 생물학자 휴베르트 슈바블Hubert Schwalbl은 1990년대 초에 어떤 호르몬 치료의 대상도 되어본 적이 없는 애완용 카나리아와 금화조가 갓 낳은 알이 호르몬을 포함하고 있는지 살펴보기로 결심했다. 슈바블은 이 알들에서 부화하는 새끼들에 관심이 있었기 때문에, 주사기를 사용해서 미세한 노른자 샘플을 채집한 뒤 알을 다시 봉인해서 새끼가 부화할 수 있게 했다. 그가 발견했던 바에 의하면 두 종의 노른자는 테스토스테론을 보유하고 있었지만, 카나리아 알의 테스토스테론 수준이 금화조의 알보다 높았다. 또 두 종의 노른자가 보유한 테스토스테론은 알에서 부화한 새끼의 성별과는 전혀 관계가 없었다. 슈바블이 완벽하게 갓 낳은 알에서 테스토스테론 호르몬을 발견했다는 사실은 어미새가 알에 호르몬을 집어넣었다는 강력한 증거인데, 배아는 며칠 후에야 스스로 호르몬을 만들어낼 수 있을 만큼 커지기 때문이다.[31]

두 번째 주요 발견은 카나리아의 경우 나중에 낳은 알들이 더 많은 테스토스테론을 노른자에 보유하고 있다는 것이다. 진화의 모자를 쓴 슈바블은 뒤에 낳은 알일수록 테스토스테론 수준이 높아진다는 사실이 암컷이 적응한 결과인지, 또는 다른 과정에 수반되는 비

적응적 부산물일지 궁금했다. 이 양식이 적응의 결과일 수도 있다는 단서가 드러난 곳은 테스토스테론 수준이 가장 높은 알에서 부화한 새끼가 테스토스테론 수준이 낮은 알에서 나온 새끼보다 더 활기차게 먹이를 달라고 졸랐다는 사실이었다. 적응 시나리오는 어렵지 않게 생각해볼 수 있다. 한 번에 낳은 알들 중 나중에 낳은 알은 약간 더 나중에 부화하는데, 나중에 부화한 새끼들은 더 작을 가능성이 있기 때문에 다른 중재요소가 없으면 불리해진다. 어미새가 나중에 낳을 알에 테스토스테론을 집어넣어서 새끼를 더 공격적으로 만들면, 부화순서가 미치는 영향을 상쇄시켜서 나중에 부화한 새끼가 더 일찍 태어난 둥지 속 형제들과 공정하게 (또는 더 공정하게) 경쟁할 수 있다.

알 속의 테스토스테론 수준이 적응의 결과라고 설명하는 문제는 단순하지 않다. 슈바블의 신나는 연구에 영감을 받은 많은 사람들은 문제를 해결하는 유일한 방법이 생리학적 모자를 쓰고 호르몬이 알에 작용하는 생리학적 과정의 원리를 이해하기 시작하는 것임을 알고 있었다. 이 생리학적 접근방식은 흥미로운 질문을 더 많이 떠올리게 한다. 어미새가 알에 호르몬을 넣는 것이라면, 이 모계쪽 호르몬은 결국 배아 스스로 생산하게 될 호르몬과 어떻게 상호작용할까? 또 다른 의문도 있다. 암컷이 알에 호르몬을 집어넣기 위해 자기의 호르몬 수준을 높인다면 그것이 문제를 일으키진 않을까? 어미새가 (진화적 맥락에서) 알에게 다량의 테스토스테론을 주입하고 싶어한다고 해도, 그렇게 하다가 어미새가 난폭해지는 일이 발생할 수도 있다. 이 질문에 대한 대답은 호르몬이 알에 주입되는 방법에 달려있다. 이 과정에서 암컷이 자기의 호르몬 수준을 올려야 한다면 위험이 수반될 수도 있지만, 이것이 난소에서 발달중인 난자의 주변 세포에서만 일어나는 일이라면 암컷은 영향을 받지 않을 것이다. 나중에 밝혀진 바에 의하면 후자의 경우가 정확하다.[32]

금화조의 경우로 돌아가자. 1990년대에 스코틀랜드의 세인트 앤드류 대학에서 근무하던 디에고 길Diego Gil과 동료들은 빨간 고리를 찬 매력적인 수컷 금화조와 초록 고리를 찬 덜 매력적인 수컷 금화조를 암컷 금화조와 짝지어주고, 알 속의 테스토스테론 양을 살펴보았다. 이들이 발견한 바에 의하면 암컷이 매력적인 수컷과 짝을 이뤘을 경우에 알 속의 호르몬 수준이 더 높았다. 암컷 금화조가 수컷 짝의 상태에 따라서 노른자의 내용물을 조절한다는 분명한 증거를 제시한 셈이다.[33]

이 같은 놀라운 결과를 얻기도 했고, 슈바블의 최초 발견 이후로 20년이나 흘렀음에도, 왜 호르몬이 노른자에 들어있고 그것이 어떤 결과를 낳는지에 대한 우리의 지식은 여전히 초기 단계에 있다. 종에 따라서, 개체에 따라서, 그리고 이미 확인했듯 한 둥지 속의 서로 다른 알에 따라서, 심지어 각 노른자 속의 일자별 층에 따라서 유형이 크게 달라지기 때문이다.[34]

암컷 새가 노른자에 첨가하는 다른 유형의 물질로는 카로티노이드_{carotenoid}가 있다. 카로티노이드는 노른자를 노랗게 만든다. 먹이에 카로티노이드가 없으면 계란의 노른자는 하얗게 될 것인데, 양계산업이 합법적으로 카로티노이드를 양계 닭의 먹이에 섞어 먹여서 주부들에게 더 매력적으로 보일 알을 만든다는 사실은 나한테는 늘 끔찍한 속임수처럼 보인다. 카로티노이드는 모든 종류의 생물학적 과정에 필수적인 것으로 보이는데, 배아의 발달에도 필요하고, 어른 새의 경우에는 카로티노이드가 깃털, 부리, 피부를 빨갛고 노랗게 만든다. 카로티노이드는 비타민 A와 E처럼 항산화물질이며, 대사과정에서 소위 산화스트레스라고 부르는 지방이나 단백질, 혹은 DNA에 발생한 손상을 최소화시킨다. 새는 스스로 카로티노이드를 생산할 수 없기 때문에 먹이를 통해 섭취해야한다. 자연에서는 카로티노이드를 섭취하기 어려울 때가 많기 때문에 연구자들은 최근 노른자에 들어있는 카로티노이드와 다른 항산화물질이 암컷의 건강, 혹은 적어도 카로티노이드를 발견하는 능력을 반영한다고 생각하기 시작했다. 또 암컷이 알에 저장한 항산화물질의 양은 호르몬의 양과 마찬가지로 특정 새끼에 대한 어미새의 선호를 나타낸다는 제안도 있었다. 이 두 가지 흥미로운 발상을 뒷받침해줄만한 증거가 지금은 사실상 그리 많지 않은데, 대체로 다양한 연구들 사이에 합의가 잘 이루어지지 않기 때문이다. 하지만 한 가지 유형만은 분명해 보인다. 모든 새의 배아는 상대적으로 빨리 성장하지만, 종에 따라 배아가 자라는 속도는 다르다. 배아는 빨리 성장할수록 잠재적 산화스트레스도 증가하기 때문에 항산화물질이 더 필요해질 것이다. 영국 링컨 대학의 찰스 디밍과 톰 파이크Tom Pike가 발견했던 바에 의하면, 배아가 빠르게 성장하는 종은 느리게 성장하는 종보다 노른자에 항산화물질(카로티노이드, 비타민 A와 E) 수준이 더 높았다. 예를 들어 검은등제비갈매기sooty tern와 유라시아물닭Eurasian coot은 서로 크기가 비슷하고 무게가 36.5g 정도인 알을 낳는다. 그러나 검은등제비갈매기의 배아는 하루에 0.89g씩 성장하고 물닭의 배아는 1.11g씩 성장한다. 검은등제비갈매기의 노른자에 든 카로티노이드는 280μg*인데 비해, 물닭의 알에는 1,180μg이 들어있어서 검은등제비갈매기의 3배 이상이다.[35]

노른자에 든 호르몬과 카로티노이드의 역할에 대해서는 아직도 밝혀내야 할 것이 상당히 많이 남아있다.

노른자의 크기가 완전히 다 자라고, 암컷이 첨가하려고 했던 보충물질들을 다 집어넣고 나면, 노른자는 난소에서 나가서 수정될 준비가 된 것이다. 완전히 커져서 엄청난 부피가 된 난자—난자가 단세포임을 기억해야 한다—는 노른자이다. 노른자의 꼭대기에 놓인 것은 배반인데, 이 매우 작고 색이 옅은 점은 약간의 세포질과 암컷의 DNA로 구성되어 있으며, 수컷 정자의 고정 목표이다.

* 1마이크로그램(μg)은 백만분의 일 그램이다.

우리 중 대다수는 수정이 어떤 특별한 순간에 이루어진다고 생각한다. 정자가 난자에 침투하는 순간에 말이다. 하지만 수정이 실제로 이루어졌는지, 또는 언제 이루어졌는지를 결정하는 것은 그렇게 쉽지 않다. 수정의 구성요소를 가장 단순하게 정의하면, 여러분이 집에 있는데, 누군가가 문을 두드리는 소리를 듣고, 문을 열어서 그 사람을 보고, 그 사람이 문지방을 넘도록 허락하는 것이다. 또 다른 설명에 등장하는 각본에서는, 문 앞에 있는 사랑하는 사람을 그저 안으로 들어오도록 허락하는 것만으로는 수정을 설명할 수 없으며, 서로 닿거나 껴안는 일이 필요하다. 그러나 또 다른 설명은 수정을 하려면 계단 위로 올라가서, 다른 방으로 들어간 다음에, 침대에서 나눠야 한다고 한다. 이것을 결합이라고 부른다.

앞으로 살펴보겠지만 정자가 난자로 들어가고 나서 새 생명을 시작하기까지 일어나는 사건들이 성공하려면 정교하고 경이로운 작업이 필요하다. 그리고 이 사이에 벌어지는 사건들은 새와 사람이 무척 다르다. 수컷과 암컷의 성세포의 결합이라는 점에서 결과는 같지만 말이다.

사람의 경우 수정 과정은, 문으로 가서, 매우 드물게 두 명이 있기도 하지만 대개는 단 한 명의 방문자를 발견하고, 한 명의 방문자가 들어오도록 허락하는 것이다. 새의 경우 수정은 문을 열어서, 축구 관람객을 떠올리게 하는 수백 또는 수천 명의 방문자가 문 앞 계단에 있는 것을 발견하고, 누구를 들어오도록 할지 결정하는 것에 더 가깝다. 그리고 새의 경우에는 단순히 하나의 손님을 골라서 안으로 들어오도록 하는 것이 아니다. 몇몇은 문을 부수고 들어오고 몇몇은 그렇게 열린 문을 통해서 들어오고 몇몇은 창문을 넘어 들어오는 와중에 결국 단 한 명의 손님만이 받아들여지는 것에 더 가깝다.

아리스토텔레스 시대부터 강한 흥미의 대상이었던 인간의 수정은 언제나 깨기 힘든 단단한 호두였는데, 모든 일이 과학적으로 뚫고 들어갈 수 없는 난관의 깊은 안쪽에서 보이지 않게 일어나기 때문이다. 심지어 해부하는 데 죄책감이 거의 들지 않아 연구자들이 여성의 대체재로 사용했던 다른 포유류의 경우마저도 어떻게 수정이 이루어지는지 이해하는 일은 믿을 수 없을 만큼 어렵다는 것이 증명되었다. 그에 비해 새의 알은 훨씬 다루기 쉬워 보였다. 난자를 담고 있는 알은 볼 수 있고, 해부할 수 있고, 원하는 만큼 많이 사용할 수 있는 것처럼 보였다. 그리고 암탉을 수탉과 함께 두거나 따로 둠으로써 유정란인지 아닌지도 구분할 수 있었다. 그러나 굉장히 쉽게 접근할 수 있음에도 불구하고, 새의 수정 과정은 여전히 절망적으로 모호하게 남아있다.

수정을 이해하고자 처음으로 진지하게 시도했던 사람은 윌리엄 하비였다. 혈액이 이동하는 곳에 얽힌 엄청난 수수께끼를 해결한 그는, 정액이 이동하는 곳에 얽힌 비밀도 밝힐 수 있을 것이라 생각했다. 그는 닭으로 연구를 시작했다. 수탉과 암탉이 짝짓기를 하면 유정란이 생긴다. 하비가 할 일은 어떻게 유정란이 생기는지 이해하는 것뿐이었다. 하비는 수탉이 산란계를 수정시키도록 한 뒤에 암탉을 해부해서 정액을 찾으려고 했지만 그럴 수 없었다. 정액이 증발이라도 해버린 것 같았다. 좌절감을 느끼며 수차례 더 비슷한 시도를 하고 난 뒤에 하비는, 수정이 전염과 같은 식으로 일어난다고 상상해버렸다. 명백한 접촉은 없으나 명백한 결과가 있는 과정 말이다. 하비 본인도 내심 그럴리 없다고 생각했지만, 이것이 실험 결과와 일치하는 유일한 설명이었다. 왕의 의사였던 하비는 왕실사냥행사에서 사냥당한 발정기의 암사슴을 해부해볼 수 있었는데, 이번에도 암사슴의 난관 속에서 정액의 흔적을 찾을 수 없었다. 어리둥절한 일이었지만 적어도 하비가 닭에서 확인했던 결과와 일관성은 있었다.

심지어 "월리를 찾아라!" 같은 것조차 아니었는데, 월리의 경우 끈질기기만 하다면 결국 보상을 받을 수 있기 때문이다. 제일 큰 문제는 하비가 정액에서 유영하는 정자의 미시적인 성질을 알지 못했다는 것이다. 눈에 보이는 것은 아무 것도 없는 데다가 그는 사슴의 난자가 어떻게 생겼는지조차 알지 못했기 때문에, 영락없이 짚더미에서 바늘을 찾으려 더듬거리는 꼴이었다.

수정에 대해 이해하려면 지적인 장애물을 넘어야 한다. 닭의 경우에서 중요한 방해물은, 암컷과 수컷을 갈라놓은 다음에도 암탉이 몇 주 동안이나 계속해서 유정란을 낳는 일이 때때로 벌어진다는 사실이다. 파브리키우스는 암탉이 일 년까지 유정란을 낳을 수 있다고 착각했지만, 하비는 30일까지라고 정확하게 계산했다. 그러나 여전히 수수께끼는 풀리지 않았다. 하비가 왕립 공원에서 거침없이 해부했던 붉은사슴과 다마사슴은 발정기가 시작된지 두 달이 지났음에도 배아의 흔적을 보이지 않았다. 암탉의 경우 정자를 저장해두었기 때문에 이후에도 유정란을 생산할 수 있었다. 하비가 해부한 사슴에서 그는 수컷의 씨앗이 암컷의 월경혈과 결합하여 난관에 알 같은 구조물을 만들어 두었으리라 기대했다. 하지만 사슴은 월경주기가 없다. 하비는 사슴의 난자가 어떻게 생겼는지조차 알지 못했으며, 초기의 배아가 매우 특이한 모양을 하고 있었기에 이를 알아보지 못하고 "염증물질"이라고 치부해버렸다.[36]

하비에게 이 수수께끼를 풀 능력이 부족했음을 고려하면, 하비가 세대에 대한 자신의 연구를 출판하길 미뤘던 것이 놀랍지 않다. 그가 이전에 했던 혈액순환에 대한 연구는 결국에는 옳았음이 판명났긴 해도 엄청난 논란을 불러왔었다. 이제 60대에 접어든 하비가 왜 또 다른 생물학적 후폭풍을 만들어내길 주저했는지는 쉽게 이해할 수 있다. 정액은 세대에 어떤 가시적인 역할도 하지 않는다고 결론내린 점, 그리고 본인의 책 권두 삽화에 *ex ovo omnia*(모든 것은 알에서부터다)라는 인용구를 넣은 이유도 별로 놀랍지 않다.[37]

마침내 수정이라는 퍼즐을 해결할 수 있었던 것은 훨씬 더 단순한 생명체를 연구했기 때문이다. 개구리 말이다. 암탉과 마찬가지로 개구리는 도처에서 구할 수 있었고, 엄청나게 다루기 쉬우면서도, 무엇보다도 정액이 알에 가져오는 효과가 명백했는데, 이 효과를 암컷의 몸 밖에서 발휘하는 덕분에 눈으로 확인할 수도 있었기 때문이다. 또 반응이 즉각적일 뿐 아니라 남모르게 지연되는 일도 없었다. 1853년에 조지 뉴포트가 보여주었듯, 정액이 개구리 알에 들어가면 한 시간 내에 배아가 탄생한다. 단 하나의 정자가 난자로 들어가는 실제 과정은 마침내 1876년에 오스카 헤르트비히Oskar Hertwig가 훨씬 더 단순한 생명체인 성게를 이용해서 밝혔는데, 물론 이 과정은 현미경으로 관측했다.[38]

개구리와 마찬가지로 성게도 체외수정을 하는데, 만월이나 특정한 바다의 온도 등과 같은 자연적인 유인이 생기면 정자와 난자를 바다에 방출함으로써 수정이 이루어진다. 체내수정을 하는 포유류와 새는 수컷과 암컷의 생식세포가 함께 나오도록 보장하기 위해 다른 전략을 진화시켰다. 특별히 실용적인 방안은 유도배란이라고 부르는 것인데, 교미 자체가 배란을 촉발하는 것이다. 고양이, 낙타, 쥐는 모두 유도배란을 한다. 또 다른 전략으로는 암컷이 특정한 주기를 두고 배란과 동시에 교미할 준비가 되었다는 신호를 체취나 행동으로 보내는 것인데, 이것을 두고 발정기가 왔다고 한다.

사람은 다르다. 발정기가 없고 배란을 광고하는 대신 은폐한다. 다시 말하면 여성은 거의 항상 성적 수용성sexual receptivity을 보이는데, 남성과 여성은 다른 동물에 비해 상대적으로 시도 때도 없이 성교를 하고 정액을 배출하므로, 성교 중 일부는 배란과 시기가 겹친다. 여기서 여성의 배란 은폐가 무엇과 관련 있는가에 대한 문제는 오랫동안 행동생태학자들과 생식생리학자들을 어리둥절하게 만들었다.

배란기가 되면 여성의 외모와 행동이 변하긴 하지만, 연구결과 여성의 1/3 이하만이 자신이 배란중임을 알고 있었고, 대다수의 남성은 짐작조차 하지 못했다. 여성이 배란을 은폐하는 이유로 가장 타당한 설명은 여성의 번식 성공이 부계의 보살핌에 달려있다는 발상과 연결된다. 여성이 자신의 성적 수용성을 드러내고 다닌다면, 더 많은 남성이 그 여성과 성교를 하고 싶어할 것이고, 그러면 주요 배우자의 부계 확실성이 감소할 것이다. 결과적으로 배우자는 여성의 자녀에게 제공했던 보살핌의 양을 줄일 수도 있다. 게다가 여성이 언제 배란 중이고 임신이 가능한지를 배우자가 알 수 있다면, 여성이 임신할 수 없게 된 즉시 배우자는 여성을 떠나 다른 짝짓기 기회를 물색할 것이다. 만약 배우자가 성교했던 모든 여성에게 부계의 보살핌을 제공한다면, 각 여성은 배우자와 일부일처제를 유지할 때보다 남성의 보살핌을 더 적게 받을 것이다. 다시 말하면 부계의 보살핌이 여성의 번식 성공률을 상당히 증가시키기 때문에, 진화적 관점에서 보았을 때 여성은 가임기를 은폐함으로써 남성의 도움을 얻고 자녀를 양육할 수 있게 된다는 것이다.[39]

교미가 배란을 유도하는 새의 사례는 아직 보고된 바가 없다. 대신 암컷은 교미할 의지를 드러냄으로써 자기가 가임상태에 있음을 알린다. 수컷이 구애하거나 노래를 부르면 암컷은 여기에 화답하여 특정한 부탁의 자세를 취한다. 대개 교미가 끝나고 며칠 혹은 몇 주

11. 노랑할미새 암컷(오른쪽)이 짝에게서 구애를 받는 모습.

후에는 첫 번째 알을 낳는다. 교미 후에 일어나는 일은 이렇다. 암컷 내부의 시계 또는 수컷의 존재에 반응하여 난자를 담고 있던 난포가 파열되고, 자유로워진 난자는 난관의 꼭대기로 이동한다. 난관에서 난자를 붙잡는 부분을 누두라고 부른다. 난관의 가장 윗부분인 누두는 속이 비치고 입이 거대한 뱀의 모습과 상당히 닮았다. 해부한 새에서 누두를 본다면 누두가 어떻게 열려서 난자를 휩싸는지 상상하기 어려운데, 흐르듯 지나가며 거대한 먹잇감을 삼키는 뱀과 마찬가지로 누두도 난자의 위를 기어간다. 그리고 누두의 입 속에는 수백 수천 개의 정자가 가득 차 있다.

이 모든 과정은 15분이면 끝난다. 수정했던 못했던 상관없이 15분 후에는 누두 자체의 안쪽 표면이 난자의 주위로 막을 형성하고 더 이상의 정자가 들어오지 못하도록 효율적으로 막는다. 새의 전략은 누두를 미리 정자로 잘 채워둬서 난자가 지나가는 그 짧은 기회에 대비하는 것이다. 새는 배란 전에 교미를 통해 정자를 저장해둠으로써 난자가 정자를 필요로 할 순간을 대비한다. 난관의 맨 아래쪽 배설강 근처에는 작고 끝이 막혀있는 관이 있는데 여기에서 정자를 보관한다. 며칠이 지나고 첫 번째 난소에서 첫 번째 배란을 시작하기 전에, 정자는 관에서 나온 뒤 난관을 따라 줄서있는 세포들을 타고 누두로 가서 대기한다.[40]

이미 확인했듯, 닭은 최대 30일까지 정자를 저장할 수 있다. 원래 닭은 (하루에 한 개씩) 한 번에 10개 가량 알을 낳는데, 따라서 30일이면 충분한 여유가 있다. 비둘기는 (48시간 간격이긴 해도) 단 두 개의 알을 낳으며 정자는 최대 6일 동안 보관한다. 하지만 수정을 기다리는 알의 개수는 정자 보관 기간에 영향을 주는 여러 요인들 중 하나일 뿐이다. 어떤 새는 알을 낳는 기간 내내 교미를 이어가기 때문에 정자를 저장할 필요가 거의 없기도 하다. 다른 극단적인 사례로, 짝이 서로 자주 보지 않는 종에게는 정자를 오래 보관할 수 있는 저장소가 반드시 필요하다.

알바트로스 같은 바닷새는 사회적으로 일부일처제이며 20년~30년에 이르는 번식가능기간을 통틀어 같은 배우자를 유지하는데, 이 관계에는 이상한 점이 있다. 이것을 느껴보는 가장 좋은 방법은 알바트로스가 장거리 트럭 운전기사와 같다고 상상해보는 것이다. 집에서 배우자와 있는 시간은 매우 가끔이고, 함께 있는 시간 대부분은 성교를 하며 보낸다.

1990년대에 수행했던 초기 연구에서는 알바트로스에게 발신기를 달아서 위성으로 추적했는데, 알바트로스는 대개 둥지에서 1,800km 떨어진 곳에서 먹이를 찾았다. 먹이가 너무 멀리 있고, 짝 중 하나는 집에 남아 둥지를 지켜야 하기 때문에, 알바트로스 짝은 필연적으로 많은 시간을 함께 보낼 수 없다. 수컷 검은눈썹알바트로스black-browed albatrosses는 남쪽에 봄이 오는 9월 말 무렵 둥지로 돌아온다. 암컷이 약 2주 후에 돌아오면 둘은 서식지에서 오직 하루를 함께 보낸다.[41] 당연히 매우 특별한 날인데, 이 날에 교미를 사실상 전부 몰아서 하기 때문이다. 다음날 암컷은 수백 킬로미터 밖으로 떠나서, 남쪽 대양을 활공하며 주로 냄새로 먹이를 찾고, 단 하나의 알을 낳기 위해 필요한 것들을 축적한다. 암컷은 2주가 조금 넘는 기간 동안 바다에 머물다가 짝이 있는 서식지로 돌아온다. 다시 교미하는 대신 암컷은 이틀 후에 알을 낳는다.

과거 바닷새 생태학자들은 이렇게 서식지를 떠나 있는 시기를 다소 낭만적으로 바라보면서 "허니문 기간"이라는 이름을 붙였다. 하지만 이것은 잘못된 명칭이었다. 먼저, 암컷이 혼자서 떠나 있는 경우도 흔했고, 다음으로, 일반적으로 허니문과 연관지을 만한 어떤 행태가 전혀 나타나지 않았기 때문이다. 산란 전 외출이라고 부르는 편이 더 적절한데, 기본적으로는 낚시 여행을 떠나는 것이기 때문이다. 그것도 매우 큰 규모로. 또 다른 새인 회색머리슴새grey-faced petrel는 알바트

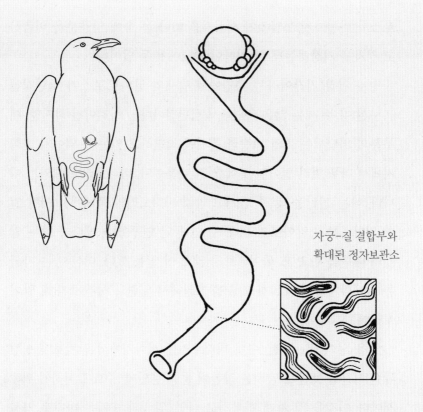

자궁-질 결합부와
확대된 정자보관소

12. 새의 난소와 난관에서 정자를 보관하는 관(질과 자궁이 만나는 지점)이 어디에 있는지를 보여주는 그림. 정자가 가득 차 있다.

로스와 마찬가지로 암컷이 서식지를 떠나 몸 속에 영양분을 비축하고 정자를 저장하는데 그 기간이 자그마치 두 달이다![42]

정자 저장 기간이라는 측면에서 슴새와 알바트로스가 극단적인—사실 이 두 새는 많은 측면에서 극단적이다— 사례이긴 하지만, 대부분의 바닷새는 거의 비슷한 문제에 직면하고 있는데, 먹이가 번식지에서 너무 멀리 떨어진 곳에 있기 때문이다. 바다오리도 예외는 아니다. 나는 산란을 몇 주 남기고 암컷 바다오리의 체내에서 어떤 일이 일어나는지 알아보기 위해 수 년 동안 연구했다. 게다가 나는 암컷의 내부를 한 번도 들여다보지 않고 이 일을 했다. 대신 나는 가금류 생태학자들이 개발한 기술을 도입해서 일련의 사건에 대해 알아보았다.

알을 낳기 몇 주 전, 수컷 바다오리는 서식지에서 암컷보다 훨씬 많은 시간을 보낸다. 암컷은 잠깐씩 들를 뿐인데, 주로 교미하기 위해서이다. 이것을 몇 차례 반복하고 나면, 암컷과 수컷은 바다로 가서 알을 낳는 데 필요한 여분의 먹이를 구하러 다닌다. 암컷은 이미 난소에 있는 난자에 노른자를 넣기 시작했고, 난자가 성숙하여 난소 밖으로 나오기 이삼일 전에 암컷은 정자 보관소에서 정자를 내보낸다. 붐비는 시간대에 런던 지하철을 타려고 시도하는 군중들처럼, 대량의 정자들이 빠르게 솟구치며 난관을 통해 지하철 정거장에 해당하는 누두에 이르고 거기에서 열차를 기다린다.

새의 난자가 사람을 비롯한 포유류의 난자와 다른 점 중 가장 놀라운 것은, 포유류의 난자가 단 하나의 정자를 얻어서 생명을 갖는 것과는 달리, 새는 여러 개의 정자가 필요해 보인다는 것이다. 난자 하나당 정자가 여러 개 필요한 현상은 상어, 영원, 도마뱀 등 다른 몇 가지 종에서도 나타나며, 이것을 가리켜 다정자수정polyspermy이라고 한다. 이것은 정거장에 도착한 열차가 문을 열고 기다리던 승객 몇 사람을 태우는 것과 마찬가지이다. 이것이 포유류 열차였다면 오직 한 사람이 탈 자리밖에 없었을 것이다.

임신 가능 기간 동안 난자 주위로 정자가 과도하게 몰리면 사람도 다정자수정을 할 수 있는데 그 결과는 처참하다. 사람의 경우 너무 많은 정자가 난자 속으로 들어가 버리면 배아가 전혀 발달하지 않는데, 때문에 생리학적으로 이 현상을 가리켜 병적다수정이라고 부른다. 다른 포유류도 마찬가지지만 일반적으로 사람의 난관은 난자로 접근하는 정자의 수를 신중하게 제어하며, 방출되었을 때 수백만 개에 이르는 정자를 난자의 주변에서는 단 하나만 남도록 줄인다.

매우 드문 경우에 사람의 난자 주변으로 여러 개의 정자가 남기도 하는데, 난자 자체도 접근하는 정자를 단 하나로 제한하는 방법을 갖추고 있다. 이 과정을 가리켜 "다정거부block to polyspermy"라고 한다. 하나의 정자가 사람의 난자로 들어가면 화학반응이 일어나는데, 그러면 역장이 열차 문을 닫으라고 지시한 뒤 승차를 원하는 승객이 얼마이던 문 열기를 거부하는 것과 같은 현상이 일어난다. 페트리 접시 위에서 체외수정을 하는 동안에는 분명 수많은 정자가 때때로 난자를 둘러싸기도 한다. 그러나 이 인공적인 상황에서 난자의 다정거부를 무시하고 난자 속으로 난입하여 난자를 쓸모없게 만들어버리는 정자의 수는 매우 적다.[43]

새의 경우는 다른데, 이미 확인했듯이 난자의 주위를 수백 또는 심지어 수천 개의 정자가 에워싸는 것은 완벽하게 정상이다. 뿐만 아니라 20세기 초반에 미국인 생물학자 유진 하퍼Eugene Harper가 발견했던 것처럼, 보통 몇 개의 정자가 한꺼번에 난자를 뚫고 들어가 암컷의 유전물질이 있는 배반에 이른다. 이것이 배아의 죽음을 불러오지 않기 때문에, 이런 특성을 가리켜 생리적다수성physiological polyspermy이라고 한다.[44]

나는 하퍼가 발견한 새의 생리적다수성이 거의 주목받지 못했다는 점이 놀랍다. 또 포유류는 정자가 하나만 필요한데, 새, 상어, 일부 양서류 등은 왜 정자가 여러 개 필요한지 의문을 제기한 사람이 없었다는 점도 이상하다.

내 동료인 니콜라 헤밍스Nicola Hemmings는 우리가 금화조를 인공수정시킬 방법을 고안하기 위해 몰두하던 동안 정답을 발견했다. 우리는 두 마리의 수컷에서 얻은 길이가 다른 정자를 섞어서 암컷에게 주입하고 싶었는데, 길고 짧은 정자를 50:50으로 섞어서 암컷에게 집어넣었을 때, 난관 주변의 조직 층에 걸리는 정자의 비율도 50:50인지 알고 싶었기 때문이다. 정자의 길이가 수정성공률에 미치는 영향을 알아보고자 했던 것은 아니다.[45] 여기서 이야기해야 할 부분은 우리의

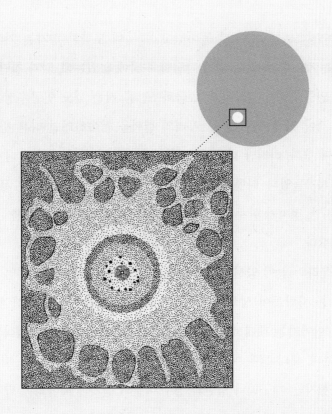

13. 배반은 노른자에서 창백한 지점이다. 아래 그림은 수정된 난자에 들어 있는 배반의 확대된 그림이다. 가장 중심에 있는 것은 암컷의 생식핵(암컷의 유전물질을 지니고 있다)인데, 그 주변에 위치하는 16개의 어두운 점은 여분의 정자이다. 이 여분의 정자는 하나의 정자가 암컷의 생식핵과 만난 이후에도 필수적인 것인데, 배아를 성장시키는 데에 도움을 준다. 로마노프와 로마노프의 그림(1949)을 다시 그렸다.

인공수정 노력은 수포로 돌아갔고, 누두에 도착한 정자는 거의 없었다는 것이다. 우리는 무척 낙담할 수밖에 없었는데, 닭과 칠면조의 경우 인공수정이 일상적이고, 금화조만큼 작은 새도 인공수정에 성공한 적이 있기 때문이다.[46] 우리의 실험을 계속하려면 다른 방법을 찾아야 했다. 하지만 니콜라가 내게 말해준 어떤 것 때문에 나는 고민에 빠져들었다. 니콜라는 대부분의 알이 분명 정자가 없는 무정란이었지만, 정자가 한두 개 들어가 수정된 알도 배아가 발달하지 못했다고 했다.

니콜라의 말이 암시하는 바에 따르면, 새의 경우에는 윌리엄 하비와 다른 사람들이 생식과 발달을 아우르는 개념으로 사용했던, "세대"를 이어가는 데에 배반에 여분의 정자가 존재하는 다성생식이 꼭 필요하다. 새의 경우 여분의 정자가 수행하는 정확한 역할을 밝혀내지 못했지만, 개구리나 영원의 경우 여분의 정자가 배아의 발달을 촉진시킬 물질을 뿜어내는 것으로 짐작된다. 왜 여분의 정자가 꼭 필요한지는 분명치 않지만, 양서류의 경우가 새에게도 해당하는 것으로 보인다.[47]

수정이 되고 나서 얼마 지나지 않아 난자는 새의 난관을 이동하는 24시간짜리 여정을 떠나는데, 이미 앞서 확인했듯 그 여정에서 기적 같은 과정을 거치며 알이 완성된다. 우리는 난자와 함께 여행하면서 연속적으로 이어지는 각자 과정이 가장 완벽한 것을 만드는 데 기여하는 모습을 보았다.

여기 우리가 서 있는 어두운 자궁 내부는, 무대구석에서 대기하고 있는 배우처럼, 단단한 난각을 두르고 완성된 알이 무대에 오르기를 기다리고 있는 곳이다.

8

위대한 사랑:
산란, 알품기, 부화

난각으로 번진 작은 금은 온전할 때엔 놀랄 만치 단단했던 알을
부수기에 충분하므로, 새끼는 말라버린, 더 이상 필요 없는 양막과
요막의 잔해를 벗어던지고 세상을 향해 발걸음을 내딛는다.

-알프레드 뉴턴(1896)

조너선 스위프트Jonathan Swift의 『걸리버 여행기』에서는 삶은 달걀의 어
느 쪽 끝을 깨뜨려야 하는가를 두고 릴리푸트Lilliput 왕국 사람들이 파
벌을 이뤄서 갈등하는 모습을 그리고 있다. 전통적으로 릴리푸트 사
람들은 항상 넓은 쪽 끝을 깨뜨렸지만, 황제가 큰 쪽 끝을 열다가 손
을 베인 이후로 알을 여는 쪽은 좁은 쪽 끝이라는 칙명을 내렸다. 이
칙명을 모든 사람들이 받아들였던 것은 아니어서, 어느 쪽으로 열어
야 하느냐는 논쟁은 6회 이상의 반란으로 이어지기까지 했다. 스위프
트의 알 논쟁은 18세기 당시에 진행 중이던 천주교도와 개신교도 사
이의 갈등을 풍자한 것인데, 이 둘은 영성체의 빵에 실제로 예수의 몸
이 있느냐 아니면 오직 상징적일 뿐인 것이냐를 두고 갈등을 빚었다.[1]

비슷한 알 논쟁으로, 알이 새의 배설강을 나올 때 어느 쪽부터 나

오나 하는 것이 있다. 큰 쪽이 먼저일까 작은 쪽이 먼저일까? 약간의 반발이 있긴 하지만 대부분의 사람들은 —아리스토텔레스의 지대한 공으로— 두꺼운 쪽 끝이 먼저 나온다고 생각한다. 결과적으로 이런 생각은 알이 난관을 따라 전진하는 모습을 잘못 설명하는 결과를 낳았다. 1770년대에 새알에 대한 초창기 책들 중 하나를 썼던 프리드리히 크리스티안 귄터Friedrich Christian Günther와 그 밖의 몇몇 초기 저자들은 알의 뭉툭한 끝부분이 먼저 밖으로 나오기 때문에 난관에서도 그렇게 내려온다고 가정했다. 귄터는 내장 속 음식물 덩어리와 상당히 비슷하게, 난관의 원형 근육이 알 뒤에서는 수축하고 알 앞에서는 이완하는 식으로 연동하면서 알을 민다고 제안했다. 뒤에서 따라가는 뾰족한 끝부분이 더 길기 때문에 난관벽이 알을 더 꽉 쥐고 밀어낼 수 있다고도 생각했다.

이 발상의 지지자 중 하나였던 19세기 해부학자 하인리히 메켈 폰 헴스바프Heinrich Meckel von Hemsbach는 자신이 "수학적 필요성"이라고 불렀던 이 설명에 상당한 자신감을 갖고 있었다. 솔직히 말하면 이 발상은 직관적인 호소력을 갖고 있는데, 어쩌면 그래서 스코틀랜드의 위대한 생물학자 다시 웬트워스 톰슨D'Arcy Wentworth Thompson도 이 발상을 채택하여 자신의 책 『성장과 형성에 대하여』(1917)에 기록해두었는지 모른다. 톰슨의 지적 위상 때문에 다른 사람들은 그가 틀릴 리 없다고 가정하고 말았는데, 그들 중 하나였던 아서 톰슨은 1923년에 발간했던 책인 『새의 생태학』에서 같은 잘못을 반복했다.[2]

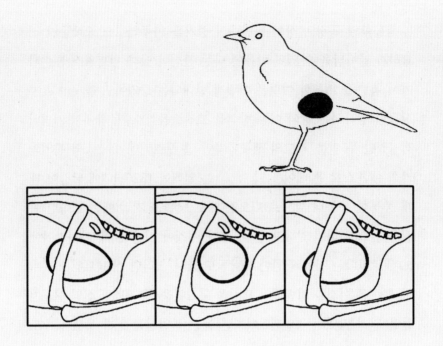

14. 어느 쪽이 먼저 나갈까? 알은 자궁에서 내려갈 때에 뾰
족한 끝이 먼저 내려간다(왼쪽). 이후 알을 낳기 직전에 알을
돌리는데(중간), 그렇게 하여 뭉툭한 끝이 먼저 나오게(오른
쪽) 할 수 있다.

생물학의 특정 발상이 정반대의 증거를 마주하고도 오랫동안 집요하게 살아남을 수 있던 이유에 나는 관심이 있다. 웬트워스 톰슨과 아서 톰슨을 비롯한 여럿은 어떻게 반대되는 증거에도 불구하고 자신들이 생각하는 알의 이동 방식을 고집했을까? 생물학에서 기념비적이었던 두 인물, 체코의 생물학자인 쟌 푸르키녜Jan Purkinje와 독일의 카를 에른스트 폰 베어Karl Ernst von Baer는 일찍이 1820년대에 달걀이 대개 뭉툭한 쪽부터 밖으로 나오긴 해도 난관을 지날 때는 뾰족한 쪽 끝을 앞으로 하고 있다고 한 바 있다. 이것이 비둘기, 매, 카나리아에도 해당한다는 것을 확인한 사람들도 있다. 그러면 왜 웬트워스와 아서 톰슨은 이것과 정반대인 관점을 고집했을까? 저명한 선임 연구자들을 믿지 않았던 것일까? 어쩌면 둘은 독일어를 읽지 못했을 수도 있다. 그렇다면 납득할 만하다. 하인리히 비크만Heinrich Wickmann이 쓴 한 논문을 읽었다면 분명 설득당했을 테니 말이다.[3]

비크만은 8마리의 아주 잘 길들인 닭이 자신의 책상에서 알을 낳게 하고서는 알을 낳기 직전과 알을 낳는 동안에 발생한 일들을 기록했다. 영리하게도 그는 알이 나오기 전에, 배설강으로 연필을 집어넣어서 암탉의 난관 속으로 보이는 알의 일부분에 표식을 남겼다(커피를 들고 비크만의 서재에 잠깐 들른 그의 아내가 암탉의 엉덩이를 연필로 쑤시는 그를 보았을 모습이 자꾸만 떠오른다. "여보, 뭐하는 거예요?" 아내가 묻고⋯). 덕분에 비크만은 알이 태어날 때는 뭉툭한 끝이 먼저 나오지만, 밖으로 나오기 약 한 시간 전쯤에는 뾰족한 부분이 새의 뒷부분을 향하

고 있다는 사실을 알아낼 수 있었다. 비크만은 알이 분명 태어나기 직전에 회전할 것이라고 추측했다.[4]

알이 이런 식으로 회전한다는 이야기를 처음 들었을 때 나는 알이 세로축을 따라서 수직으로 회전하는 모습을 상상했었는데, 실제로 알은 수평으로 180° 회전한다. 이 사실은 3장에서도 등장했던 존 브래드필드가 1940년대에 발견한 것인데, 그는 X-선을 이용해서 난관을 지나는 달걀의 여정 후반부를 관찰했다. 브래드필드는 알을 낳을 때가 된 암탉이 X-선 검색대 바로 앞에 앉으면 연속으로 촬영을 했는데, 알이 난각막에만 싸인 채로 막 난각샘에 들어갔을 때인 한낮부터 시작해 밤 9시까지 일정 간격마다 촬영을 한 뒤 쉬었다가 다음날 아침 8시에 다시 재개했다. 브래드필드가 내 박사과정 지도학생이었다면 나는 그에게 적어도 한번쯤은 밤새서 촬영을 해보라고 권했을 것이다. 결과적으로는 실험에 별 문제가 없긴 했지만 말이다. 그가 적었다. "밤에 진행되는 난각 분비 부분은 어쩔 수 없이 놓쳤지만, 이른 아침 배란된 알을 따라감으로써 과정의 (가장 흥미로운 부분으로 밝혀지는) 전반부도 후반의 몇 시간과 함께 추적할 수 있었다."[5]

브래드필드가 X-선 사진을 조사하면서 발견했던 것은 놀라웠다. 알이 태어나기 약 한 시간 전, 완전히 난각을 갖춘 알은 난각샘에서 다리이음뼈를 통과하여 몇 센티미터 아래로 떨어졌고, 암탉이 서 있는 단 일이 분 동안 알은 수평으로 180° 회전했다. 난각샘에서 알이 떨어질 수 있는 이유는 새의 다리이음뼈가 "뒤집힌 배"처럼 생겼기 때문인데, 덕분에 알이 떨어지고 회전할 수 있으며, 난각이 단단하고 큰 알을 낳기가 더 수월하다. 원형을 이루고 있고 분만시 태아의 머리가 통과하는 포유류의 다리이음뼈와는 다르다.

브래드필드가 관찰했던 새들은 각자가 모두 동일한 경향을 보였다. 알이 난각샘에 들어갈 때는 뾰족한 끝이 먼저 들어갔지만 산란 때는 뒤집어져 뭉툭한 끝이 먼저 나왔다. 왜 꼭 뒤집어져야 하는지는 분명치 않은데, 특히 가금류와 연작류 새 대다수처럼 양쪽 끝이 사실상 크게 다르지 않은 경우엔 더욱 그렇다. 사실 모든 종의 새가 일관되게 알을 뒤집지 않는다는 사실은 알이 나오는 방식이 중요하지 않음을 암시한다. 뾰족한 끝이 먼저 나온 얼마 안 되는 달걀을 관찰했던 연구자들이, 그 알의 모양이 뭉툭한 끝이 먼저 나온 알과 어떻게 다른지 기록해두지 않았다는 사실이 안타까울 따름이다. 어쩌면 대부분의 알은 어떠한 이유로 난관을 따라 이동하는 대부분의 동안에는 뾰족한 끝이 먼저인 것이 더 좋지만, 마지막 산란 순간에는 뭉툭한 쪽이 먼저인 것이 더 좋은 것일 수도 있다.

비크만에 따르면 알이 뒤집혔고 아직 자궁 안에 있을 때 어떤 특별한 일이 일어난다. "포유의 새끼가 태어날 때와는 달리 알은 단순히 질을 통과하여 밀려나오지 않으며, 자궁이 질까지 탈출하기 때문에 알은 질벽이나 배설강에 닿지 않고 태어난다." 브래드필드 역시 자신의 X-선 연구를 기반으로 동일한 결론을 내렸다. 그러나 얼마 지나지 않아 가금류 생태학자인 앨런 사이크스Allan Sykes가 1950년대에 이 문제를 다시 검토하면서 브래드필드의 결론에 의문을 제기했다. "비크만의 이론과 관련하여 우리가 갖고 있는 유일한 증거는 브래드필드가 제시한 것뿐인데, 그가 X-선 검사를 이용하여 산란과정에서 자궁에 생기는 일을 보았다고 주장했고, 그가 찍은 X-선 사진이 발표되긴 했지만… X-선 사진으로 본 난관은 상당히 투명하다." 사이크스가 직접 수행한 연구에 자궁이 바깥으로 나오는지에 대한 증거는 없지만, 대신 그는 질에 알을 담고 있는 몇몇 새를 발견했다. 비크만과 브래드필드가 옳다면 불가능한 일이었다. 사이크스의 제안에 따르면 사람의 복부근육이 수축함으로써 태아가 분만 2단계로 들어가는 것처럼 알도 질로 밀려들어간다. 암탉이 배설강 입구에 닿은 알을 낳는 일은 여성의 분만과 상당히 흡사하며, 약간의 운이 더해지면 알은 빠르게 밖으로 나온다.[6]

새의 "분만"은 일부 종의 경우 몇 시간이 걸리기도 하지만, 뻐꾸기처럼 탁란하는 종의 경우 단 몇 초 만에 끝난다.

늘 그렇듯 바다오리는 알이 나오는 모습이 다르다. 알이 항상 뾰족한 쪽 끝부터 나오는 바다오리는 "좁은 쪽 파"이다. 암컷은 다리를 (보통 때처럼 수평 방향으로 두는 대신) 수직으로 세우고 매우 꼿꼿이 선 자세를 취한다. 목은 어깨 속으로 움츠리고 날개는 몸에서 살짝 떨어뜨린다. 그리고 알이 보이기 전까지 이 자세로 십 분 이상 버틴다. 알이 나올 때가 되면, 나머지 부분은 암컷의 체내에 남아있는 상태에서 뾰족한 끝부분만 빼꼼히 모습을 드러낸다. 암컷이 복부를 더욱 수축시키면서 발꿈치를 치켜든 채 더 꼿꼿이 서면 알의 나머지 부분이 떨어져 나온다. 동시에 암컷은 앞으로 털썩 무너지면서 부리로 알을 붙들고, 날개를 떨어뜨려 알이 굴러가지 못하도록 한 번 더 보호한다. 암컷은 알을 잠시 바라보는데, 짐작건대 알의 모양을 뇌에 각인시키거나 그 모양을 상기하기 위해서로 보인다. 그러고 나서 알의 뾰족한 쪽 끝이 다리 사이로 오도록 하여 몸 아래에 두고, 긴 알품기 과정에 들어간다.[7]

우리는 바다오리 알이 다른 새들의 경우처럼 산란 직전에 뒤집히는지는 모른다. 단순하게 알의 사이즈만 두고 추측한다면 가능성은 낮아 보인다. 만약 바다오리가 다른 새들과 비슷해서 알이 뾰족한 끝을 앞세운 채 난관을 내려온다면 그대로 태어나면 되는 것이지 뒤집는 의미가 없을 것이다. 어떻게 이 문제를 매듭지을 수 있을까? 답은 알을 낳기 직전에 새의 내부를 보는 것이다. 나는 이 부분을 집필하면서 스코틀랜드의 아일오브메이Isle of May 섬에서 나만큼이나 오랫동안 바다오리 연구를 해왔던 동료 마이크 해리스Mike Harris에게 말을 건넸는데, 해리스는 언젠가 자신이 포식자에게 죽은 직후의 암컷 바다오리를 해부했던 이야기를 해주었다. 알은 뾰족한 끝을 새의 엉덩이(배설강) 쪽으로 향한 채 자궁에 담겨있었다.[8]

바다오리만이 이런 방식으로 알을 낳는 것은 아니다. 집오리와 거위, 슴새와 알바트로스, 훨씬 둥글고 대칭형의 알을 낳는 모든 새들 또한 뾰족한 끝 부분이 먼저 나온다.[9] 하지만 섭금류나 황제펭귄, 킹펭귄처럼 눈에 띄게 뾰족한 알을 낳는 다른 새들은 어떨까? 놀랍게도 섭금류의 알은 뾰족한 쪽이 먼저 나오지만 두 펭귄의 알은 뭉툭한 쪽이 먼저 나오는데, 이것은 뾰족한 끝이 먼저 나오는 방식이 바다오리에게는 생물학적으로 중요하다는 것을 의미한다. 여기에 대해서는 마지막 장에서 살펴볼 것이다.[10]

　대부분의 작은 새들은 아침 일출 직후 알을 낳는다. 1700년대 초반에 이 사실을 처음 보고한 것으로 추정되는 사람은 카나리아 번식을 개척한 조제프-샤를 에르비유 드 샹뜨루Joseph-Charles Hervieux de Chanteloup이다.[11] 새장 속에서 길든 새는 알을 낳을 때 멋진 관찰 기회를 주는데, 다만 여기에서 얻은 지식이 야생 새에 관심 있는 사람들에게 어느 정도까지 침투하는지는 알 수 없다. 어찌되었든, 명금류small songbird가 이른 아침에 산란하는 경향이 있다는 것을 처음 언급한 현장 전문 조류학자는 스코틀랜드 출신의 알렉산더 윌슨Alexander Wilson이었다. 그는 1970년대에 고향을 등지고 북미로 이주하였으며, 북미의 새에 대해 가장 포괄적인 설명을 담고 있는 『미국의 조류학』을 집필해냈다. 작은 새의 경우 알이 상대적으로 크기 때문에 일출 때 알을 낳는 일은 완성된 알을 자궁 안에 들고 다니는 일을 피하고, 알을 깨뜨릴 위험도 피할 수 있는 좋은 방법으로 보인다. 1990년대에 북미황금솔새North American yellow warbler를 예상으로 진행했던 연구에 따르면 산란기 동안 암컷은 둥지에서 멀리 떨어져서 쉬다가, 거의 정확하게 일출 10분 경과 후에 둥지로 돌아와서 2분 내로 알을 낳는다. 이렇게 엄격

하게 시간을 지키는 이유는 암컷이 산란시기를 거의 조절하지 못하기 때문일 가능성이 있다.[12]

뻐꾸기의 경우는 완전히 반대인데, 뻐꾸기 암컷은 늘 오후 중반에 알을 낳는다. 1920년대에 이를 처음 발견했던 사람은 암컷이 알을 낳는 모습을 포착하려 애쓰던 아마추어 조류학자이자 알 수집가인 에드거 찬스였다. 당시까지만 해도 뻐꾸기가 숙주의 둥지에 알을 놓는 방법을 두고 많은 논란이 있었는데, 일부 사람들은 암컷 뻐꾸기가 땅에 알을 낳은 다음 숙주의 둥지까지 부리로 옮긴다고 장담하기도 했다. 다른 사람들은 다른 새들이 그렇듯 뻐꾸기도 숙주의 둥지에 앉아서 알을 낳는다고 생각했다. 어떤 일이 벌어지고 있는지 알아내기까지 찰스는 상당히 많은 시간을 할애했지만, 결국 뻐꾸기가 알을 낳는 과정을 목격하여 녹화했고, 뻐꾸기도 대부분의 다른 새와 마찬가지로 둥지에서 알을 낳지만 단지 훨씬 더 빠를 뿐이라고 확언했다.[13]

이후에 케임브리지 대학의 닉 데이비스Nick Davies는 오후의 산란에 대해 설명했다. 뻐꾸기가 오후에 알을 숨기면 이른 아침에 알을 낳고 대개는 먹이를 구하러 멀리 나가있는 숙주 새에게 들킬 가능성이 적고, 둥지로 돌아온 숙주 새가 낯선 알을 내쫓을 가능성도 낮다. 뻐꾸기는 알의 크기가 어울리지 않게 작기 때문에, 완성된 알을 약 24시간 동안 지니고 다닌다 해도 암컷 뻐꾸기에게는 큰 부담이 되지 않는 편이다.[14]

오리와 맹금과 바다오리를 포함한 바닷새처럼 큰 새들은 하루 중 아무 때나 알을 낳는다. 그러나 서식지에서 야행성으로 행동하는 슴새 등의 바닷새는 밤에 알을 낳는다. 암컷의 몸에 비해 알이 상대적으로 크지 않은 이런 새들에게는 알을 지니고 다니다가 낮이든 밤에든 낳는 일이 그리 불편하지 않을지도 모르며 알이 깨질 위험도 적을 수 있다. 하지만 바다오리의 경우 알이 암컷 무게의 12퍼센트를 차지할 정도로 알의 크기가 상당히 크다. 또 바다오리 서식지의 떠들썩한 혼란 때문에 알이 쉽게 손상될 수도 있다. 수컷 바다오리는 "공격적인 교미의 욕구"가 있다고 할 만한데, 특히 다른 수컷의 짝인 암컷을 겨냥할 때 더욱 그렇다.[15] 짝외 수정에 성공했을 때 수컷이 얻는 이득은 명백하지만, 암컷의 이득은 훨씬 적으며, 실제로 암컷은 일반적으로 그런 만남을 피하려고 노력한다. 늘 가능한 것은 아니지만 말이다. 암컷이 산란을 시작하기 직전의 서식지는 주로 흥분한 수컷들이 차지하고 있으며, 이 수컷들은 서식지에 도착하는 모든 암컷을 덮칠 태세를 갖추고 있다. 암컷의 짝이 함께 있다면 암컷을 어느 정도 지켜주겠지만, 때로는 암컷이 몇 마리의 수컷 엉덩이 아래에서 몸부림치는 일이 벌어지기도 한다. 암컷이 알을 낳기 전에 며칠간 훌쩍 서식지를 떠나 있다가 산란 직전에 돌아오는 데에는 이런 이유가 있을 가능성도 있다.[16]

내가 알에 대한 책을 쓰고 있다고 친구에게 이야기했을 때, 그 친구는 토머스 하디Thomas Hardy의 『무명의 주드』에서 젊은 아라벨라Arabella가 어떻게 노래지빠귀의 하늘색 알을 가슴 골짜기에 품었는지 언급하는 것을 잊지 말라고 이야기했다. 나는 예전에 『무명의 주드』를 여러 번 읽었음에도 그 부분을 기억하지 못했는데, 내 친구의 이야기는 거짓 희망을 떠오르게 했다. 다시 확인해보고 난 후에 나는 실망하고 말았는데, 책에 등장하는 것은 노래지빠귀의 알이 아니라 코친cochin이라고 부르는, 드물긴 해도 닭일 뿐인 새의 알이었고, 알은 소녀가 피부를 직접 대고 품는 대신 돼지의 방광과 "혹시 모를 사고를 대비한" 양털에 싸여있었다. 원래 내가 마음속에 그렸던 심상은 전원이 꺼진 후의 레코드 소리처럼 흩어져버렸다.

하디의 방광과 양털 묘사는 그의 책에 등장하는 다수의 독특한 세부사항들과 마찬가지로 그가 신문에서 읽었던 어떤 것을 기반으로 하고 있다고 추측할 수 있다. 누군가 정말로 코친의 알을 가슴으로 품어서 부화시키려고 시도해보았다면, 그 사람은 아마도 플리니우스가 묘사한 리비아Livia의 이야기에서 영감을 받았을 것이다. 리비아는 티베리우스 클라우디우스 네로Tiberius Claudius Nero의 임신한 아내로, 점쟁이에게 아직 태어나지 않은 아이의 성별을 물었는데, 만약 그녀가 가슴으로 새끼를 부화시킨다면 그 새끼의 성별이 아이의 성별과 같을 것이라는 대답을 들었다.[17]

그 외에도 리비아에게서 영감을 얻은 것으로 보이는 사람들이 있었다. 르네 앙투안 레오뮈르René-Antoine Réaumur가 1772년에 쓴 책『모든 가금류의 부화기술 및 사육법』에서는 어느 여성이 다섯 개의 오색방울새 알을 가슴으로 품어서 10일 후에 4개를 부화시켰고, 하나는 상해서 부화시키지 못했던 이야기를 하고 있다.[18]

남성이 새알을 부화시킨 사례도 한 건 이상 존재한다. 앨커트래즈Alcatraz 감옥의 조류연구가 로버트 스트로드Robert Stroud는 살인혐의로 1909년부터 무기징역을 살고 있었는데, 복역하는 동안 집참새house sparrow와 카나리아의 알을 탄소성체로 만든 보호용 컵 안에 넣어서 겨드랑이로 품었다.[19]

사람이 새알을 부화시킬 수 있다는 발상은 스노든 경Lord Snowdon에 의해서 더 신빙성을 얻었는데, 마거렛 공주Princess Margaret의 남편인 그는 1969년에 애완동물에 대한 사람들의 헌신을 담은 자신의 텔레비전 다큐멘터리 「사랑의 종류」에서 병아리가 60세 여성의 가슴에서 부화하는 모습을 보여주었다. 하지만 텔레비전에 등장하는 많은 것처럼 이것 역시 꾸며낸 것이었다. 알은 처음부터 그 자리에서 품고 있던 것이 아니었다. 대신 스노든은 부화시점이 된 달걀을 얻어서 그자리에 두고 촬영을 했다.

한 시청자는 편지를 써서 스노든의 프로그램에서 보여준 장면이 터무니없다고 이야기했는데, 여성의 체온이 성공적으로 달걀을 품기에 충분히 따뜻하지 않기 때문이었다. 여기에 답하여 방송국은 가금류 전문가와 상담했고 사람의 체온이 새알을 품기에 실제로 완벽하다는 확인을 받아냈다. 대부분 새의 평균 체온은 약 40°C로 사람의 체온인 37.5°C보다 높지만, 몸 밖에서 새알을 품기 때문에 일반적으로 알을 품는 온도는 약 36~38°C이다.

레오뮈르의 책은 달걀을 인공적으로 부화시킬 방법을 고안하려는 시도에서 나온 결과이다. 고대 이집트인들과 중국인들은 모두 알을 데우고 부화시켜서 생산량을 극대화하는 방법을 개발했다. 18세기의 프랑스인들 역시 같은 일을 하고 싶어 했는데, 어찌 보면 상업적인 가금류 생산이 시작된 셈이었다. 1900년대 초반부터 효과적인 인공부화기를 만들기 위한 시도가 수없이 이루어졌다. 1850년대에는 윌리엄 제임스 칸텔로William James Cantelo라는 치즈윅Chiswick의 농부가 만들었던 인공부화기가 유명했다. 효율적이라는 소문 때문이기도 했지만, 칸텔로가 품평회 행사에서 꼭대기에 알을 넣으면 바닥으로 병아리가 나오는 것을 광고하고 전시했기 때문이기도 하다. 이 부화기가 얼마나 효율적이었는지는 분명치 않다. 성공적인 인공부화기의 비밀은 온도를 일정하게 유지하는 데 있고, 그러려면 온도계가 꼭 필요한데, 온도계는 1870년대에 들어서야 사용되기 시작했기 때문이다. 칸텔로는 거의 쇼맨에 가까웠을지도 모른다. 1800년대 후반에서 1900년대 초반까지 상업용 가금과 개인소유 가금이 계속 늘어나면서 더 크고 성능 좋은 상업용 부화기가 계속 개발되었다. 오늘날에는 100만 개 이상의 알을 부화시키는 부화장도 존재한다. 그리고 많은 알 관련 문제와 마찬가지로 이제는 달걀을 부화시키는 최고의 방법에 대한 엄청나게 많은 정보가 존재한다. 물론 자연선택은 야생 새들도 알을 잘 부화시키도록 만들었다. 가금류 산업은 온도, 습도, 뒤집기와 관련해서 거의 처음부터 시작해야 했다.[20]

계산하기 가장 쉬운 것은 기온인데, 우리가 방금 보았듯 대부분의 새에게 해당하는 최적 온도는 36~38°C인 것으로 드러났다. 자연적인 상태에서는 대부분의 새가 알을 품는 부모 새의 포란반을 통해 온기를 전달한다. 때로는 암컷만 알을 품을 수도 있고, 가끔은 오직 수컷만이 알을 품기도 하지만 많은 경우에 두 성별 모두가 함께 알을 품는다. 포란반은 알을 낳기 직전에 깃털이 빠지는 피부 부위인데, 온도 감지기와 혈관이 잘 준비되어 있어서 새가 알의 온도를 조절할 수 있게 한다.[21] 둥지는 대개 알품기에서 중요한 역할을 하며, 둥지 건설은 주변온도에 반응하여 진화했는데, 더 시원한 지역에서는 단열이 잘 되는 둥지를 짓는다.

그중 가장 아름답고 독특한 사례는 지의류와 이끼로 만들고 깃털을 채운 상모솔새의 둥지로, 놀라운 단열효과를 낸다. 그럴 수밖에 없는 것이 상모솔새는 티스푼으로 뜬 설탕과 같은 수준인 단 5그램 정도로 매우 작아서, 열을 빼앗기는 것에 극도로 취약하기 때문이다. 암컷 혼자 알을 품으며, 암컷은 어떻게든 둥지 속 10개의 (상대적으로 커다란) 알을 데워야 하는데, 암컷의 크기로는 한 번에 몸으로 접촉할 수 있는 알의 수가 두세 개 뿐이라서 단열이 잘 되는 둥지로는 충분하지 않다. 독일의 생태학자 엘렌 탈러Ellen Thaler는 상모솔새의 부화 전략에 숨어있는 비밀을 밝혔다. 새장에서 기르는 상모솔새를 가까이서 관찰한 결과 탈러는 알품기를 쉬고 있는 암컷 상모솔새의 다리가 평상시처럼 갈색빛 도는 노란색이 아니라 밝은 붉은색인 것을 눈치 챘다. 10분 후에 새가 둥지로 돌아왔을 때 다리는 다시 갈색으로 돌아온 뒤였다. 붉은색이 늘어난 혈류와 증가한 온도를 나타낸다고 추측하며, 그녀는 동료가 (날아가는 메뚜기의 체온을 측정하려고) 만든 장치를 빌려와서 알을 품고 있는 상모솔새의 다리 온도를 기록했다. 놀랍게도 둥지 안에 있을 때 다리는 41°C를 기록했지만, 10분 동안 둥지를 벗어나 있자 36°C로 하락했다. 탈러는 알을 품는 중인 암컷은 다리로 더 많은 혈액을 보냄으로써 자기 아래에 쌓여있는 알을 품는 데 필요한 열을 추가로 생산한다는 것을 깨달았다. 다리와 발은 물탱크 속의 수중 전열기처럼 효과적으로 작동하고, 알을 39°C로 일정하게 유지한다. 더 놀라운 점은, 알을 품는 중인 암컷 상모솔새가 발을 부드럽게 휘저어서 알 사이로 열을 분배하는 동시에 알을 뒤집는다는 것이다. 틀림없이 이런 일이 벌어지고 있을 것이라고 추측했던 탈러는 작은 마이크를 둥지 속에 설치했는데, 암컷이 발을 움직이면서 알들끼리 부딪히는 소리를 지속적으로 들을 수 있었다. 상모솔새 외에도 발을 이용해 알을 품는 새들이 소수 있긴 하지만, 대부분의 새는 다리와 발이 열 손실을 피하도록 설계되어 있다.[22]

다른 극단적인 사례로, 바다오리는 맨 바위 턱에서 둥지도 없고 단열재도 없이 알을 품는다. 내가 직접 본 바에 의하면, 북극지방에서는 바다오리가 얼음 위에 알을 두고 품는 것이 드물지 않다. 물론 바다오리도 포란반이 있지만, 알은 오직 일부만이 포란반과 접촉한다. 알의 다른 면은 얼음이나 바위 턱에 직접 닿는다. 일부 다른 종의 새들처럼 알을 발 위에 올려놓지도 않는다. 이런 상황에서 바다오리들이 어떻게 알을 효과적으로 데우는지는 알려지지 않았다.

과거의 동식물학자들에게는 알을 품는 과정이 완전한 호기심을 불러일으키는 대상이었다. 오늘날 우리는 알품기에 큰 관심을 두지 않지만, 1678년에 윌러비와 레이가 했던 말은 우리가 잠시 멈춰서 알을 품는 일이 얼마나 놀라운지 생각해보게 만든다. "새는 매우 성실하게 인내심을 가지고 오랫동안 밤낮으로 둥지에 앉아있어야 한다… 가장 겁이 많은 새조차 용감하고 담대하게 자기의 알을 지킨다… 죽은 듯이 가만히 있는 알을 향한 새의 사랑은 거대한 진실이다."[23]

우리가 아이였을 때 들었던 경고에 의하면, 알을 품는 새를 둥지에서 떼어놓으면 알이 식어서 죽어버릴 것이라고 했지만, 배아는 놀랍도록 회복력이 높다. 대부분 종의 알은 상당한 한기를 견딜 수 있는데, 이는 어떤 이유에서든 알을 품던 새가 알을 떠나야 할 일이 생길 때 꼭 필요한 능력이다. 가금류 산업계에서는 신선한 유정란을 상온에서 약 일주일 동안 보관하면서도 부화 성공률이 감소하여 고통 받지 않는다. 우리는 여기에 놀랄 필요가 없는데, 가금류의 조상인 적색야계 red jungle fowl 는 일반적으로 한 번에 약 여덟 개에서 열 개의 알을 낳았으므로, 적어도 여드레에서 열흘은 알을 품지 않은 채 놔둘 수 있어야 했기 때문이다. 그러나 6장에서 보았듯, 최근에 낳은 알의 생존 가능성은 환경조건에 따라 달라진다.

일반적인 통념에 의하면 신선하고 배아가 발달하지 않은 알보다 배아가 발달중인 알이 훨씬 더 한기에 취약하다지만, 이것은 새의 부류에 따라 다양한 차이가 있다. 둥지에서 엄청나게 먼 곳까지 먹이를 찾으러 나가는 바닷새의 배아는 한기에 뛰어나게 잘 견디도록 진화한 것으로 보인다. 알래스카에서 번식하는 두갈래꼬리바다제비fork-tailed storm petrel는 일반적으로 알을 방치하고 며칠씩 이어서 자리를 비우는데, 어느 알은 혼자 남은 지 7일 후에 부화하기도 했다. 결과적으로 이런 종의 부화기간은 37일에서 68일로 다양하고 매우 유연하다.[24] 바다오리는 근면성실하게 알을 품는 새로, 포식자의 접근이나 극심한 먹이의 부족처럼 오직 극단적인 상황에서만 알을 떠난다. 그러나 언젠가 나는 4일 동안 혼자였던 바다오리 알도 이후에 다시 품어주기 시작하자 부화하는 것을 본 적이 있다.

오히려 알이 견딜 준비가 덜 된 것은 새의 체온인 40°C를 훨쩍 넘어가는 온도이다. 40°C 이상에서 품어준 알은 부화하는 경우가 드물다. 실제로 이런 이유 때문에 새가 체내에서 배아를 키우지 않고 체외에서 체온보다 낮은 온도로 알을 품는 것인지도 모른다. 40°C인 경우 건강하기에는 발달속도가 지나치게 빠를 수도 있다.[25] 소수 종의 새는 극단적으로 더운 환경에서 번식한다. 칼라하리Kalahari 사막에 둥지를 트는 더블밴디드코서double-banded courser는 서늘한 밤에는 알을 품지만, 온도가 30°C에서 36°C 사이인 낮에는 알 위에 서서 햇빛을 차단하기만 하며 대기 온도가 그 이상으로 치솟으면 역설적이게도 다시 알을 품어서 알이 너무 뜨거워지는 것을 막는다. 악어새Egyptian plover는 강가의 탁 트인 모래톱에 둥지를 틀어서 열대의 태양에 완전히 노출시킨다. 1850년대에 독일의 조류학자 알프레드 브레엠Alfred Brehm은 이 새가 알을 모래에 묻는다는 놀라운 발견을 함으로써, 일부 조류학자들이 이 새도 무덤새처럼 번식을 한다고 추측하게 만들었다. 다른 조류학자들은 알을 묻는 행동이 알을 상대적으로 서늘하게 만들기 위해서는 아닐지 궁금해했는데, 한낮에는 모래 표면 온도가 45°C까지 오를 수 있다는 사실에 주목했기 때문이었다. 이 생각과 일치하는 관측이 나왔는데, 어른 새는 주기적으로 물가로 걸어가서 배를 강에 담갔다가 둥지로 돌아왔고, 묻어둔 알 위로 물을 떨어뜨렸다. 그러다 1970년대에 악어새를 자세히 관찰한 미국의 조류학자 토머스 하웰Thomas Howell은 이렇게 결론 내렸다. "체온과, 태양열과, 모래에 담긴 열이 균형 잡힌 조화를 이뤄서 부화온도를 적절한 한계 내로 유지한다." 모래에 묻는(그리고 물에 적시는) 행동은 알이 과열되지 않도록 도와줄 뿐만 아니라, 포식자로부터 알을 숨겨주기도 하면서(새끼도 마찬가지 방법으로 숨긴다), 악어새가 이 특이한 서식지를 이용할 수 있도록 해준다.[26]

상업적 공정에서는 달걀을 인공적으로 부화시키는데, 습도가 50퍼센트일 때 부화 성공률이 최적화되는 것으로 보인다. 습도를 조절해야 하는 이유는 알에서 손실되는 물의 속도에 영향을 미치기 때문이다. 습도가 너무 높거나 너무 낮으면 배아를 죽일 수도 있다. 야생에서 알을 품는 새는 행동이나 생리적 요소를 이용하여 적극적으로 온도를 조절할 수 있지만, 습도는 그렇지 못하다. 대신 습도는 수동적으로 통제하는데, 둥지나 서식지를 고르는 방법, 그리고 특정 환경에서 효율적으로 기능하는 난각을 진화시키거나 또는 고도에 반응해서 난각의 구조를 변화시켰던 것(2장)처럼 생리적 유연성을 이용해 암컷이 알맞은 형태의 난각을 생산하는 방법이 있다. 적절한 수준의 습도와 산소를 보장하기 위해 적극적으로 둥지를 환기시켜야 하는 유일한 새는 굴에서 번식하는 새들이다. 딱따구리와 벌잡이새는 알을 키우는 동안 둥지로 향하는 구불구불한 굴을 매일 밤 몇 차례씩 앞뒤로 오가면서, 굴을 환기시키기 위해 산소를 밀어내고 끌어온다.[27]

"턴! 턴! 턴!Turn! Turn! Turn!"은 록밴드 버즈Byrds가 1965년에 낸 히트곡이다. 밴드 멤버들은 이것이 알을 품는 모든 새들에게 적절한 조언이라는 사실을 알고 있었는지 모르겠다. 뒤집기는 성공적인 부화를 위해 꼭 필요하기 때문이다. 레오뮈르가 18세기에 썼던 부화관련 논문에는 그럴듯한 제안이 등장하는데, 뒤집기는 둥지 속 모든 알이 적절하게 데워질 수 있도록 한다는 것이다. 하지만 레오뮈르의 제안은 1950년대에 들어서 사실이 아닌 것으로 드러났다. 상업용 부화기는 극도로 균일하게 따뜻한 환경을 조성함에도 불구하고 뒤집어주지 않은 알은 여전히 부화에 실패했다. 1890년대까지만 하더라도 알을 뒤집어주지 않으면 배아가 난각막에 붙어버려서 목숨을 잃는다는 추측이 존재했다. 특히 이 생각은 이후에 널리 퍼졌고 상업용 부화기에는 주기적으로 알을 뒤집어주는 장치가 들어갔다. 지금은 링컨 대학에서 일하는 찰스 디밍은 1980년대와 1990년대에 알을 뒤집어주지 않았을 때 발생하는 생리적 결과를 조사했고, 배아가 난각막에 붙어버린다는 발상이 틀렸다는 것을 발견했다. 죽은 배아가 난각막에 붙어있던 것은 맞지만 난각막에 붙어있는 것이 죽음을 초래하지는 않았다. 그것보다 배아는 알의 흰자를 적절하게 사용할 수 없기 때문에 죽었다. 알을 뒤집는 일은 부화기간 초기의 며칠 동안에만 반드시 필요한 일인데, 배아의 외부 혈관망이 발달하도록 촉진시키고, 알 속의 영양분과 물이 확산하도록 만들고, 배아가 노른자와 흰자를 고려하여 최적의 위치에 자리 잡도록 보장함으로써 배아가 발달하는 동안 흰자를 완전히 사용할 수 있게 한다.[28]

배아가 발달을 마치면 알 속의 무게 분포가 불균형해지기 때문에 둥지 속의 알은 확실한 아랫면과 윗면이 생긴다. 이때 부모 새가 알을 "뒤집는" 이유는 알을 굴리기 위한 것이 아니라 방향을 유지시켜주어서, 새끼가 처음 난각을 깨고 나올 때 식물이나 다른 둥지 속 장애물이 없는 윗면으로 나올 수 있도록 하기 위해서이다.[29]

몇 종류의 새는 알을 뒤집을 수 없다. 야자나무칼새가 그중 하나인데, 이 새는 작고 재미난 둥지에 두 개의 알을 타액으로 붙여버리는 데다가, 그 둥지마저도 야자나무 뒤쪽에 붙어있다. 앞서 만났던 풀숲무덤새와 숲칠면조같은 무덤새들도 알을 뒤집을 수가 없는데, 알을 땅이나 식물 속에 묻어버리기 때문이다. 키위도 그 거대한 알을 뒤집을 수 없는 것이, 둥지 구덩이에 충분한 공간이 없다. 야자나무칼새의 경우는 쉽게 설명이 가능할 듯한데, 뒤집지 못하는 대신 바람에 야자나무 잎이 흔들리면서 충분히 움직이기 때문이다. 무덤새와 키위는 다른 문제를 제기한다. 어떻게 알을 뒤집지 않고도 부화시키는 것일까? 정답은 찰스 디밍이 제시했다. 디밍은 알이 뒤집히면 배아가 더 쉽게 흰자를 사용할 수 있다는 사실을 눈치챘으며, 상대적으로 흰자가 많은 알은 더 많이 뒤집어져야 할 것이라고 추측했다. 이것은 상대적으로 흰자가 적은 무덤새와 키위, 그리고 파충류의 알은 왜 뒤집지 않아도 되는지까지 설명한다. 부화한 새끼에게 보살핌이 필요한 명금류의 알은 80퍼센트가 흰자이다. 새끼가 부화 직후부터 혼자 활동하는 오리는 흰자가 알의 60퍼센트를 차지한다. 새끼가 부화 직후부터 활발하게 활동하는 풀숲무덤새는 50퍼센트가, 그리고 새끼가 부화 직후부터 놀랄 만큼 잘 활동하는 키위는 30퍼센트가 흰자이다. 파충류는 마지막 두 종류의 새 중간으로, 알의 45퍼센트가 흰자이다.[30]

달걀의 부화기간이 21일이라는 사실은 아리스토텔레스의 시대 이전부터 알려져 있었다. 20세기까지도 대부분의 다른 새들은 부화기간이 상당히 아리송한 상태로 남아있었다. 오스카 하인로트와 아내 막달레나Magdalena가 베를린의 아파트에서 부화기에 알을 부화시키고 카나리아와 거위에게 그 양육을 맡기던 1900년대 초가 되어서야 정확한 측정값들이 나왔다. 28년 동안 이 훌륭한 부부는 삼백 가지 종의 천 마리가 넘는 새를 길렀다. 그 과정에서 베를린 동물원의 부책임자였던 오스카는 새의 행태와 관련하여 많은 것을 새로 발견했고, 이것들은 후에 다른 사람들에 의해서도 널리 검증받았다. 비극적이게도 막달레나는 부부의 거대한 프로젝트를 마치고 이주 뒤에, 결과를 펴내기도 전에 숨을 거뒀다. 부부의 기념비적인 4권짜리 설명서 『중앙유럽의 새들』은 마침내 세상에 나왔지만, 때맞춰 발발한 2차 대전 때문에 그늘 속에 남게 되었다.

알려진 중 가장 부화기간이 짧은 새는 특정 명금류로 단 10일밖에 걸리지 않는다. 이 기간은 수정된 알이 나오고부터 새끼가 태어날 때까지를 잰 것이다. 부화기간이 가장 긴 새는 로열알바트로스와 키위로 약 80일이 걸린다. 아주 넓게 가늠해본다면 알이 클수록 부화하는 데 걸리는 시간도 길다. 그러나 이 방정식에는 수많은 소음도 존재하는데, 알의 크기가 비슷한 종끼리도 부화기간이 상당히 달라질 수 있기 때문이다. 하인로트도 지적했지만, 무게가 250g인 그리폰 독수리griffon vulture의 알은 보살핌이 필요한 새끼가 부화하기까지 49일이 걸리지만 무게가 1,500g인 타조의 알은 태어나자마자 활동할 수 있는 작은 타조가 부화할 때까지 단지 39일이 걸릴 뿐이다.[31]

새의 부화기간은 각자의 진화사와 생태의 조합에 따라 결정된다. 예를 들어, 슴새목Procellariiformes이라는 목에 속한 모든 과의 새들은 상대적으로 부화기간이 길다. 이것은 진화사의 영향이다. 바닷새로서 이 새들의 새끼는 (알 속에서 배아로 있던 기간을 포함해서) 천천히 성장하는데, 먹이가 서식지에서 멀리에 있기 때문이다. 이것은 생태의 영향이다. 구멍에서 번식하는 새들은 포식자로부터 상대적으로 안전하기 때문에 부화기간이 길다. 이것도 생태 효과이다. 종합적으로 이야기하면 1920년대에 하인로트가 알아냈던 것처럼, 부화기간이 긴 종은 새끼가 둥지에 머무는 기간 역시 긴데, 이것은 알 속에 있을 때와 부화 후의 발달속도가 비슷한 유전적 통제를 받고 있음을 의미한다.[32]

부화기간이 절정에 다다른 순간 새끼가 태어난다. 실제로 부화는 수정과 알품기의 절정이며, 알의 삶에 있어서 세 번째 커다란 사건이다. 새끼는 어떻게 밀실처럼 좁은 난각을 깨고 나오는 것일까? 보통 우리는 이 과정을 상상하려고 할 때 만화에서 알이 깨지는 모습을 쉽게 떠올리게 된다. 만화에서는 이 과정을 낭만적이고 깨끗하게 보이도록 시도했는데, 달걀의 뚜껑이 갑자기 떨어지면서 따듯한 노란색 솜털로 뒤덮인 병아리가 나오는 모습을 보여준다. 하지만 현실은 그렇지 않다. 부화는 여전히 감탄스럽긴 하지만 우리가 때때로 생각하는 것만큼 빠르지도, 깔끔하지도, 단순하지도 않다.

완전히 발달한 배아는 발목을 알의 뾰족한 끝부분에 두고 머리는 뭉툭한 끝부분을 향한 채 알 속에 웅크리고 있다. 배아가 목을 굽히고 있어서 머리는 가슴과 닿아있고 부리는 오른쪽 날개 밑에서 난각막을 향해 비어져 나와 있다. 이 부화 전 자세는 무덤새를 제외한 모든 새에서 흔히 나타나는 자세인 듯하다.

알을 깨고 나오기 시작하기 전에 새끼가 반드시 성공해야 할 세가지 일이 있다. 먼저 난각의 기공을 통해 들어와서 난각 안쪽 표면에 늘어서있는 혈관망으로 확산되는 산소를 끊고, 폐를 사용해서 호흡해야 한다. 제대로 된 첫 숨을 들이마시는 새끼는 알 내부의 꼭대기에 있는 기실에 구멍을 내어서 즉시 산소로 폐를 가득 채운다. 이 단계는 꼭 거쳐야 하는 것인데, 이만큼 발달한 새끼에게 기공을 통해서 확산되는 산소로는 호흡기가 필요로 하는 양을 충분히 감당할 수 없기 때문이다.

첫 숨을 들이마시기 전에, 새끼는 난각의 안쪽 표면에 늘어서있는 혈관망으로 공급되는 혈액을 끊기 시작하고, 몸 안으로 혈액을 거둬들여야 한다. 새끼의 배꼽에서 혈관이 떨어져 나오고 새끼가 껍질을 동그랗게 오려내려기 직전에 혈관은 저절로 퇴화한다.

마지막으로 새끼는 남은 노른자를 복부로 흡수해야 한다. 남은 노른자는 새끼의 작은창자로 연결된 줄기를 통해 빨아들인다. 이 "난황낭 yolk sac"은 부화 후 몇 시간 또는 며칠을 버틸 식량 저장고이다.

기본적으로 새의 새끼가 해야 하는 일은 바로 사람의 아기가 하는 일인데, 사람의 아기도 태반을 통해 산소와 식량을 공급받던 것에서 독립하여 폐로 숨을 쉬고 입으로 삼킨 음식을 소화시켜야 하기 때문이다. 이렇게 생각하면 상당히 큰 변화가 아닐 수 없다.[33]

이제 난각을 부수고 나올 준비가 된 새끼는 난각의 안쪽 벽을 부리로 찌르기 시작한다. 새끼는 구멍 내는 것을 도와줄 만한 특별히 단단하고 작은 구조물을 부리 끝에 달고 있다. 난치egg tooth라고 알려진 이것이 부화에서 담당하는 역할은 1826년에 조류학자인 윌리엄 예렐William Yarrell이 발견했다. 초창기 부화기에서 가축용 오리와 닭이 부화하는 것을 관찰하다가 난각 조각을 제거해본 그는 날카롭고 작은 난치가 알 안쪽을 누르고 있는 것을 볼 수 있었다. 결국에는 난치 덕분에 새끼가 "스스로 감옥의 벽을 부수려는 노력"을 할 수 있었던 것이다.[34] 또 (적어도 하나 이상의 공룡을 포함한) 파충류 역시 난치를 가지고 있고, 오리너구리나 바늘두더지처럼 알을 낳는 포유류 (단공류) 역시 마찬가지이다. 난치는 난각을 벗어나기 위해 중요한 수단인 것이다. 새의 경우 난치는 칼슘으로 만들어졌으며 대개는 윗부리 끝에만 나있지만, 뒷부리장다리물떼새avocet, 장다리물떼새stilt, 멧도요woodcock 같은 몇몇 종은 난치가 윗부리와 아랫부리에 모두 나있다. 대부분의 새들은 부화한 다음 며칠이 지나서 난치가 빠지지만, (되새나 참새 같은) 연작류 새들은 난치가 부리 속으로 다시 흡수되기도 한다. 습새의 경우 부화하고 나서 최대 3주까지 난치가 눈에 보이게 남아있다.[35]

난각을 부수고 나오면서 새끼는 처음으로 대기의 공기를 마신다.

8장

처음으로 마시는 난각 밖의 공기인 것이다. 추가로 산소를 들이마시면서 활력을 충전한 새끼는 계속해서 난각을 안쪽에서 쪼아대는 동시에 어깨와 다리로 난각 안쪽을 밀어내기 시작한다. 또 난각 안에서 (뭉툭한 끝부분을 위에서 내려다본 기준으로) 몸을 반시계방향으로 돌린다. 이때 난치는 난각을 붙들고 있는데, 이 과정을 "파각pipping"이라고 한다. 내 생각에 원래 이 단어는 새끼가 이 시점에서 내는 소리를 따서 "peeping"이라고 불렀던 것으로 보이는데, 파브리키우스가 1621년에 새끼의 발달에 대해 설명한 내용을 보면 "peeping은 새끼가 알을 떠나길 바라며 보내는 신호이다"라고 쓴 주석이 있다. 계속 파각이 이어지다 보면 마침내 알의 제일 넓은 부분 위쪽의 난각 꼭대기가 떨어져버리고 새끼가 나온다. 이것이 새끼가 알을 벗어나는 가장 흔한 방법이다. 어떤 종은 새끼가 알의 옆면을 쪼개고 깔끔하지 못한 구멍으로 나오기도 한다. 이 부화 방법은 섭금류처럼 부리가 긴 새들에서 가장 흔하게 나타나는 것으로 보인다.[36]

무덤새는 다르다. 따뜻한 흙이나 부패중인 식물에서 알을 부화시키기 때문에 알을 품어주는 부모 새의 무게를 견딜 필요가 없어서 난각이 상대적으로 얇다. 또 영광스럽게도 각 알이 자기만의 부화 자리에 홀로 떨어져 있기 때문에 알끼리 부딪히거나 또는 부모 새에게 차이거나 쪼여서 손상 받을 위험도 없다. 무덤새 알은 난각이 얇기 때문에 기체가 쉽게 드나드는 것은 물론이고, 알을 깨고 나오는 것도 상대적으로 쉽다. 무덤새의 새끼는 난치가 없는데, 진화의 유령처럼 발생 초기 단계에서 나타났다가 부화시기쯤에 사라져버린다. 대신 무덤새의 새끼는 난각을 발로 차서 나갈 길을 만들기 때문에 다리가 제일 먼저 밖으로 나온다. 부화하면서 스스로 다치는 일을 피하기 위한 젤리 같은 뚜껑이 새끼들의 발톱을 덮고 있으며, 이 뚜껑은 새끼들이 땅 위로 올라오고 나면 곧바로 떨어진다. 더 큰 차이점을 살펴보면 무덤새는 난각을 부수자마자 공기를 들이마시기 시작하는데, 약 이틀 간 직접 흙이나 식물을 파헤쳐야 하기 때문에 대량의 산소를 원하고 또 필요로 하는 것이다. 공룡도 알을 묻었을 것이라고 짐작되기 때문에 한때는 공룡 역시 무덤새 새끼와 비슷한 방법으로 부화했으리라는 의견도 존재했으나, 극도로 희귀한 화석 중 하나인 부화 직전의 공룡 배아 화석에서 난치가 발견됐기 때문에 그 의견은 틀린 것으로 보인다.[37]

부엉이에서 작은앵무새에 이르는 넓은 범위를 살펴보면, 때로는 새끼가 알 밖으로 나오는 것을 부모 새가 도와주기도 하는데, 이 부모 새는 새끼의 부리가 뚫고나온 지점의 난각을 살짝 부숴준다. 어떤 종은 난각 윗부분이 사라진 다음에 부모가 새끼를 넘어뜨려서 밖으로 나오도록 돕는다.

난각의 꼭대기를 자르는 새 중에서 타조와 같은 일부 새는 알 둘레의 1/4보다 작은 구멍을 만들고는 난각을 산산이 부수면서 나온다. 반대의 극단적인 경우로 농장올빼미, 비둘기, 메추라기 등은 난각 꼭대기를 완벽하게 동그랗게 오려내고는 깔끔하게 윗부분 전체를 제

거한 뒤 나온다. 콜린메추라기_{bobwhite quail} 또한 난각의 윗부분을 완벽

하게 제거하는데 심지어 한 번 이상 회전한다.[38]

15. 새가 알을 깨고 나왔을 때 극명하게 갈리는 두 태아의
발달 상태를 보인 그림. 왼쪽은 일반적인 명금류의 새가 알
을 깨고 나왔을 때를 보이고 있다. 눈이 보이지 않으며, 털
이 아직 자라지 않았고 무방비상태에 있다(이런 새들을 만성조
_{altricial}라고 부른다). 오른쪽에 있는 새는 물떼새의 새끼다. 이 새
는 부화할 때 눈을 뜨고 있으며 뛰어다니거나 자기 스스로
먹을거리를 먹을 수 있다(이런 새들을 조성조_{precocial}라고 부른다).

연구자들은 새의 종에 따라 난각을 나오는 방법이 왜 이렇게 차이가 나는지 알아내려 고민했다. 한 가지 발상은 발달 수준의 영향을 받았다는 것인데, 부화 직후부터 활동을 하는 닭과 같은 종은 부화한 다음에 보살핌이 필요한 찌르레기나 울새 같은 종보다 더 튼튼하며 난각도 더 잘 부수고 나올 수 있다는 것이다. 그러나 이 발상이 맞을 것 같지는 않은데, 새끼가 부화 직후부터 활동을 하는 종들 중에는 알에서 나오기 전에 가장 작게 파각하는 종(타조)과 가장 크게 파각하는 종(메추라기)이 모두 속해있기 때문이다. 난각막과 난각이 질기고 유연한 알은 단단하고 잘 부서지는 알보다 새끼가 알을 탈출하기 전에 잘라내는 난각의 넓이가 더 넓다는 쪽이 훨씬 설득력 있다. 오리와 닭의 알은 단단하고 몇 번 쪼지 않아도 온전한 난각을 부서뜨릴 수 있기 때문에 새끼는 상대적으로 적게 알을 쪼고 난 뒤에 나올 수 있다. 반면 메추라기, 비둘기, 바다오리 등은 알과 난각막이 잘 부서지지 않고 상대적으로 질기기 때문에 새끼가 나오려면 더 큰 구멍을 내야 한다.[39]

마지막이자 부화의 가장 절정인 단계는 새끼가 난각에서 나오는 때인데, 이 역시도 몇 분밖에 걸리지 않는 명금류로부터 하루 이상 걸리는 새까지 다양하다. 닭의 경우 병아리는 부화 30시간 전에 기실에 구멍을 내고, 부화 12시간 전에 첫 번째로 난각을 쪼기 시작하고, 밖으로 나오기 5분 전에 난각 안에서 회전을 시작한다. 바다오리의 경우 새끼가 부화 35시간 전에 기실에 구멍을 내고, 22시간 전에 난각을 쪼기 시작하고, 밖으로 나오기 5시간 전에 회전하기 시작한다. 상대적으로 더 두꺼운 난각막(120μm)과 난각(500μm)을 자르는 데 필요한 노력 외에도, 바다오리의 부화과정이 더 긴 또 다른 이유가 있다. 새끼와 부모 새가 부화 전에 반드시 서로의 울음소리를 식별할 줄 알아야 한다는 점이다. 바다오리는 둥지도 없이, 이웃과는 부리와 목을 맞대고, 엄청나게 밀집해서 산다는 것을 기억하자. 바다오리들은 자신의 알을 알아보는 것(5장)뿐 아니라, 자기의 새끼 또한 알아볼 수 있어야 하는데, 이 과정을 완료하는 데 약 이틀 정도가 걸릴 수도 있다. 바다오리 새끼는 기실을 뚫고 들어가자마자 울기 시작하는데, 그러면 여전히 온전한 알 속에서 우는 바다오리 새끼의 소리를 듣고 부모 새가 응답하는 다소 기적 같은 일이 일어난다. 서로 뚜렷하게 차이나는 울음소리가 부모와 새끼 사이에 유대를 형성하기 때문에 새끼가 난각을 깨고 나오는 순간부터 둘은 서로를 알아본다. 가까운 사촌인 레이저빌의 경우 바다오리 같은 즉각적인 부모-자손 인지 현상은 일어나지 않는데, 다른 레이저빌로부터 동떨어진 곳에서 번식하기 때문에 다른 가족과 새끼가 섞일 위험이 없기 때문이다.[40]

나는 알 속의 바다오리 새끼가 부모 새와 소통한다는 발상에 감격했다. 하지만 한 번에 여러 개의 알을 낳는 데다가 그 알들에서 태어나는 새끼들이 부화 직후부터 활동을 할 수 있는 경우 훨씬 더 놀라운 일이 벌어진다. 이런 종의 경우 모든 새끼가 동시에 태어나서 어미 새가 새끼를 한꺼번에 인식해두는 것이 안전의 측면에서 중요하다.

예를 들어 암컷 오리는 알들이 부화하는 간격을 최소화하기 위해서 한 번에 낳는 만큼의 알을 전부 낳은 다음에야 알을 품기 시작한다. 그럼에도 불구하고 일부 배아는 알을 품어주지 않거나 최소한만 품어주어도 발달하기 때문에 총 부화시간의 차이는 여전히 상당할 것이다.

오스카와 막달레나 하인로트 부부가 관찰한 많은 새로운 사실 중 하나는 같은 둥지에 있는 청둥오리 새끼들이 비범하게 비슷한 시기에 부화했다는 것이다. 단 한두 시간 만에 모든 새끼가 부화한다. 이 놀라운 관찰에도 불구하고 부화의 동시성에 대해 진지하게 고민하는 사람은 없었는데, 이후로 40여 년이 지나서야 독일의 조류학자 리처드 파우스트Richard Faust가 사육용 아메리카레아American rhea에게서 나타난 동일한 현상을 보고했다. 레아의 산란과 부화 사이의 간격은 둥지마다 27일에서 41일까지로 다양했지만, 한 둥지 안의 새끼들이 단 두세 시간 만에 전부 부화하는 것은 동일했다. 파우스트는 이 동시성을 유발시키는 무언가가 있다는 사실을 깨달았지만, 그것이 무엇인지는 알지 못했다.[41]

1960년대에 케임브리지 대학의 연구자였던 마가렛 빈스Margaret Vince는 알이 서로 이야기를 한다는 사실을 발견하여 이 문제를 해결했다. 부화하기 전인 메추라기 알에 귀를 가져다 댄 그녀는 특이하게 찰칵거리는 소리를 들을 수 있었다. 이 소리는 새끼메추리가 난각을 처음 쪼고 난 지 10시간 이후부터 30시간 이전까지 내는 것이었고, 빈스는 이 소리를 이용해 같은 둥지에 있는 알들이 서로 신호를 보내 활동시기를 맞추는 것일 수도 있다고 생각했다. 빈스는 자신의 이론을 검증하기 위해 서로 다른 조건에서 콜린메추라기를 길렀다. 그는 알들이 동시에 부화하기 위해서는 서로 닿아야 한다는 사실을 발견했고, 알들의 소통이 일부는 소리로, 일부는 촉각으로 이루어진다고 추측했다. 실제로 빈스는 메추라기 알을 인공적인 진동이나 소리에 노출시킴으로써 알들이 동시에 부화하도록 유도할 수 있었다. 새끼의 찰칵거리는 소리는 인접한 알의 부화과정을 늦출 수도 있고 서두를 수도 있었다. 무엇보다 놀라운 점은 빈스가 다른 것들보다 24시간 늦게 둥지에 넣은 알이, 다른 알들과 비슷한 시기에 새끼가 나올 만큼 부화 속도를 높일 수 있었다는 것이다.[42]

다양한 종의 새는 다양하게 발달한 상태에서 부화한다. 한 극단에는 "부화 직후에 보살핌이 필요하고" 무력한 명금류의 새끼가 있다. 다른 쪽 극단에는 "부화 직후부터 극도로 활발하고" 완벽하게 독립적인 무덤새의 새끼가 있는데, 깃털이 완전히 나 있고 눈도 뜨고 있으며 날 수도 있다. 이 사이에는 친숙한 아기병아리가 있는데, 눈을 뜨고 있고, 솜털이 나 있으며, 혼자서도 먹이를 먹을 수 있긴 하지만 여전히 어미닭의 보호와 보살핌을 받아야 한다. 바다오리 새끼는 병아리보다 약간 더 보살핌이 필요한데, 눈은 뜨고 있고 솜털이 나 있긴 하지만 주변을 돌아다닐 수 없고 체온도 조절하지 못한다. 어쩌면 오히려 다행스러운 것일 수도 있다. 절벽의 바위 턱은 돌아다닐 만한 장소가 아니기 때문이다. 적어도 새끼가 신체를 잘 움직이게 되고, 가장자리가 무엇인지 제대로 인지하기 전까지는 그렇다. 이런 것들은 자라면서 획득하는 능력이다. 바다오리 새끼는 스스로 체온을 유지하지 못하기 때문에 부모 새의 포란반에 붙어서 온기를 얻어야 하는데, 이것은 위험을 피하는 데에도 도움이 된다.

새끼가 부화하고 나면 무엇이 남을까? 정답은 별거 없다. 그저 산란 당시보다 약간 얇아진 난각 뿐이다. 새끼가 골격을 형성하기 위해 칼슘을 조금 가져갔기 때문이다. 하지만 빈 난각은 골칫거리이다. 날카로운 모서리 때문에 연약하고 어린 새끼가 다칠 수도 있다. 새끼가 껍질 안에 갇힐 수도 있다. 설상가상으로 난각 안쪽의 연한 색이 한때는 보호색을 띄고 있던 알을 포식자의 눈에 또렷이 보이도록 만든다. 부모 새가 이 문제에 대처하는 방식은 둘 중 하나이다. 난각을 먹어버리든지, 둥지에서 제거하든지. 가장 일반적인 방법은 부모 새가 두 개의 난각 조각을 멀리 가져다 버리는 것이다. 왜가리처럼 높은 나무 위에 둥지를 짓는 새들은 난각 조각을 둥지 밖으로 그냥 튕겨버리면 된다. 물 위에 둥지를 트는 논병아리는 난각 조각을 꾹 눌러서 보이지 않는 곳까지 가라앉혀버린다. 갈매기처럼 땅에 둥지를 짓는 새들은 부리로 난각 조각을 집어들고 수십여 미터 떨어진 곳으로 날아가서 떨어뜨린다.

1950년대와 1960년대에 니코 틴버겐Niko Tinbergen이 둥지를 트는 검은머리갈매기black-headed gulls를 대상으로 진행했던 일련의 정교한 현장

조사는 난각을 제거하도록 자극하는 신호와 난각을 제거하는 행동의 생존가를 설명했다. 난각을 제거하도록 촉발하는 신호는 빈 난각의 가벼운 무게이다. 그리고 생존가는 까마귀 같은 포식자에게 어리고 맛있는 새끼를 찾아서 오라고 신호를 보내는 난각의 하얀색 안쪽 면을 제거하는 것이다. 오리는 난각을 둥지에 그대로 둔 채 거의 동시에 깨어난 새끼들을 데리고 포식자로부터 더 안전한 장소를 찾아 이동한다. 바다오리와 절벽에 둥지를 짓는 세가락갈매기 같은 새들은 원래 있던 대로 난각을 내버려두는데, 새끼가 포식자로부터 상대적으로 안전하기 때문이다.[43]

다음이자 마지막 장에서 우리는 지금까지 이 책에서 살펴보았던 몇 가지 줄기를 하나로 합쳐볼 것이다.

9

이야기를 마치며: 루프턴의 유산

나로서는, 내가 기억하는 최초의 순간부터 거의 늘 누려왔던
자연사의 맛이, 헤아릴 수 없는 축복의 존재를 증명하는 것이었다.
나는 내 인생의 빛나는 모든 순간들을 자연사의 영향에 빚지고 있다.

-윌리엄 휴잇슨, 『영국 조란학』 (1831)

가끔 자금부족에 시달렸던 조지 루프턴은 1940년쯤 어느 땐가에 어마어마한 바다오리 알 수집품을 당대의 괴짜 백만장자, 비비안 휴이트Vivian Hewitt에게 팔았다.

엄청난 성공을 거두었던 그림스비Grimsby 양조 기업을 운영하는 집안에서 1888년에 태어난 휴이트는 젊은 시절 빠른 자동차와 비행에 열정을 쏟았고, 세 가지 이유로 유명세를 떨쳤다. 하나는 1912년 4월 26일에 북웨일스의 홀리헤드Holyhead에서 아일랜드의 더블린Dublin까지 비행했던 일 때문인데, 당시 주장에 의하면 비행기로 아일랜드해를 횡단했던 첫 사례이면서 가장 장거리(73마일)를 운항한 사례이기도 했다. 나무, 철사, 캔버스 천으로 만든 글라이더를 타고 나섰던 휴이트의 한 시간짜리 비행은 몹시도 위험한 것이었는데, 지난 한 해에만

65명의 예비 조종사들이 당시에 새로 발명한 이 항공기를 조종하려다가 목숨을 잃었다. 휴이트는 이 성공적인 도전으로 24세에 유명인사가 되었다.[1]

1차 대전 직후 휴이트는 건강상의 이유로 비행을 그만두었다. 양조업으로 벌어들인 막대한 재산을 물려받은 그는 생계를 위해서 일을 할 필요가 없었기에 무언가 몰두할만한 일이 필요했다. 그는 배를 사서 바닷새가 서식하는 웨일즈의 섬들을 방문하기 시작했는데, 바드시Bardsey 섬과 그래스홈Grassholm 섬을 비롯한 곳곳을 다니며 새알을 수집했다. 스코머 섬의 절벽에는 접근할 수 없었을지도 모르는데, 주인인 르우벤 코드Reuben Codd가 몹시 맹렬하게 섬의 야생동물을 보호했기 때문이다. 루프턴을 비롯한 여러 사람들과 마찬가지로, 휴이트 역시 벰턴 클리머들에게서 바다오리 알을 구매했는데, 독특한 표본에 어처구니없이 비싼 값을 치르는 일도 자주 있었다. 클리머들은 분명히 휴이트를 좋아했을 것이다![2]

1930년대에 휴이트는 켐린Cemlyn에 집을 사고 인근에 위치한 아름다운 앵글시Anglesey의 북단에 바닷새 보호구역을 만들었다. 십여 년 동안 직접 알을 수집하던 휴이트는 다른 사람의 알 수집품을 구매하는 것으로 방법을 바꿔서 "보관장 꾼"이 되었다. 휴이트가 축적한 다른 사람의 알 수집품은 그가 유명했던 두 번째 이유였다.

경이로운 부유함에도 불구하고 휴이트의 집안 살림은 상당히 기본적이었는데 켐린에는 수도나 전기가 흐르지 않았기 때문이었다.

그가 런던에 있는 사보이 호텔Savoy Hotel을 주기적으로 방문하여 누렸던 호사를 생각하면 이보다 극명하게 대비되는 것을 찾기 어려울 정도였다. 휴이트는 강압적이었던 어머니 때문이었는지 결혼을 하지 않았는데, 대신 어른이 된 후로는 줄곧 두 명의 충실한 하인인 패리 부인과 그의 아들 잭에게 보살핌을 받았다. 셋은 휴이트가 자신의 집 주위로 세운 거대한 벽 뒤에 은둔하여 살았는데, 전해지는 바에 의하면 그 안에 새를 보호하기 위해서였다.

알 뿐만 아니라 휴이트는 새 가죽, 엔진, 동전, 우표, 총 등을 모았고, 켐린은 그의 광대하고 어수선한 수집품들을 저장하는 거대한 창고가 되었다. 재정적 제약을 받지 않았던 그는 원하는 것은 무엇이든 구했는데, 대개는 즉흥적인 것들이었다. 그가 산 것들 중 가장 유명했던 것은 선 채로 박제된 몇 마리의 큰바다쇠오리와 그것의 알이었다. 알려진 표본 중 가장 마지막 개체가 1세기 전에 죽은 것인 상황에서, 이 큰바다쇠오리의 가죽과 알은 믿기 힘들 만큼 희귀했고 비쌌다. 큰바다쇠오리 박제와 알이 스코틀랜드의 한 성에 있다는 정보를 얻은 휴이트는 또 다른 알 수집가인 피터 아돌프Peter Adolph를 백지수표로 무장시켜서 그곳으로 보냈다. 막 도착한 아돌프에게 영주는 휴이트가 큰바다쇠오리 박제와 알의 값을 치를 수 없을 것이라고 말했지만, 영주가 제시한 가격은 아돌프가 예상했던 가격보다 75퍼센트나 저렴했다. 휴이트는 총 네 개의 큰바다쇠오리 표본과 13개 이상의 알을 획득했다. 개인 수집가로서는 전무후무한 기록이었다. 이것이 그가 유명한 세 번째 이유였다.

쳄린 내부의 삶을 목격했던 소수의 사람들 중 하나는 휴이트의 의사인 윌리엄 히웰William Hywel인데, 그는 휴이트가 사망한 이후 휴이트의 전기를 기록했다. 히웰은 다음과 같은 이야기로 휴이트를 요약한다. "유산을 물려받고 나자 이전에 존재했던 휴이트의 모든 야망은 증발해버렸다. 그는 너무나 많은 일을 시작했고 너무나 적은 일을 완료했다." 휴이트는 획득만 했을 뿐임이 분명했다. 그에게는 알을 아름답게 배치한다는 생각 자체가 없었고, 다른 사람에게서 구매한 알 보관장 다수는 열지도 않은 채 방치했다. 휴이트가 루프턴의 수집품을 본 적이 있는지 알 수는 없지만, 그는 루프턴의 수집품을 25년 이상 지니고 있었다. 만약 휴이트가 루프턴의 수집품을 본 적이 있다면, 내가 트링의 알 전시실에서 본 그 슬픈 혼란을 초래한 책임이 일부는 휴이트의 부주의함에 있었을지도 모른다.

1965년에 휴이트가 세상을 떠나자 잭 패리는 50만 개의 알 수집품을 상속받았다. 패리는 알을 원하지 않았기 때문에 누군가에게 들은 대로 알 전부를 근처 절벽에다 버리려고 했다고 한다. 다행히도 패리는 알을 영국조류협회British Trust of Ornithology에 기증하라는 설득을 받아들였다.

알을 트링에 있는 영국조류협회 본부로 옮기는 데는 커다란 트럭 네 대가 필요했다. 공간이 충분치 않았던 영국조류협회는 마찬가지로 트링에 있는 자연사박물관에 알을 보관해주길 요청했다. 박물관

측은 요청을 수락하긴 했지만 임시라는 단서가 붙었는데, 박물관 측도 수리를 앞두고 있어서 곧 공간이 필요할 예정이기 때문이었다. 수집품에 대한 말이 나오기 시작하고 오래 지나지 않아 또 다른 백만장자이자, 조란학자이자, 미국의 델라웨어자연사박물관Delaware Museum of Natural History 설립자인 조니 듀 폰트Johnnie du Pont가 알을 보기위해 찾아왔다. 당시 영국조류협회의 책임자였던 짐 플레그Jim Flegg가 기억하는 바에 의하면 듀 폰트는 기사가 딸린 롤스로이스를 타고 두 명의 경호원과 함께 왔다. 수집품들을 보자마자 듀 폰트는 알을 사길 원한다며 가격을 제시했다. 영국조류협회의 자금 마련이 절실했던 플레그는 듀 폰트가 제시한 가격의 두 배인 25,000파운드를 부른다. 영국조류협회가 이미 자연사박물관과 몇몇 지방 박물관에게 원하는 수집품을 가져가도 좋다고 허락했다는 사실을 듀 폰트가 알고 있었는지는 분명하지 않다. 또 큰바다쇠오리 알을 포함한 최상급 품목은 휴이트의 두 번째 집이 있는 바하마에 있다는 사실을 듀 폰트가 알았는지 역시 확실치 않다.[3]

듀 폰트가 거래 협정을 맺은 직후, 주데인학술원Jourdain Society 소속의 영국 조란학자들은 휴이트의 수집품 중에 학술원의 창시자인 프랜시스 주데인Francis Jourdain이 한때 소유했던 알들이 들어있으며, 그 알들은 영국에 남겨야 한다고 주장했다. 결과적으로 주데인의 수집품 중 일부는 자연사박물관에 남았다. 하지만 트링의 박물관장은 내게 이렇게 말했다. "정리 상태가 엉망이던 휴이트의 수집품은 분리과정에서 데이터가 뒤섞여버렸고, 주데인의 수집품 일부는 델라웨어에서, 휴이트의 수집품 (즉, 루프턴의 알 일부) 중 일부는 트링에서 보관하게 되었어요. 이렇게 혼란이 초래된 나머지 각 기관에는 데이터슬립이 없는 알, 또는 알 없는 데이터슬립이 남게 되었지요. 쉽게 정리할 수도 없는 상태입니다."[4] 나는 델라웨어의 박물관장인 진 우즈Jean Woods에게 연락을 해보았는데, 그녀는 자신의 박물관에 있는 바다오리 알 소장품이 트링에 있는 것과 마찬가지로 훨씬 더 섬세하게 관리할 필요가 있다고 인정했다.[5]

조지 루프턴은 뇌졸중을 앓고부터 약 15년 뒤인 1970년에 세상을 떠났다. 그의 가족이 나에게 보내주었던 한 장의 빛바랜 컬러 사진에는 나이를 먹은 루프턴의 모습이 담겨있었다. 가죽이 닳아버린 안락의자에 깊숙이 앉아있는 그는 깃 달린 윗옷, 넥타이, 스포츠 재킷을 입고 있었다. 방의 벽에는 사진과 그림이 가득했는데, 내게 친숙한 것도 있었다. 헨리 시봄Henry Seebohm의 『영국 새의 알들』에 들어있는 컬러 도판으로 6개의 바다오리 알을 보여주고 있는 것이었다.[6]

루프턴이 눈을 감을 당시 나는 20살이었고, 바다오리를 막 본지 얼마 안 되었을 때였지만, 내가 바닷새의 생태에서 알을 포함한 몇 가지 측면을 이해하는 데 그의 수집품의 도움을 받았다는 사실에 그가 기뻐하리라 생각한다.

　그러면 왜 바다오리는 그렇게 특이한 모양의 알을 생산할까? 새들이 포식자를 보고 놀랐을 때 수많은 바다오리 알이 번식지인 절벽에서 굴러떨어진다는 사실은 바다오리 알의 뾰족한 모양이 알이 굴러가는 것을 막기 위해 적응한 결과는 아님을 시사한다. 알을 굴려보았던 폴 잉골드의 실험(3장)에서는 호를 그리며 구르는 가설을 지지할 만한 근거를 거의 제공하지 못한다. 호의 반지름이 신선한 알의 경우 17cm, 부모 새가 잘 품어준 알의 경우 11cm로 바다오리가 번식하는 여러 바위 턱보다 넓다는 사실만 봐도 그렇다. 게다가 우리는 두 종의 바다오리 알 중에서 더 큰 (무거운) 쪽이 더 뾰족하다는 잉골드의 발상을 지지할 만한 그럴싸한 근거도 발견하지 못했다(3장). 바다오리 알이 굴러갈 때 그 모양은 아무런 도움도 되지 않는다는 이야기가 아니라, 바다오리 알의 모양이 진화하는 데 알이 어떻게 구르는지는 주된 고려사항이 아니었다고 추측할 수 있다는 것이다.

　무엇이 적응의 산물인지를 판단하는 일은 쉽지 않다. 모든 생물학자들은 어떤 적응도 완벽하지 않다는 것을 알고 있으며, 그 이유가 진화하는 것들은 항상 여러 가지 선택 압력 사이에서 타협을 해야 하기 때문이라는 것도 알고 있다. 바다오리의 경우 두 가지 주요 선택 압력 사이에서 타협을 봐야 한다. 하나는 대부분의 연구자들이 지금까지 집중해왔던 구르는 성질, 그리고 다른 하나는 지금까지는 거의 고려의 대상이 아니었던 배설물로 인한 오염이다. 내 생각과 우리의 연구에 근거해 볼 때, 바다오리 알이 뾰족한 이유는 알의 뭉툭한 끝 쪽에 오물이 닿지 않게 하기 위해서라는 설명이 가장 가능성 있어 보인다. 또 이것은 바다오리가 뾰족한 끝 쪽을 먼저 낳는 이유가 될지도 모른다. 바다오리 알을 오염시키고 있는 배설물의 분포를 살펴보면 대부분은 뾰족한 끝에 몰려있고, 전부는 아니더라도 대개 뭉툭한 끝은 깨끗하다. 뭉툭한 끝은 배아의 머리가 있는 곳이다. 기공이 있어서 난각을 통한 공기의 확산이 가장 중요한 곳이기도 하다. 새끼도 이 부분을 깨고 나온다.[7]

얼마나 중요한 적응과정을 거쳐서 바다오리 알의 모양이 형성되었는지 파악하는 일이 이렇게 어려울 줄은 누가 생각이나 했을까? 내 연구가 새로운 관점을 제시하고 있긴 하지만, 나는 경험상 여전히 이야기가 끝나지 않았음을 알고 있다.

누군가에게는 새알에 대한 연구가 오락처럼 보일지도 모른다. 누가 알에 신경을 쓴다는 말인가? 수많은 사람들은 수집가로부터 새알을 보호하는 데 관심을 가지고 있다. 환경을 보존하고자 하는 동기에서 나온 관심이다. 하지만 새알에 대한 연구도 환경보존을 도울 수 있다. 전체적으로 보았을 때 야생 새가 낳은 전체 알 중 약 10퍼센트는 부화에 실패한다. 노른자로 가득 찬 커다란 난자 등 각 알에 들어가는 암컷 새의 투자가 엄청나다는 사실을 고려해 볼 때, 10퍼센트를 버린다는 것은 이례적인 낭비로 보인다. 멸종위기에 처한 새들은 부화에 실패하는 알의 비율이 심지어 더 높기도 하다. 예를 들어 뉴질랜드에 서식하고 있는, 거대하고 아름답지만 날 수는 없는 초록앵무새 카카포kakapo는 전체 알의 2/3가 부화하는 데 실패한다. 이들 종이 멸종위기에 처한 이유가 부화 실패율이 높기 때문인 경우는 거의 없지만, 부화의 실패는 이 새들의 역경을 악화시킨다.

조류학자들은 흔히 부화에 실패한 알을 "무정란"이라고 부르지만, 알이 부화에 실패할 수 있는 이유가 크게 두 두 가지인 점을 고려할 때 이런 말은 오해를 불러일으키기 쉽다. 알이 수정되지 않은 진짜 무정란인 경우는 정자가 충분하지 않거나 정말로 완전히 고갈되었기 때문에 발생한다. 또 알은 수정이 되었음에도 부화에 실패할 수도 있는다. 배아가 죽는다면 말이다. 알이 태어나고 며칠이 지나서, 다시 말해 수정하고 며칠이 지나서 배아가 죽었다면 부화 실패 원인은 쉽게 파악할 수 있다. 이런 알을 두고 양계산업계나 새 사육사들은 "껍질 속에서 죽었다"고 이야기한다. 혼란스러운 상황이 발생하는 것은 배아가 수정 직후에 죽은 경우인데, 배아가 초기에 죽어서 부화하지 못했을 경우에는 그 알의 내용물이 사람의 눈에는 무정란과 동일하기 때문이다.

이 차이는 중요한데, 특히 멸종위기에 처한 새의 알이 부화에 실패하는 원인을 이해하고자 한다면 더욱 그렇다. 무정란은 일반적으로 수컷의 문제이다. 정자를 만들 수 없기 때문이거나, 정자를 암컷에게 전달할 수 없기 때문이거나, 누두까지의 여정을 완료할 만한 정자를 만들지 못하기 때문이거나, 정자가 암컷의 생식세포와 결합하여 배아를 형성할 수 없기 때문이다. 초기 배아가 죽어서 부화에 실패한다면 문제는 암컷에게 있거나, 어쩌면 짝 사이에 존재하는 유전적 비호환성 때문일 가능성이 더 높다. 사람의 경우 유전적 비호환성이 초기 배아의 사망 및 자연유산을 일으키는 것으로 알려져 있다.[8]

부화하지 않은 새알을 설명할 때 "무정란"이라는 단어를 너무 무차별적으로 남용한 나머지 우리는 부화가 실패한 모든 사례 중에서 배아가 발달한 흔적이 뚜렷하게 보이지 않을 경우에 일반적으로 그 원인을 정자의 부족에서 찾고는 한다. 내가 동료 니콜라 헤밍스와 함께 다양한 종의 부화하지 못한 알을 조사했을 때, 우리는 정확히 반대의 결과를 얻었다. 5,975개의 박새 알 중에서 부화에 실패한 11퍼센트의 알은 대부분(98퍼센트)이 수정된 상태였다. 마찬가지로 7,813개의 푸른박새 알 중에서 부화에 실패한 3.6퍼센트의 알은 97퍼센트가 수정된 상태였다. 이런 현상은 야생 새에게서 흔하게 찾아볼 수 있으며, 심지어 개체군이 명백하게 건강해보이는 종에서조차 초기 배아의 죽음은 자주 발생하는 일이다. 우리는 연구를 확장해서 멸종위기에 처한 새의 부화하지 못한 알도 살펴보았는데, 이야기는 여타 대부분의 경우와 다르지 않았다. 예를 들어 뉴질랜드의 히히새hihi 또는 스티치버드stitchbird는 현존하는 개체군이 대개 바다 연안의 포식자 없는 몇 개의 섬에서 살고 있는데, 부화에 실패하는 알 35퍼센트 중 91퍼센트가 수정된 상태였다. 이 종의 경우 정자가 부족하다면 오히려 놀라운 일이 될 것인데, 짝짓기 체계가 몹시 난잡하고, 수컷의 고환이 크고, 교미를 자주하기 때문이다.[9]

초기 배아의 사망은 특히 개체군이 매우 작아서 친척과 짝짓기를 할 확률이 높은 새들에게서 흔히 발생한다. 사람을 포함한 다른 동물 역시 가까운 친척끼리 짝짓기를 할 때 자연유산의 빈도가 더 높다.[10] 대부분의 인류 문화와 종교가 가까운 친족끼리의 결혼을 강하게 금기시하는 것도 정확히 이런 이유에서다. 이런 근친교배가 자연유산과 배아의 죽음을 낳지 않는다고 해도, 종종 건강이 약한 새끼가 태어나게 만든다. 찰스 다윈의 시절에 결혼을 금지하는 친족의 거리는 형제자매와 같은 2촌까지밖에 되지 않았다. 다윈처럼 사촌과 결혼하는 것에는 전혀 거부감이 없었다. 그러나 다윈의 생애 동안 사촌처럼 가까운 친척과 아이를 만드는 것은 좋지 않은 생각이라는 게 점차 명백해졌고, 다윈은 자신의 자녀들이 병약한 이유가 일정부분은 사촌과의 결혼으로 태어났기 때문인지 궁금해했다.

심각한 멸종위기에 놓인 새의 몇 남지 않은 개체군을 포획하여 교배를 시도하는 일이 그 새들을 구하기 위해 할 수 있는 유일한 시도인 경우가 자주 있다. 캘리포니아콘도르처럼 어떤 경우에는 이런 시도가 좋은 결과를 내기도 하지만, 다른 경우에는 부화 실패율이 더 높아져서 번식 성공률이 더 낮아지기도 한다. 아마 가장 극단적인 예로는 스픽스유리금강앵무Spix's macaw의 부화 실패를 꼽을 수 있을 듯한데, 야생에서 멸종한 이 새는 현재 전 세계에 포획된 개체 70여 마리만이 남아있다.[11] 스픽스유리금강앵무의 알은 매우 드물게 부화하는데, 알을 살펴본 우리는 알의 약 절반에 해당하는 상당 개수가 수정에 실패한 것을 발견했다. 그 이유는 명백해 보인다. 포획된 개체 내의 근친교배가 매우 심각한 상황이어서 오늘날 살아있는 모든 스픽스유리금강앵무는 사실상 한 쌍의 포획된 개체의 자손이기 때문이다. 고환의 결함도 근친교배의 부작용 중 하나로 보인다. 남아있는 스픽스유리금강앵무 대부분은 기본적으로 서로의 복제체로 유전적 차이가 거의 없다. 그럼에도 불구하고 스픽스유리금강앵무의 부화하지 못한 알을 조사하고, 어떤 수컷이 만든 정자가 암컷의 난자에 성공적으로 도착했는지 밝혀냄으로써 우리는 적어도 이 화려한 새를 구하는 계획의 성공 가능성을 극대화하는 데 일조할 수 있다.[12]

생물학자로서 나는 새알을 완벽한 것의 표본, 또는 적어도 새알에 가해지는 다양한 선택 압력을 완벽하게 절충한 결과물이라고 생각한다. 나는 알들이 미적인 관점에서도 완벽하다고 생각하게 되었다. 색, 형태, 크기의 측면에서 말이다. 이 두 가지 관점은 물론 서로 독립적이지 않다. 내가 알에 생물학적으로 깊이 관심을 두는 이유는 알의 아름다움에 경탄했기 때문인 측면도 있다.

어떻게 이토록 완벽하게 진화했을까? 가장 단순한 형태의 생명에서 새에 이르기까지를 망라하며 알의 진화이야기를 하기에는 공간이 부족하지만, 새알이 가장 최근에 겪었던 진화 단계에서 어떤 일이 벌어졌는지는 생각해볼 만한 가치가 있다. 수년 동안 추측한 결과, 이제는 새가 공룡이라는 증거가 넘쳐나고 있다. 다른 파충류처럼 공룡은 아마 무늬가 없고 (눈에 띄게 뭉툭한 끝부분이 없는) 대칭인 알을 낳았으며 태양열이나 부패하는 식물로 둥지 속 알을 데웠을 것이다. 오늘날의 악어처럼 일부 공룡은 알을 묻어놓은 둥지 주위를 지키며 부모의 보살핌을 제공했을 것이다. 우리가 알지 못하는 것은 제대로 된 알품기, 즉 접촉성 알품기는 언제 시작했나 하는 것이다. 내 말은 언제부터 공룡이 자신의 체온을 이용해서 알을 데우기 시작했냐는 것이다. 일부 연구자들은 공룡이 "온혈동물"이라고 주장했지만, 그렇다고 공룡이 알에 전달해줄 수 있는 온기를 만들어냈다는 이야기가 되는 것은 아니다. 여기에 대해서는 상당히 많은 논의가 데워져 있는 상태이다. 내 말장난은 용서해주길 바란다. 접촉성 알품기가 진화했던 때는 깃털 단열층으로 보호받던 특정 계통의 공룡이 열을 발산하고 자기의 체온을 유지할 수 있게 되면서부터일지도 모른다. 알을 보호하기 위해 둥지에 앉아있던 것에서 알에게 온기를 주기 위해 둥지에 앉아있는 것으로의 이동은 그리 큰 걸음을 한 것은 아니다. 하지만 6장에서 보았듯, 접촉성 알품기는 자연스럽게 알의 형태와 구성의 변화를 불러왔다. 많은 파충류의 알들이 하는 것처럼 주변의 식물이나 흙에서 물을 흡수할 수는 없게 되기 때문에, 새의 배아는 자기만의 물 공급처가 있어야 하며 따라서 새알은 파충류 알보다 흰자의 비중이 훨씬 크다.[13]

접촉성 알품기는 파충류식 알품기에 비해 몇 가지 장점이 있다. 첫 번째로 속도가 빨라진다. 접촉성 알품기로 데운 알은 주변환경이 더운 알보다 더 빨리 부화한다. 두 번째로 새가 예측 불가능한 환경을 피해서, 파충류에게는 적절하지 않은 지역을 점령하여 이용하고, 또 파충류가 이미 사용하고 있는 지역을 훨씬 더 효과적으로 이용할 수 있게 된다. 알에 온기를 줄 수 있는 능력은 다른 형태로 나타나는 부모의 보살핌과 함께 새의 번식을 파충류의 번식보다 더 효율적이고 더 성공적으로 만든다. 성공은 확장을 의미한다. 지리적이고 생태적인 확장을. 새가 진화하며 대처해온 상황의 범위를 생각해보자. 북유럽의 상모솔새는 깃털을 댄 포근한 둥지를 지어서 알을 품고, 황제펭귄은 기온이 −50℃에 이르는 남극의 겨울에 번식하며, 그레이걸grey gull은 낮 기온이 50℃가 넘는 칠레 아타카마 사막에서 알을 품고, 논병아리와 아비는 축축한 둥지에서 알을 품으며, 무덤새는 썩어가는 식물더미에 알을 남겨두고, 바다오리는 오물뿐인 절벽의 바위 턱에서 둥지도 없이 알을 품는다.[14]

이렇게 엄청나게 다양한 번식 환경이 알의 크기와 형태와 색에 그토록 다양한 선택 압력을 가했고, 새와 알은 이 압력에 반응하여 진화했다. 다른 모든 형태의 생명체와 마찬가지로 우리가 보는 것은 성공 이야기들이다. 성공한 적응 이야기 말이다. 그러니 알이 완벽하다고 생각하는 것은 별로 놀랄 일이 아니다. 내가 놀랍다고 생각하는 것은 다양한 새들이 마주한 수많은 선택 압력 사이에서 자연선택이 그토록 영리한 절충안을 내놓을 수 있었을 만큼 유전적 다양성이 충분했다는 사실이다.

완벽은 상대적인 것이다. 새알이 완벽하다는 것은 여러 압력 사이에서 최적의 타협을 본 결과라는 측면에서의 이야기이다. 이 선택 압력이 변하면 지금 완벽한 것도 미래에는 완벽하지 않을 수 있다.

이것을 가장 잘 설명해줄 수 있는 것은 어쩌면 양계산업이 알을 인공부화시키고자 결심하면서 의도치 않게 벌어졌던 대규모 실험일 것이다. 알을 부모에게서 떼어놓는 것은 일어날 수 있는 가장 큰 변화인데, 알품기의 구성요소를 완전히 이해하고 완벽한 새끼를 인공적으로 재현하기 위해 얼마나 많은 연구를 했는지만 보아도 확실히 알 수 있다.

기후변화에 따라서도 다소 비슷한 일이 벌어질지도 모른다. 환경 조건의 변화가 너무 급격하지 않으면 새와 알은 변화에 대처하여 진화할 것이다. 새는 이미 행태와 생리적인 요소가 놀랄 만큼 유연하게 진화해서 다양한 부화 환경에 대처하고 있다. 다양한 종이 저마다 환경에 대응하여 알의 형태를 다양하게 진화시킨 것에 그치지 않는다. 각 종들은 생리적으로 무척 유연하게 진화함으로써 우리가 2장에서 본 것처럼, 각 암컷 개체는 번식장소가 해수면 높이인지 산중턱인지에 따라 다양한 형태의 난각을 생산한다. 기후변화가 초래하는 기온, 이산화탄소 농도, 습도의 변화에 따라서 다른 형태의 알을 생산할만한 생리적 수단을 새가 갖고 있을지는 앞으로 두고 봐야 알 것이다. 식물학자들은 박물관에서 소장중인 지난 2세기 동안의 식물표본(식물표본첩)을 대상으로 잎의 숨문 밀도가 어떻게 달라지는지 살펴봄으로써 기후가 어떻게 변했는지 추적한다. 마찬가지로 박물관에서 소장중인 알 역시 기후 및 다른 변화를 측정할 수 있는 귀중한 데이터 저장소라고 판명 날지도 모른다.[15]

그리고 마지막으로…

전 세계의 산란계는 약 50억 마리이다. 중국에서 생산하는 계란의 양만 해도 일 년에 4,900억 개, 900억 달러 어치다. 이 같은 생산량은 선별적인 번식과 세심한 환경 조절을 통해 달성한 것으로, 상업용 산란계는 야생에 사는 자신의 조상 적색야계처럼 한 번에 10여 개의 알을 낳는 대신, 일 년에 300여 개의 알을 낳는다. 달걀은 우리의 식단과 문화의 중요한 부분을 담당하고 있다.

우리는 달걀을 많이 먹는다. 영국에 사는 개인이 먹는 달걀은 일 년에 약 200개로 다 합치면 1,150억 개에 이른다. 달걀은 싸고 영양이 풍부하다. 달걀은 소비를 촉진한 것은 광고였는데, 1950년대 내내 등장하면서 영국에서는 달걀 광고의 전형이 되어버렸던 달걀 마케팅 보드의 선전문구, "출근 전 달걀 하나"는 아침으로 달걀 하나를 먹는 것이 하루를 시작하는 좋은 방법이라고 제안한다.[16]

달걀은 또한 다산의 상징인데, 정자 역시 마찬가지로 중요하지만 달걀이 더 실용적이고 건전하다. 왠지 "부활절 정자"는 훨씬 덜 매력 적이다. 기후가 온화한 세계 각지에서는 부활절 무렵에 길어지는 낮 의 길이에 반응하여 옛날 농장의 가금류를 비롯한 새들이 번식을 시 작한다. 달걀은 새 생명을 대표하는 동시에 재생의 상징이기도 하며, 기독교인들에게 부활절 달걀은 예수의 부활을 나타내기도 한다. 천 주교인들은 달걀을 빨갛게 칠해서 예수의 피를 표현했으며, 껍질은 무덤이고 껍질을 깨는 것은 무덤을 여는 것을 나타낸다고 여겼다. 수 많은 관습과 마찬가지로 부활절 달걀의 종교적 기원 역시 모호해진 상태이다. 주로 가장 정교하고 아름답게 달걀을 꾸미는 풍습이 널리 퍼지고, 아이들이 숨어있는 달걀을 찾아다니는 탓도 어느 정도 있지 만, 무엇보다도 초콜릿 달걀의 대량생산 및 소비 탓이다.

다른 친숙한 모습의 달걀은 험프티 덤프티Humpty Dumpty라는 달걀모 양 사람 또는 의인화한 달걀이다. 1700년대 후반에 수수께끼나 동요 에서 처음 등장했던 험프티 덤프티는 담벼락에서 떨어져 산산조각 난 뒤 다시 원래대로 돌아가지 못한다. 동요의 원래 의미는 상실되었 지만 험프티 덤프티는 인간의 연약함이나 약점, 그리고 한 번 몰락하여 부서진 사람이 겪는 회복의 어려움을 상징한다. 험프티 덤프티는 1870년대에 루이스 캐럴Lewis Carroll의 『거울 나라의 앨리스』에서 부활했다. 좁은 담벼락에 조심스레 앉아있는 험프티 덤프티가 상징하는 인물은 어려운 용어를 사용해가며 엄청나게 심오한 인상을 주면서 특별한 지식이 없는 보통 사람들에게 위화감을 주는, 최악의 문학 비평가이다.[17]

나 역시 보기 드문 선택압력의 흔적이 극단적으로 나타난 알인 바다오리 알을 연구해왔다. 나는 바다오리를 40년간 연구했는데, 해양오염에 취약한 바다오리의 생태를 알을 포함해서 확실하게 이해함으로써 바다오리를 보존하고 싶은 것이 주된 이유였다. 귀여운 생김새를 한 퍼핀보다 보존가능성이 불투명한 바다오리는 북반구 해양 생태계의 대들보가 되는 조류이다. 바다오리는 해양 먹이사슬의 중심을 차지한다. 하지만 매년 수만 마리의 바다오리가 기름오염으로 인해 몹시 길고 지독한 죽음을 맞고 있으며 그보다 훨씬 많은 수가 어류 남획과 기후변화로 죽어가고 있다. 바다오리는 건강한 해양 환경을 재는 지표이며, 남획을 계속하고 기름오염을 막지 못하고 기후변화에 충분히 대처하지 않아서 바다오리를 보호하는 데 실패하는 것은 거의 말 그대로 황금알을 낳는 거위를 죽이는 것이다.

25년 동안 예산을 지원해주었던 웨일즈 정부가 2013년 후반에 예산 삭감을 이유로 지원을 중단하면서 바다오리에 대한 내 장기연구는 종료되었다. 스코머 섬 바다오리 프로젝트가 죽은 것이다. 당시에 사망한 여러 환경연구 중 하나였다.

예산이 중단된 직후 사람들이 기억하는 최악의 폭풍우들이 기후 변화의 일부로서 닥쳐왔고 2014년 봄에는 유럽의 서부 해안지방을 따라 50,000마리 이상의 바닷새가 목숨을 잃었다. 폭풍우가 치는 상황에서 먹이를 구할 수 없던 새들이 대량으로 굶어 죽었던 것이다. "바닷새의 떼죽음"이라고 알려진 이 사건에서 발생한 시체의 절반은 바다오리였는데, 상당수가 스코머 섬이라는 표식을 달고 있는, 내가 내 새처럼 여기고, 내가 보호해야 한다는 책임감을 가지고 있었던 새들이었다.

이 재난을 이해하는 일은 중요하다. 그래서 나는 웨일즈 정부를 다시 찾아가서 상황을 설명했고, 그들에게 재정 지원을 재고해서 회복시켜줄 수 있는지 물었다. 나는 기사를 쓰고 언론에 이야기도 했지만 소용없었다.

운 좋게도, 내가 일하는 대학 측에서 즉각 구하러 와주었는데, 꼭 필요한 자금을 지원해준 덕분에 2014년 현장연구 기간을 마무리할 수 있었고, 이 떼죽음이 개체군에 어떤 영향을 미쳤는지 짐작할 수 있었다. 놀랍지 않게도 가장 큰 영향은 극도로 낮은 겨울 생존률에서 나타났는데, 전년보다 훨씬 적은 새들만이 살아남았다. 또 많은 새들이 평생의 짝을 잃어버린 결과, 동반자를 찾는 기나긴 과정을 다시 시작해야만 했다. 이런 이유로 바닷새의 떼죽음과 같이 심각한 사건은 몇 년 동안이나 영향을 미치기 때문에, 연구를 위해서는 이후로도 자금 지원이 계속 필요하다.

크라우드소싱을 통해 연구자금을 마련해보라고 누군가 조언해주기도 했지만 나는 낙관적이지 않았다. 내가 어떻게 하면 사람들을 충분히 설득하거나, 또는 여기에 관심이 많은 사람들을 필요한 만큼 찾아내서 연구를 진행할 수 있을까?

하지만 몇 가지 상황들이 모여서 이것을 이뤄냈다. 첫째, 2014년 현장연구 기간 동안 나는 젊은 시각 예술가인 크리스 월뱅크Chris Wallbank와 함께 작업하면서 거대한 바다오리 서식지의 모습을 그려냈는데, 내 연구와 절벽 위의 수많은 새들이 이루는 장관을 함께 담고 있는 것이었다. 크리스와 나는 만나자마자 죽이 맞았고 나는 그가 중국식 두루마리 같은 거대한 종이 위에 그려놓은 예술작품을 사랑했다. 작품은 북적이는 서식지의 느낌을 전부 담아낼 만큼 컸다. 최종적으로 이 그림을 전시했던 곳은 2014년 9월에 셰필드 성당에서 열렸던 내 대학의 축제였다. 그보다 더 적합한 장소를 찾기란 어려웠을 것이다. 크리스가 그린 일명 "서식지 두루마리"는 절벽 같은 성당 건축물 덕분에 인상이 더 강해졌다.[18]

우리가 합동으로 쏟아부었던 노력은 대중 매체에 인상을 남겼고, 나는 과학저널인 네이처지의 초청을 받아서 이 연구와 줄어든 예산에 대해 설명하는 기사를 쓰게 되었다. 내가 썼던 내용은 내 바다오리 연구뿐만이 아니라 전반적인 장기 연구가 지니는 가치를 호소하는 것이었다. 장기 연구가 어울리지 않게 생산적이라는 증거는 차고 넘친다. 이 성공은 깊은 지식과 자신이 연구하는 생명체를 진짜로 이해하는 연구자들과 장기적인 관점을 채택하고 있는 연구가 결합한 결과이다. 연구에서는 좋은 해, 나쁜 해, 진행 중인 기후 변화 등 다양한 환경조건을 통틀어서 생명체를 살펴본다. 어쩌면 장기 연구가 중요한 유일무이한 이유는, 우리가 상상조차 못했던 환경문제를 조사할 수 있게 해주기 때문이다. 1800년대부터 1900년까지 한 가지 목적으로 수집했던 박물관의 알들을 훗날에 산성비의 영향을 살펴보는 데 이용하고, 맹금류의 부화 실패 원인이 살충제였음을 밝히는 데 사용한 것(2장)과 마찬가지로, 장기적인 생태학 연구는 우리 환경의 미래에 대한 투자이다.

네이처지는 대성공이었다. 네이처지는 최고의 과학 저널로 전 세계에 독자를 보유하고 있기 때문에, 나는 이 잡지가 크라우드소싱을 시작할 수 있는 대중매체라는 것을 알고 있었다. 그렇게 기사를 싣고 내가 아는 모든 사람에게 연락을 한 결과 나는 엄청나게 많은 반응을 얻었다. 무척 신나는 일이었는데, 이 주 동안 내 컴퓨터는 "새로운 메일이 도착했습니다."라는 알림과 함께 새로운 기부내역을 끊임없이 알려왔다. 내가 흥분했던 이유는 캠페인이 성공할 것처럼 보였기 때문이기도 했지만, 환경을 감시하고, 장기연구를 진행하고, 체계를 무너뜨리는 일의 가치를 깨달은 사람들이 호의를 담아 보내주었던 메시지 때문이었던 부분이 훨씬 더 컸다. 관료들은 환경에 신경을 쓰지 않을지도 모르지만 많은 사람들은 그렇지 않았다.[19]

당분간 바다오리와 그 알에 대한 내 연구는 안전하게 계속될 것으로 보인다. 이 책은 캠페인에 참여하여 연구를 가능하게 해준 모든 분들께 바치는 것이다.

○

감사의 말

2003년에 나는 아름다운 삽화가 들어간 윌리엄 휴잇슨의 『영국 조
란학』 1831년 판본을 받았다. 책은 생식생물학자들의 모임에서 준
선물이었는데, 1992년부터 내가 (동료 해리 무어Harry Moore와 함께) 정자와
난자에 대한 과학회의를 2년에 한번씩 개최해온 것에 대한 감사의
표시였다. 첫 회부터 이 회의에 참석해온 스캇 피트닉Scott Pitnick은 다른
대리인들에게 선물을 구하는 것을 도와달라고 청했고, 내가 눈치채
지 못하도록 하면서 내 아내 미리암Miriam에게 내가 갖고 있지 않은 새
에 대한 고서가 무엇인지 물었다. 그는 적절한 때에 휴잇슨의 두 권짜
리 책을 찾아내어 구매했다. 회의에서 스캇이 나에게 그 책을 선물했
을 때 나는 완전히 놀랐다. 그리고 당시에 그들이 이 책의 씨앗을 심
었다는 사실조차 눈치채지 못했다.

연구를 하고 글을 쓰는 동안 나는 다양한 분야의 사람들에게 훌륭한 도움을 몇 번이나 받았지만, 특히나 감사한 분은 도서관 사서들 또는 나를 위해 모호한 참고문헌을 찾아주었던 사서들과 그 지인들이다. 크리스 에베레스트Chris Everest(셰필드대학도서관), 피오나 피스켄Fiona Fisken(런던동식물학회Zoological Society of London, ZSL), 에피 워Effie Warr(영국자연사박물관), 린다 다 볼스Linda da Volls(ZSL), 존 심슨John Simpson(애그링턴Accrington 도서관), 앤 실프Ann Sylph, 마이크 윌슨Mike Wilson(옥스퍼드알렉산더도서관)이 바로 그들이다.

몇몇 박물관의 전시 담당자들은 자신의 시간을 쪼개서 내가 알 소장품을 살펴볼 수 있게 해주었다. 롭 바렛Rob Barrett(트롬소Tromso), 줄리안 카터Julian Carter(카디프), 클렘 피셔Clem Fisher(리버풀), 헨리 맥기Henry McGhie(맨체스터), 로버트 프리스-존스Robert Prys-Jones와 특히나 더글러스 러셀(둘 모두 트링의 영국자연사박물관)에게는 정말이지 무척 고맙다.

나는 알 연구자들의 공동체에도 감사를 표하고 싶은데, 내게 도움을 주었을 뿐 아니라 아이디어를 적극적으로 논의해주었기 때문이다. 필 캐시Phil Cassey, 찰스 디밍, 마크 하우버Mark Hauber, 스티브 포르투갈, 짐 레이놀즈Jim Reynolds에게 감사한다. 이 책에서 다루고 있는 많은 발견들은 이들의 훌륭한 연구를 기반으로 하고 있다.

엘레노어 케이브스Eleanor Caves, 브루스 리온Bruce Lyon, 베리티 피터슨Verity Peterson, 클레어 스포티스우드Claire Spottiswoode, 크리스 월뱅크Chris Wallbank는 내게 관대하게 일부 사진을 제공해주었다. 데이비드 퀸David

Quinn는 최고의 삽화를 그려주었고 에밀리 글렌드닝Emily Glendenning은 도표를 만들어 주었다. 두 사람 모두에게 감사한다. 크리스 월뱅크의 경우 내지에 들어간, 바다오리가 길게 늘어선 멋진 풍경을 만들어 준 것에 대해서도 감사를 표한다. 자신이 소장중인 융조 알을 내가 조사하도록 허락해준 데이비드 어텐보로우 경Sir David Attenborough, 책 뒷날개에 들어간 이 융조 알의 사진을 찍어준 내 형제 마이크Mike에게도 몹시 감사하다.

내 질문에 참을성 있게 대답해준 다른 사람들로는 캐리 아크로이드Carry Akroyd, 크레이그 아들러Kraig Adler, 안드레 안셀André Ancel, 패트리샤 브레케Patricia Brekke, 패티 브레난Patty Brennan, 쟝 피에르 브릴라드Jean Pierre Brillard, 이사벨 샤멘티어Isabelle Charmantier, 닉 데이비스Nick Davies, 짐 플레그Jim Flegg, 마크 게이건Mark Geoghegan, 제레미 그린우드Jeremy Greenwood, 알란 길버트Alan Gilbert, 빌 헤일Bill Hale, 렌 힐Len Hill, 폴 호킹Paul Hocking, 폴 잉골드, 이브 니Yves Nys, 피터 랙Peter Lack, 토비 루프턴Toby Lupton, 마이크 맥카시Mike McCarthy, 레베카 맨리Rebecca Manley, 미터 마렌Peter Marren, 미카엘 미들턴Michael Middleton, 이안 뉴턴Ian Newton, 나탈리 및 유리 니콜라예바Natalie and Yuri Nikolaeva, 브라이언 올리버Brian Oliver, 베리티 피터슨, 안나-마리 루즈Anna-Marie Roos, 리처드 세르진슨, 스튜어트 샤프Stuart Sharp, 클레어 스포티스우드, 홀바드 스톰Hallvard Strøm, 크레이그 스터록Craig Sturrock, 엘렌 탈러Ellen Thaler, 짐 휘태커Jim Whitaker, 버니 존프릴로Bernie Zonfrillo가 있다. 모두에게 감사한다. 칼 슐츠-하겐은 특별히 언급해야 마땅한데, 상당한 양

의 독일어 조류학 문헌을 번역했을 뿐 아니라 다방면으로 도와준 그에게 나는 큰 감사를 보내야 한다.

내 알 연구를 다방면으로 도와준, 셰필드 대학에서 같이 학문을 연구하는 동료들에게 감사를 표하게 되어 기쁘다. 여기에는 키스 버넷Keith Burnett, 애쉬 캐드비Ash Cadby, 캐롤라인 에반스Caroline Evans, 패트릭 패어클로프Patrick Fairclough, 제임스 그린햄James Grinham, 니콜라 헤밍스Nicola Hemmings, 던컨 잭슨Duncan Jackson, 로저 루이스Roger Lewis, 토니 리안Tony Ryan, 바네사 툴민Vanessa Toulmin, 필립 라이트Philip Wright가 있다. 나는 통계학과의 존 비긴스John Biggins 교수에게 특히 감사한데, 그는 나의 좋은 친구이자 셰필드에서 근무하는 내내 나에게 영감을 제공해 주는 존재였다. 제이미 톰슨Jamie Thompson에게도 특히 감사하다. 그는 유럽의 다양한 박물관을 다니는 동안 나와 동행했고, 웨일스의 스코머 섬에서 내가 조분석으로 뒤덮인 바다오리 서식 절벽을 나와 함께 기어 올라가서 책에 설명한 실험을 하자고 부탁했을 때도 폭발하지 않았다. 과거부터 지금까지 스쳐온 수많은 현장 조교와 스코머 섬의 관리인의 도움에도 감사하고, 세상에서 가장 아름다운 장소 중 하나에서 연구를 하도록 허락해준 서남웨일즈야생동물관리국에도 감사하다.

바다오리 "하이쿠"를 지어준 친구 존 바로우에게도 고맙다.

온갖 색이
아래로 굽이치는…

바다오리 알

듀칸 잭슨Duncan Jackson, 밥 몽고메리Bob Montgomerie, 제레미 미노트Jeremy Mynott는 너그럽게도 본인들의 시간을 포기해서 이 원고를 통째로 읽고 의견을 주었다. 중대하고 도움이 되는 제안, 솔직함, 우정은 내게 영감을 주었다.

내 에이전트인 펠리시티 브라이언Felicity Bryan, 블룸즈버리Bloomsbury의 출중한 편집자 빌 스완슨Bill Swainson과 그의 팀, 그리고 특히 닉 험프리Nick Humphrey는 모두 훌륭하고, 열렬하고, 실용적인 도움을 주었고 여기에 대해 나는 매우 감사하게 생각한다.

그 밖의 모든 일에 대해 나는 아내인 미리암과 아이들인 닉, 프랜, 로리에게 감사한다.

○

미주

1. Drane, R. (1897; 1898-9). 알을 사진 찍어서 색칠했던 사람은 찰스 E.
    T. 테리 씨Mr Charles E. T. Terry였고, 페이지 안에 정리하였던 (짐작건대 인쇄까
    지 했던) 사람은 메세르 뱀로스Messers Bemrose와 더비 손즈Derby Sons였다; J.
    J. 닐J. J. Neale은 카디프 동식물학자협회에 긴밀하게 관여하고 있었고,
    회장직을 두 번 역임하였다. 그는 1919년에 세상을 떠났다.

2. 본 팔머 데이비스의 딸들과 그 친구인 앤 러시Ann Lush가 1860년대에서
   1892년 사이의 언젠가 스코머 섬에서 채집한 바다오리와 레이저빌의
   알의 속을 비우는 사진의 출처는 하웰스Howells (1987)이다. 데이비스는
   그 기간 동안에 스코머 섬에 살았으며, 드레인이 스코머섬을 방문하기
   전이었다. 나는 드레인이 무척 아름답게 재현해 둔 알들이 여전히 '그
   의' 카디프 박물관에 있는지 확인해 보았지만, (흔히 그렇듯) 박물관에는
   없었다. 박물관장인 줄리안 카터Julian Carter가 전임 박물관장인 피터 하
   울렛Peter Howlett에게도 문의해 보았지만 이 알들에 대한 기록은 남아있
   지 않았다.

3. Higginson (1862). The Life of Birds, Atlantic Monthly 10: 368-76.

1. Vaughan (1998).

2. Whittaker (1997). 조지 리카비가 벰턴 절벽에서의 일을 적은 일기장을 중고서점에서 발견한 휘태커는 이를 구매하여 출판하였다.

3. 벰턴 절벽에서는 1500년대부터 야생 새의 알을 채집하고 어른 바닷새를 사냥했다. 윌리엄 스트릭랜드William Strickland가 16세기에 그곳에서 야생 새를 사냥할 권리를 지니고 있었다는 기록도 남아있다.
   (Exchequer, King's Rembrancer Miscellaneous Book Series 1, 164/38 f.237).

4. Birkhead (1993).

5. Vaughan (1998).

6. J. Whittaker (2014/02/21에 나눴던 개인적인 대화).

7. Kightly (1984).

8. 패트리시아 루프턴의 사진은 친절하게도 루프턴 가에서 제공해주었다.

9. Whittaker (1997).

10. Cocker (2006). 북미에서는 1918년에 알 수집이 법적으로 금지되었다.

11. 성별을 바꾸고 수컷이 알을 낳는 새에 대해 알고 싶다면 Birkhead (2008)참고.

12. John Evelyn's diary: http://www.gutenberg.org/ebooks/41218

13. Wood (1958).

14. Salmon (2000).

15. Newton (1896: 182). See also Cole (2016).

16. Cocker (2006).

17. 새의 배열에 대한 통찰을 알에서 얻을 수 있다고 처음 생각했던 사람 중 하나는 티네만이었다 (1825–38); Jetz et al. (2012)에서는 최신 분자 배열 중 하나를 볼 수 있다.

18. Newton (1896: 182–4).

19. Prynne (1963)이 언급한 텔레비전 프로그램에서는, 조각가이자 영국 왕립 미술원Royal Academy의 회장인 찰스 휠러 경Sir Charles Wheeler이 출연하여 '완벽한 형태'에 대해 이야기하면서, 알의 타원형과 여성의 체형이 지니는 유사점을 명백하게 이끌어냈다. 내가 직접 이 텔레비전 프로그램을 찾아볼 수는 없었다.

20. Manson-Bahr (1959).

21. 새알을 그림에 넣었던 몇 안되는 예술가 중 하나는 르로이 드 바드 자작Viscount Leroy de Barde이었다 (1777–1828). 조각가는 구글에서 '알과 조각'이라고 검색해보기만 하면 된다. 내 동료이자 예술가인 캐리 아크로이드Carry Akroyd(2014년 11월에 나눴던 개인적인 대화)는 새알은 어떤 사람의 부유함이나 지위를 대변할 수 없기 때문에 정물화에 들어갈만한 가치가 크지 않다고 추측했다.

22. 트링의 자연사박물관에 있는 루프턴의 바다오리 알 보관 상태는 다소 슬프게도, 벰턴 절벽에서 특이한 방식으로 알을 채집했던 결과이다. 알의 수는 엄청나게 많지만 정확한 채집 위치와 날짜에 대해서는 기록이 별로 없다. 당연히 자연사박물관은 자료가 풍부하고 과학적으로 가치 있는 소장품을 우선적으로 전시한다.

23. 내 메트랜드 알 탐색은 헛수고로 끝났다. 26년 연속 같은 암컷이 낳은 알이라니! 알들은 어디엔가 남아 있을 수도 있는데, 루프턴의 수집품의 자랑거리였을 것이 분명하기 때문이다. 이 알들은 아마 루프턴이 세상을 떠나고 그의 소장품이 결국 트링의 박물관에 안착하기

까지의 기간 동안 사라졌을 가능성도 있다.

24. B. Stokke (2014/01/23에 나눴던 개인적인 대화)는 난각막에서 DNA를 추출했다; 박물관의 알 소장품이 지니는 가치에 대해서는 Green (1998), Green and Scharlemann (2003), Russell et al. (2010) 참고.

2장.

1. Rahn et al. (1979).

2. Gebhardt (1964).

3. Tyler (1964); 쿠터는 1890-1891년 동안 독일 조류학 학회의 회장이 었다 (Stresemann, 1975 참고); 나투시우스가 쓴 난각에 대한 절 일부는 여전히 비엔나의 자연사박물관에 남아있다.

4. Johnson (in Sturkie, 2000); 또한 Romanoff and Romanoff (1949: 144) 에 의하면, 두 난각막 중에는 바깥쪽이 약간 더 두껍다.

5. Burley and Vadhera (1989: 58-9). 순서는 분명치 않다; 자궁의 붉은 지역에서 유두핵을 생산하는 초기 석회화가 '부풀리기'에 선행하는 것으로 보인다.

6. Aristotle (Generation, book 3); William Harvey in Whitteridge (1981: 63). 병목으로 알을 밀어 넣는 이야기를 한 것은 아리스토텔레스가 아니라 하비이다.

7. Barn swallow information from Angela Turner, cited in Reynolds and Perrins (2010).

8. Reynolds and Perrins (2010).

9. Johnson (2000: 590). Konrad Lorenz (1965: 14)에서는 칼슘을 구하는 새들이 하얗고, 단단하고, 잘 바스러지는 모든 물질을 쪼아볼 것이라

고 제안하면서, 이것을 두고 '특별한 유발기구special releasing mechanism'에
따른 행동이라고 말했다.

10. E. Roura (개인적인 대화); Tordoff (2001).

11. Hellwald (1931).

12. Tordoff (2001)에서 인용한 Payne (1972)에 의하면 솔잣새는 회반죽
을 먹기도 한다. 이는 사실로 드러났는데, 잣은 칼슘을 1퍼센트밖에
함유하지 않고 있으며 그중 얼만큼을 새가 이용할 수 있는지도 알 수
없기 때문이다; Jonathan Silvertown (14/09/30에 나눴던 개인적인 대화).

13. MacLean (1974).

14. Mongin and Sauveur (1974).

15. Graveland (1998: 45).

16. Reynolds and Perrins (2010).

17. Drent and Woldendorp (1989).

18. Graveland and Baerends (1997).

19. Green (1998). 흥미롭게도 —1940년대 중반에 맹금류와 물고기를 잡
아먹는 새들의 난각 두께를 크게 감소시켰던— 살충제가 지빠귀에게
어떤 영향을 미쳤던 흔적은 찾을 수 없었다.

20. Reynolds and Perrins (2010).

21. DDT는 디클로로디페닐트리클로로에탄이다; DDE(디클로로디페닐디클
로로에틸렌)는 대사물질이다. 까마귀의 난각에서 발견한 사실들에 영
감을 받은 마크 카커는 그의 책 Claxton (2014)에서 DDT의 재앙에
대해 논의한다.

22. Birkhead etal. (2014: 415) http://www.nytimes.com/2010/11/16/
science/16condors.html?pagewanted=all&_r=0

23. Carson (1962); Merchants of Doubt by Oreskes and Conway

(2010) 참고. 최근 개발된 또 다른 무리의 살충제인 네오니코티노이드 Neonicotinoids 역시 야생동물에게 동일한 영향을 미치는 것으로 보인다. Goulsen (2013) 참고.

24. Prynne (1963).

25. Grieve (1885: 104); Thienemann (1843).

26. 난각의 기공 수를 추정하기 위해 다양한 방법을 고안했지만, 이 방법 중 어느 것도 큰바다쇠오리의 알에 적용해본 적은 없었다.

27. Fuller (1999).

28. 새알의 장뇨막은 포유류의 태반과 같은 역할을 한다.

29. Siegfried (2008). 데이비에게 난각의 기공을 발견한 공이 있긴 하지만, 이 사실에 거의 근접했던 파브리키우스 역시 1500년대에 '난각은 구멍이 많다(신선한 달걀을 재에 놓고 구우면 물을 배출하는 것에서 분명히 알 수 있다).'고 말했다. 다만 파브리키우스는 달걀에 구멍이 있는 이유가 암탉의 포란반에서 배아로 열을 쉽게 전달하기 위해서라고 설명했다 (Fabricius 1621: see Adelmann 1942: 215).

30. Davy (1863).

31. Romanoff and Romanoff (1949: 166-7).

32. Rahn, Paganelli and Ar (1987). 난각 두께를 측정했던 선구자는 독일의 조류학자이자 조란학자인 막스 쇤베터 Max Schoenwetter (1864—1961)이다. 그의 목표는 모든 새 표본의 알 표본을 획득해서 —난각 두께, 알의 표면적 및 부피를 포함하여—알의 길이, 너비, 무게 등으로부터 다양한 특징들을 추론해내는 것이었다. 그는 성공했고, 자신의 조란학적(그리고 수학적) 노력을 집대성한 작품『조란학 편람Handbook of Oology』을 세상을 떠나기 한 해 전인 1960년부터 일부 출판하기 시작했다. 남아 있던 46장은 이후 30년 동안 빌헬름 마이스Wilhelm Meise가 편집하여 출

판했다. 이 책은 '읽지 않은 조류학 명저'라고 불리고 있다 (Maurer et al. 2010).

33. Sossinka (1982).

34. Rahn and Paganelli (1979: 1991). Hermann Rahn (1912–1990)은 가장 놀랍고 가장 영리하고 성공적인 알 생태학자로 널리 알려져 있다 (Pappenheimer 1996).

35. Rahn et al. (1977, 1982).

36. Bertin et al. (2012).

3장.

1. Birkhead (1993).

2. 콜린스 영어사전 (1991)에 의하면 Pyriform(서양배모양)의 Pyri는 '라틴 어로 배를 가리키는 pirum에서 잘못 유래되었다.'

3. Newton (1896); Pitman (1964); Hauber (2014).

4. Bradfield (1951). 사실 Geirsberg (1922)도 동일한 제안을 했다.

5. Warham (1990: 289).

6. Prynne (1963); Rensch (1947); C. Deeming (개인적인 대화).

7. Newton (1896).

8. Cherry-Garrard (1922).

9. Hewitson (1831, vol. 2: xii).

10. Andersson (1978); Norton (1972)은 알의 모양이 뾰족하면 알을 품어 주지 않을 때 알이 열을 손실하는 속도가 낮아진다고 제안했다.

11. Harvey in Whitteridge (1981).

12. 데베스의 글은 Ray (1678)에도 등장한다. 레이와 윌러비는 자신들 역

시 영국 해안 주변의 바닷새 서식지를 방문했었음에도 불구하고, 바다오리와 바닷새에 대한 데베스의 정확한 설명을 요약하여 담고 자신들의 의견은 거의 덧붙이지 않았다. 흥미롭게도 이 둘은 알을 바위에 붙인다는 하비의 발상에 대해서는 언급하지 않았다.

13. Martin (1698). 대학교육을 받았던 마틴은, 스코틀랜드의 서부 섬들을 '다른 누구보다 더 정확하게' 조사해보자는 동료의 제안을 받는다. 그는 세인트 킬다에서 엄청나게 많은 양의 알을 섭취하는 지역공동체를 만났는데, 마틴이 그곳에 머무는 동안 주민들이 제공해 주었던 식사는 보리빵과 18개의 바다오리 알이었다.

14. Pennant (1768).

15. Blackburn (1987); Waterton (1835; 1871).

16. Waterton (1835; 1871).

17. Hewitson (1831).

18. Morris (1856); Allen (2010).

19. MacGillivray (1852).

20. Dresser (1871–1881, vol. 8: 753).

21. Uspenski (1958: 126). 알을 이용해 비누를 만들 때 노른자의 지방을 이용한다.

22. Belopol'skii (1961: 6).

23. Belopol'skii (1907–1990).

24. Wikipedia.org/wiki/ChukchI_Sea

25. Kaftanovski (1941a: 60; 1951).

26. Belopol'skii (1961: 130).

27. Belopol'skii (1961: 132).

28. Ibid.

29. 트로핌 리셍코와 그가 소련의 과학과 사회에 미친 끔찍한 영향에 대해 서술한 글들은 많이 있다. 리셍코는 제쳐두더라도 그때와 지금을 비교하면 가장 중요한 차이를 적응에서 찾을 수 있는데, 1960년대 이전에는 진화론적 사고 상당수가 집단선택(적응이 종 집단을 선호)의 측면에서 이루어졌고 개별선택(적응이 '이기적인' 개체를 선호)은 잘 고려하지 않았다.

30. Nowak (2005)에 등장한 설명은 1959년에 모스크바에서 열린 제 2회 조류학 총회에서 벨로폴스키와 했던 인터뷰를 기반으로 한 것이다.

31. Beat Tschanz (1920-2013). 여기에 있는 정보의 상당수는 그의 제자인 폴 잉골드가 친철하게 제공해 준 것이다 (13/09/24에 나눴던 개인적인 대화).

32. Cullen (1957).

33. Tschanz (1990); 폴 잉골드가 제공한 추가 정보 (13/09/24에 나눴던 개인적인 대화).

34. Tschanz et al. (1969) and Drent (1975).

35. Drent (1975: 372).

36. Geist (1986)는 베르그만의 규칙이 사실이 아님을 보였지만, 바다오리 종의 알은 분명 체격과 함께 증가했다(Harris and Birkhead 1985: 168).

37. Ingold (1980)참고. 우리는 (무게에 대응되는) 알의 부피가 알의 뾰족한 정도의 차이를 3퍼센트 이하로 설명한다는 사실을 발견했다. 한 변수가 다른 변수의 변화량을 설명하는 정도를 통계학자들은 '변동계수'라고 부르며, 대개 퍼센트로 표현한다. 이것을 쉽게 이해하는 방법은 사람의 키와 몸무게 사이의 관계를 상상해보는 것이다. 사람의 몸무게가 오로지 키에 의해서만 좌우된다면 몸무게의 변동은 모두 (100퍼센트) 키로 설명할 수 있다. 하지만 현실은 그렇지 않다. 체지방량 또

한 몸무게에 큰 영향을 미치므로 키에 따른 몸무게의 분포는 넓고, 키는 몸무게 변동량의 50퍼센트 정도 밖에 설명하지 못한다. 50퍼센트는 여전히 생물학적으로 의미가 있지만 3퍼센트 이하는 그렇지 않으며, 다른 중요한 요소가 하나 이상 있음을 암시한다.

38. Romanoff and Romanoff (1949: 262).

39. Romanoff and Romanoff (1949: 286).

40. Whittaker (1997).

41. Romanoff and Romanoff (1949: 280).

42. Fabricius in Adelmann (1942: 212).

43. Fabricius in Adelmann (1942: 212); Harvey in Whitteridge (1981: 310).

44. Barta and Szekely (1997).

45. Bain (1991).

4장.

1. 내 티나무 가설은 허구이며, 생물학적 문제를 바라보는 서로 다른 관점을 강조하기 위한 장치로 사용한 것이다. 나는 티나무 알이 정말로 맛이 없다고 생각하지는 않는다 (맛이 없을 수도 있긴 하지만 말이다). 티나무 난각의 형태 문제는 Igic et al. (2015)에서 다루었다.

2. 특히 17세기 존 레이를 꼽을 수 있다 (Birkhead 2008).

3. Davies et al. (2012).

4. Higham (1963).

5. 이전의 연구자들은 Tiedemann (1814)에서 나열하고 인용하고 있으며, 여기에는 Tiedemann (1814), Wicke (1858), Blasius (1867), Ludwig

(1874), Liebermann (1878) 등이 있다. 반면 Carus (1826), Coste (1847), Leuckart (1854)에서는 이미 자궁에서 색을 칠한다고 가정하고 있다

6. Opel (1858); Dresser (1871-881, vol. 8: 753).

7. Sorby (1875).

8. Ibid.

9. Battersby (1985).

10. 까마귀와 지빠귀 알의 바탕색인 청록색 색소는 독일의 연구자 Wicke (1858)가 Sorby (1875)의 연구보다 몇 년 앞서 발견했고, 담록소라고 불렀다.

11. Thomson (1923: 278)

    https://archive.org/details/biologyofbirds00thom

12. Ibid.

13. Ibid.

14. Ibid. Thomson (1923: 278)이 일련의 바다오리 알을 자기 책의 권두 삽화에 넣었다는 점에 주목하도록 하자. 단풍색이 지니는 적응적 중요성에 대해 더 논의하고 싶다면 Hamilton and Brown (2001)를 참고하길 바란다.

15. Kennedy and Vevers (1976); Schmidt (1956).

16. Tyler (1969: 102).

17. 내 생각에는 그가 틀렸다. 내 동료 마이크 해리스는 완벽하게 형태를 갖추고 죽은 암컷 바다오리를 조사했는데, 자궁에 완벽하게 색이 칠해진 알이 들어 있었고, 색이 고정되어 있었다고 내게 말해주었다.

18. Kutter (1877-8); Taschenberg (1885); Romanoff and Romanoff(1949); Gilbert (1979).

19. Tamura and Fuji (1966); Lang and Wells (1987). Pike (2016).

20. Romanoff and Romanoff (1949: 100).

21. Ian Newton (개인적인 대화).

22. Kilner (2006)에서는 이런 생각들을 검토한다. 색소가 적어진다는 발상은 Nice (1937)에서 처음 등장했으며, 집참새의 경우 마지막 알의 색이 특이하면 한 번에 알을 많이 낳았을 가능성이 높다는 Lowther (1988)의 관찰결과가 이 발상을 어느 정도 지지하고 있다.

23. Maurer et al. (2011). Maurer et al. (2015)의 비교연구에서 밝혀낸 바에 의하면, 구멍에 둥지를 트는 새의 난각은 두께를 함께 고려하더라도 더 많은 빛이 투과할 수 있다. 이들은 또 충분한 빛을 받아들이는 것과 잠재적으로 위험한 자외선을 배아로부터 차단하는 것 사이의 타협결과가 난각의 색으로 나타난 것일 수도 있다고 제안했다. 이런 비교연구들은 알의 색에 대한 잠재적 설명을 제공하지만, 지금 필요한 것은 이 신나는 생각들을 검증할 실험이다.

24. Cassey et al. (2011); Maurer et al. (2015).

25. Gaston and Nettleship (1981: 170).

26. Whittaker (1997).

27. Nathusius, cited in Tyler (1964: 590).

28. John Clare's 'The Yellowhammer's Nest'
http://www.poetryfoundation.org/poem/179904 참고.

29. Whittaker (1997).

5장.

1. http://darwin-online.org.uk/content/frameset?itemID=F350&viewtype=text&pageseq=1

2. 대다수의 수컷은 암컷을 차지하려 경쟁하고 암컷은 수컷을 선택하지

만, 때로는 반대의 경우도 있다. 새들 중에서는 깜짝도요가 그런 예인데, 암컷이 수컷보다 더 크고, 색이 더 밝고 더 경쟁적이다.

3. Wallace A. R. (1895). Natural selection and tropical nature, 2nd edn, New York, NY: Macmillan and Co., pp. 378-9; see also: Prum: http://rstb.royalsocietypublishing.org/content/367/1600/2253.full#sec-1

4. Cronin (1991)은 다윈과 월리스의 논쟁에 대해 논의하고 있다.

5. Birkhead (2012)에서 다루었다.

6. Erasmus Darwin (1794). http://quod.lib.umich.edu/e/ecco/004874881.0001.001/1:7.39.5?rgn=div3;view=fulltextp. 510; Charles Darwin (1875)은 가축화 부분에서 새에 대해 다루긴 하는데, Dixon (1848)에서 얻은 정보를 반복하고 있다.

7. Kilner (2006) 참고; 청록색 색소를 육천육백만 년 된 공룡 후앙아이 Heyuannia huangi(오비랩터)의 알에서 발견한 Wiemann et al. (2015)을 참고하면, 이 화석 난각 역시 현대 조류의 난각과 동일한 두 가지의 색소를 담고 있다. 후앙아이가 반쯤 열린 둥지에서 알을 품었을 가능성이 있다는 사실은 덮개 없는 둥지와 알의 색이 함께 진화했을 수도 있음을 시사한다.

8. Wallace's Darwinism (1889) 에서는 Hewitson (1831)을 언급하지 않는다.

9. Wallace (1889: 214).

10. Thomson (1923).

11. McAldowie (1886). 구멍에 둥지를 트는 새들의 하얀 알에 대한 또 다른 설명은, 흰 알이 색소가 들어간 알보다 더 잘 눈에 띄기 때문에 부모 새에게 밟히거나 손상될 가능성이 적다는 것이다. 이 발상은

Henry Seebohm (1883)이 처음 제안했다.

12. Cassey et al. (2012)는 알의 색과 생활사 및 알껍기의 생물학 사이에 존재하는 몇 가지 관계를 발견했다.

13. Cook et al. (2012); Webster et al. (2009).

14. Lovell et al. (2013).

15. Gosler et al. (2005); Magi et al. (2012).

16. Swynnerton (1916).

17. Cott (1951, 1952); Birkhead (2012) 참고.

18. Butcher and Miles (1995).

19. Moreno and Osorno (2003); Moreno et al. (2004, 2005).

20. Reynolds et al. (2009).

21. English and Montgomerie (2011).

22. Montevecchi (1976); Bertram and Burger (1981).

23. Gottlob Heinrich Kunz (1821-1911), Schulze-Hagen et al. (2009) 참고.

24. Cole and Trobe (2011: 22).

25. 존 롭젠트의 미공개 일기에서 나온 내용이다.

26. 사실 트링의 영국 자연사박물관은 이후 롭젠트의 일기장을 입수했다.

27. 뻐꾸기방울새는 베짜는새의 일종이고 다른 종류의 탁란하는 되새인 유리멧새indigo bird 및 천인조whydah와 가장 가까운 친척이다 (Sorensen and Payne 2001).

28. Davies (2015).

29. 1800년대에 처음 눈치챘던 뻐꾸기의 이런 '유형'은 현재 몇 종의 탁란하는 새에서 발생하는 것으로 알려져 있다.

30. See: http://www2.zoo.cam.ac.uk/africancuckoos/systems/cuckoofinch.html

31. Pennant (1768).

32. Gurney (1878)는 클리머였던 (1935년에 56세의 나이로 사망한) 샘 렝Sam Leng의 말을 인용한다.

33. Dresser (1871-81). 그레이가 에일자 크레이크 섬에 방문했고 섬과 그곳의 새에 대한 이야기를 저술했음을 알고 있는데도 불구하고, 나는 Dresser (vol. 8: 753)의 내용과 일치하는 그레이의 저작물을 하나도 찾을 수 없었다. Dresser (vol. 8: 572)는 바다오리가 사람이 접근했을 때 자신의 알을 수집품으로 가져가게 두기보다는 고의로 알을 바위 턱 아래로 떨어뜨린다는, 셰틀랜드에 만연한 믿음에 대해서도 언급한다.

34. Tuck (1961: 127).

35. Tschanz et al. (1969).

36. Gaston et al (1993).

37. Davies (2015).

38. Lyon (2003).

39. Lyon (2007).

40. Bertram (1992). 집단으로 둥지를 틀기 때문에 알을 인식하는 일이 중요한 또 다른 새는 큰애니greater ani라고 하는, 열대지방 뻐꾸기류의 새이다. 파란색 난각 위를 웨스트우드 느낌의 바테라이트vaterite로 된 하얀 백악질이 감싸고 있는 이 특별한 알은 오랫동안 조류학자와 조란학자를 매료시켰다. 백악질은 둥지에서 마모되어 점점 지워지는데, 둥지의 주인인 암컷은 마모 정도를 보고 알을 인지하고 다른 애니가 탁란하려고 낳은 알을 내쫓는다 (Riehl 2010).

41. Cassey et al. (2011).

6장.

1. Aristotle in Harvey in Whitteridge (1981: 173).

2. Harvey in Whitteridge (1981: 173), Adelmann (1942: 156) 참고.

3. Harvey in Whitteridge (1981: 174).

4. Harvey in Whitteridge (1981: 319).

5. Harvey in Whitteridge (1981: 475).

6. Giersberg (1922)는 1893년에 그것이 자코미니Giacomini라고 말했다. Raymond Pearl and Maynie Curtis (1912)는 팽대부에서 분비되었을 때의 흰자가 완성된 알에서 노른자를 감싸고 있을 때보다 더 밀도가 높다는 사실을 발견했다.

7. Haines and Moran (1940), Romanoff and Romanoff (1949: 169); Gole et al. (2014).

8. 100여 종이 넘는 살모넬라 중 몇 종은 위험하다.

9. Board and Tranter (1995). 2001년 12월 26일자 데일리텔레그래프 Daily Telegraph의 마지막 문장 참고.

10. http://www.forbes.com/sites/nadiaarumugam/2012/10/25/ why-american-eggs-would-be-illegal-in-a-british- supermarket-andvice-versa/

11. Van Wittich (Romanoff and Romanoff 1949: 495).

12. Davy (1863).

13. 마찬가지로 당시에 완벽한 본보기가 되었던, 맬컴 브래드버리Malcolm Bradbury의 『인류의 역사The History Man』에는 다소 견해가 다른 학자가 등장했다.

14. Baudrimont and St Ange (1847).

15. Nathusius (1884, 1887: Tyler(1964) 참고)에서 처음 제안했다.

16. Board and Scott (1980) 에서는 SAM이라는 용어를 제안했는데, Sparks (1994)에 따르면 미세한 구(지름이 0.5-3μm)로 구성되어 있다는 의미이다.

17. Board (1981); Lack (1968).

18. Board (1981).

19. Board and Tranter (1991).

20. Wurtz (1890), cited in Romanoff and Romanoff (1949: 499).

21. Burley and Vadhera (1989: 295-6).

22. Board and Fuller (1974: 1994); Benrani et al. (2013) 참고. 노른자 또한 어미에게서 받은 항체를 보유하고 있으며, 발달 중인 배아가 감염되는 것을 막는 데 도움을 준다.

23. Nys and Guyot (2011). Fabricius (1621)는 흰자가 여러 부분으로 구성되어 있다고 강조했다(Adelmann 1942). 각 부분의 흰자가 어떤 역할을 하는지는 모르는 것으로 보인다(Y. Nys, 14/12/10에 나눴던 개인적인 대화). 한 가지 가능성은 동심원을 그리는 각 층마다 물리적이고 어쩌면 화학적인 성질이 달라서 미생물이 배아에 닿기 어렵게 만들 수도 있다. 알끈이 형성되는 과정은 Rahman et al. (2007)에서 다루고 있다.

24. Rahn (1991).

25. pH 수치는 로그를 씌운 값을 측정한다. 1~2는 산성, 7은 중성이다. Davy (1863). Board and Tratner (1995)에서 이것을 제안했지만, 어디까지나 추측일 뿐이다.

26. Cook et al. (2005).

27. 아주 가끔씩 새는 하루에 알을 두 개 낳을 수 있다. 열대지방에 서식

하는 대부분의 새들은 온화한 기후에서 서식하는 종들보다 한 번에 낳는 알의 수가 적다.

28. Board and Fuller (1974).

29. Bessinger et al. (2005).

30. Ibid.

31. Ray (1678: 385).

32. 한때는 타조가 자기의 알을 버린다거나 또는 모래 속에 묻어서 태양열로 부화시킨다고 믿기도 했다. 중세시대 필사본에 수많은 그림들이 남아있지만, 타조를 닮은 것은 몇 안 되는데, 타조는 물론 타조가 이런 행동을 하는 모습을 본 삽화가가 거의 없기 때문이었다. http://bestiary.ca/beasts/beastgallery238.htm# 참고

33. Board et al. (1982).

34. D'Alba et al. (2014).

35. Deeming (2004: 63, 262).

36. Board and Fuller (1974).

37. Romanoff and Romanoff (1949).

38. Orians and Janzen (1974).

39. Buffon (1770–83: vol. VII: 336–53).

40. 독일 할레 박물관Halle MuseumChristian의 감독이었던 크리스티안 루드비히 니치(1782~1837)를 두고 훗날 위대한 조류학자 어윈 스트레제만Erwin Stresemann은 '조류의 해부학을 연구했던 형태학자들 중 가장 정확하고, 신중하고, 창의적'이라고 설명했다(Stresemann 1975: 308). 후투티의 꼬리샘에 대한 니치의 설명은 1840년에 H. 부르마이스터H. Burmeister와 함께 출판한 『익구학System der Pterylographie』에서 등장하며, 이 책은 1867년에 『니치의 익구학Nitzsch's Pterylography』라는 제목을 달고 영어로

출판된다.

41. Bacillus licherniforis – Soler et al. (2008).

42. Nathusius (1879), cited in Tyler (1964).

43. 후투티의 흰자가 어떤 특별한 항균능력을 가지고 있는지는 알려지지 않았다.

44. Vincze et al. (2013).

45. Walters (1994); Hauber (2014).

46. Hincke et al. (2010); Ishikawa et al. (2010) – cited in Cassey et al. (2011).

47. Cassey et al. (2012).

48. 여기에 대해 시작할지도 모른다.

49. Board and Fuller (1974); Kern et al. (1992).

50. Beetz (1916).

51. Hill (1993); Finkler et al. (1998). 흥미로운 점은 새의 알보다 파충류의 알이 노른자를 일부 제거하기가 수월하다는 것이다. 아마 파충류의 알에 흰자가 훨씬 적기 때문인 것으로 보인다. 파충류 알에서 노른자를 일부 제거한 경우 몸집이 더 작고 활동성이 떨어지는 새끼가 태어났다 (Sinervo 1993). 새의 경우 흰자가 중요한 데다가, 노른자 대 흰자의 비율이 결정적인 역할을 한다. 노른자만 제거했던 실험의 경우 흰자와 노른자의 균형을 흩트리기 때문에 배아에서 나타난 결과가 노른자의 감소 때문인지 흰자와 노른자의 비율 변화 때문인지 판단하기 어렵다 (Finkler et al. 1998).

52. Carey (1996); Sotherland et al. (1990); Hill (1993); Romanoff and Romanoff (1949).

7장

1. Kerridge (2014).

2. Ray (1678); Pearl and Schoppe (1921)에서 어록 발췌. 척추동물 중에서도 드물게 새는 난소를 (왼쪽에) 하나만 지니고 있는데, 비행과 관련하여 무게를 줄이기 위해서로 보인다. 키위는 예외적으로 두 개의 난소가 기능한다.

3. Ray (1678: 10).

4. Abati (1589).

5. 나는 리처드 세르진슨Richard Serjeantson에게 아바티의 라틴어 원본을 살펴봐 달라고 부탁했다. 세르진슨의 의견에 의하면 레이와 윌러비가 아바티에서 인용했다고 하는, '암탉이 처음 발생할 때부터 모든 알을 몸속에 지니고 있다가 평생에 걸쳐서 낳을 가능성이 높다'는 발언은 정말 아바티가 한 말인지는 분명하지 않다(R. Serjeantson, 2013/08/13에 나누었던 개인적인 대화).

6. 사람의 난자는 1820년대에 카를 언스트 폰 바이어Karl Ernst von Baeyer가 처음으로 관측했다.

7. Tilly et al. (2009).

8. Waldeyer (1870).

9. Zuckerman (1965: 136).

10. Zuckerman (1965).

11. Ibid.

12. Wallace and Kelsey (2010).

13. 정자는 왜 그렇게 많을까? 가장 설득력 있는 주장은 '정자 경쟁' 이다. 대부분의 종 암컷은 그때그때 다른 수컷과 교미하기 때문에 수컷은 번식을 위해 경쟁해야 한다. 더 많은 정자를 생산하는 것은 수컷

이 경쟁에서 이길 수 있는 유일한 최고의 전략이다(Parker 1998).

14. Wallace and Kelsey (2010).

15. Tilly et al. (2011).

16. 윌러비와 레이는 물고기와 곤충에 대한 책을 쓰기 위해 자료를 수집했지만 계획은 1672년 윌러비가 세상을 떠나면서 중단되었다. 그러나 레이가 홀로 계속해서 인쇄 중에 『조류학』의 교정을 보았고, 『물고기의 역사Historia Piscium』와 『곤충의 역사Historia Insectorum』를 집필하여 각각 1686년과 1710년에 출간하였다.

17. Harvey in Whitteridge (1981: 154).

18. Ray (1678: 10).

19. Pearl and Schoppe (1921). 얄궂지만 새의 경우 이것이 안전장치일 수 있는데, 여성은 난소가 두 개이지만 새는 난소가 오직 하나만 기능하기 때문이다.

20. Harvey in Whitteridge (1981: 173-4).

21. Ibid.

22. Daddi (1896); Rogers (1908).

23. Grau (1976; 1982).

24. 중크롬산칼륨이 암을 유발한다는 사실은 언급할 만하다. 내가 이 이야기를 하는 이유는 어릴 적 나는 중크롬산칼륨과 다른 화학약품들을 리드에 있는 학교와 그리 멀리 떨어지지 않은 레이놀즈 앤 브랜슨스 샵Reynolds and Branson's shop에서 건강에 대한 아무 주의도 듣지 않고 살 수 있었기 때문이다 Grau (1976).

25. Roudybush et al. (1979); Astheimer and Grau (1990).

26. Birkhead and del Nevo (1987); Hatchwell and Pellatt (1990).

27. Burley (1988).

28. Cunningham and Russell (2000); Horvathova et al. (2011).

29. Aristotle: History of Animals, vol. vi: 2, 559a 20. 사실 노른자는 완벽한 구형이 아닌데, Bartelmez (1918)에서도 이 사실을 지적한다. 알을 뾰족한 부분이 오른쪽으로 가도록 두고 난각에 창문을 내보면, 노른자가 위아래보다 좌우로 더 긴 것을 볼 수 있다. 또 배아가 있는 꼭대기 부분은 더 평평한데, 배아는 대개 머리를 약 2시 방향으로 하고 비스듬히 누워있다.

30. Tarschanoff (1884); Sotherland et al. (1990).

31. Schwabl (1993).

32. Aslam et al. (2013).

33. Gil et al. (1999).

34. Lipar et al. (1999).

35. Deeming and Pike (2013).

36. Short (2003); Harvey in Whitteridge (1981).

37. 하비의 책의 권두 삽화에는 제우스가 반쪽자리 알 두 개에서 각각 다른 동물을 내보내는 모습을 담고 있다. 『동물의 세대De Generatione Animalium』는 1651년에 라틴어로 처음 출간되었고, 1653년에 영어판으로 출간되었다.

38. Briggs and Wessel (2006); 헤르트비히Hertwig 이전에도 몇몇 사람들이 성게 알의 수정을 관찰했다.

39. Alexander and Noonan (1979), Strassmann (2013).

40. Stepinska and Bakst (2007).

41. Astheimer et al. (1985).

42. 허니문 기간이라는 발상을 처음 사용했던 때는 Marshall and Serventy (1956)에서 다른 슴새와 마찬가지로 암컷과 수컷이 함께 사

라지는 쇠부리슴새short-tailed shearwater를 다루면서였던 듯하다. 다른 경우에는 Warham (1990: 258-60)에서 요약하고 있듯 암컷만 떠난다. 회색머리슴새: Imber (1976)

43. Snook et al. (2011).

44. Harper (1904).

45. Bennison et al. (2015).

46. 하지만 이 성공은 거의 분명히 과장되었다. 유정란은 노른자를 둘러싼 난황주위층perivitelline layer(PVL)에 정자가 있고, PVL에 정자가 뚫고 들어간 구멍이 있고, 배반에 배아세포가 있다. 무정란은 정자가 (거의) 없거나 구멍이 없고 배반에 배아세포도 없다. 약간 헷갈릴 수도 있는데, 금화조의 알은 때때로 수컷이 기여하지 않아도 발달을 시작하며, 이 현상을 단성생식parthenogenesis이라고 부른다. 이런 경우에는 배반에 배아세포가 있지만 정자나 구멍은 없다 (Birkhead et al. 2008).

47. Hemmings and Birkhead (2015).

8장.

1. Swift (1726).

2. Aristotle (Generation); Wirsling and Günther (1772); Meckel von Hemsbach (1851); Thompson (1908; 1917); Thomson (1923).

3. Purkinje (1830); von Baer (1828-88); Wickmann (1896).

4. Wickmann (1896).

5. Bradfield (1951).

6. Wickmann (1896); Sykes (1953).

7. 개인적인 관측. 암컷과 수컷이 8시간에서 17시간씩 번갈아가며 32일 동안 알을 품는다. 내가 산란과정을 자세히 살펴볼 수 있도록 비디오

촬영을 해준 현장 조교 조디 크레인Jodie Crane과 줄리 리오단Julie Riordan 에게 감사한다.

8. Michael Harris (14/10/03에 나눴던 개인적인 대화). 실제로는 결론이 나지 않았다. 우리는 완성되지 않은 알을 품은 새가 필요하다.

9. 거위와 오리: Salamon and Kent (2014); Warham (1990: 273-4)에 의하면 슴새는 뾰족한 끝부터 알을 낳으며, 작은 슴새에 비해 상대적으로 큰 알이 태어나기 전에 회전하는 모습은 상상하기 어렵다.

10. 황제펭귄과 킹펭귄 - André Ancel (2014/10/09에 나눴던 개인적인 대화). 다른 새의 알과 비교할 때 황제펭귄과 킹펭귄의 알은 암컷의 몸집대비 무게가 가장 작은 축에 속한다. 황제펭귄의 경우 알의 무게가 암컷의 2.3퍼센트 밖에 나가지 않는다(Williams 1995: 23). 12퍼센트인 바다오리의 경우와는 전혀 다르다. 따라서 황제펭귄은 아마 더 수월하게 알을 낳을 것이다. 흥미롭게도 황제펭귄과 킹펭귄은 알을 암컷의 발 위에 낳으며, 얼음이나 땅위에 낳지 않는다. 이 사실은 왜 바다오리가 뾰족한 쪽부터 알을 낳는지 설명해줄지도 모른다. 뾰족한 부분은 알에서 가장 두껍고 단단한 부분이다. 덕분에 바다오리의 난각은 바닥에 부딪혀 깨지지 않을 만큼 두꺼운 뾰족한 쪽과 새끼가 깨고 나올 수 있을 정도로 약한 뭉툭한 쪽이 있다. 섭금류의 경우, 나는 잉바 버크제달Ingvar Byrkjedal과 아스트리드 켄트Astrid Kant가 각각 보내준 댕기물떼새lapwing와 뒷부리장다리물떼새avocet의 산란 비디오를 보았는데, 둘 모두 뾰족한 끝 쪽이 먼저 나왔다.

11. Hervieux de Chanteloup (1713).

12. Ord (1836)에 따르면 알렉산더 윌슨은 이른 아침 알을 낳는 행태를 알고 있었다; 아메리카솔새: McMaster et al. (1999).

13. Davies (2015).

14. Ibid. 뻐꾸기는 48시간마다 알을 낳는데, 산란 후 새로운 알을 완성하는 데는 24시간이 걸린다.

15. Ray (1691)에서는 수컷이 교미에 열광하는 것을 두고 '비난 받을만한 욕구'라고 표현했다. 바다오리의 경우, 다른 많은 종들과 마찬가지로, 이 욕구가 번식 성공률을 극대화시킨다.

16. Birkhead et al. (1985).

17. 리비아는 기원전 43년에 티베리우스 클라우디우스 네로Tiberius Claudius Nero (훗날 황제가 되는 악명 높은 네로가 아니다)와 처음 결혼했으며, 사례와 관련된 것은 이 결혼이다. 리비아는 티베리우스와의 사이에서 두 아들을 얻는다. 이후 그녀는 아우구스투스Augustus 황제와 결혼하여 51년 동안 결혼생활을 유지했지만, 유산과는 상관없이 둘 사이에 아이는 없었다. (J. Mynott, 2014/10/17에 나눴던 개인적인 대화).

18. Réaumur (1750 - 1722영문 초판 출간).

19. Gaddis (1955).

20. Cantelo: Vanessa Toulmin (2014/10/23에 나눴던 개인적인 대화), 'Cantelo's Patent Hydro-Incubating Chicken Machine'. 인큐베이터의 개요: http://www.theodora.com/encyclopedia/i/incubation.html

21. Drent (1975); 며칠 동안 발달한 배아는 스스로도 약간씩 열을 낸다는 사실도 언급해 둘만 하다.

22. Thaler (1990).

23. Ray (1678).

24. Boersma and Wheelwright (1979).

25. Birkhead (2008: 69).

26. 더블밴디드코서(Drent 1975); 악어새(Howell 1979): 흥미롭게도 하웰은

악어새의 난각에서 어떤 특별한 적응의 흔적도 찾을 수 없었다.

27. Ar and Sidis (2002); Deeming (2002: Chapter 10).

28. Réaumur (1750). 뒤집지 않으면 알이 부화하지 못하는 이유가 배아가 난각막에 붙기 때문이라는 발상은 Dareste (1891)에서 시작되었다. 후속 연구로는 Deeming (2002), Baggot et al. (2002) 참고.
    C. Deeming (14/12/12에 나눴던 개인적인 대화).

29. Drent (1975).

30. Deeming (2002); 새 알의 상대적인 흰자 량: Sotherland and Rahn (1987); 파충류 알의 상대적인 흰자 량: Deeming and Unwin (2004).

31. Heinroth – see Schulze-Hagen and Birkhead (2009).

32. Lack (1968).

33. Burton and Tullett (1985).

34. Yarrell (1826).

35. Thomson (1964); Garcia (2007).

36. Bond et al. (1988); Adelmann (1942: 224).

37. Garcia (2007).

38. Bond et al. (1988).

39. Ibid.; Tschanz (1968).

40. Tschanz (1968).

41. Heinroth (1922, cited in Drent 1975); Schulze-Hagen and Birkhead (2015: 40); Faust (1960).

42. Vince (1969).

43. Tinbergen et al. (1962).

9장

1. 루이 블레리오Louis Blériot는 1909년에 영국 해협을 건너 23마일을 비행했다. 사실 휴이트는 아일랜드 해를 건넌 두 번째 사람이었지만 (데니스 윌슨Dennis Wilson이 4일 전 펨브룩셔Pembrokeshire의 굿윅Goodwick에서 아일랜드의 에니스코시Enniscorthy까지 비행했다), 휴이트의 비행이 둘 중 더 위험했던 것으로 여겨진다. 휴이트는 어떻게 생각하면 받아 마땅한 정도로 관심을 받지는 못했는데, 이주 후에 일어난 타이타닉호 사고로 그의 성공에 대한 뉴스가 가려졌기 때문이다.

2. Howells (1987); 휴이트에 대한 정보는 데이비드 윌슨과 제레미 그린우드가 준 것이다. (2014/03/17에 나눴던 개인적인 대화). 휴이트의 사망 후 '상자 가득한 바다오리 알과 상자 가득한 레이저빌 알이 나왔다' (David Wilson, 2014/03/17에 나눴던 개인적인 대화).

3. Jim Flegg and Jeremy Greenwood (2014/02/01에 나눴던 개인적인 대화).

4. Douglas Russell (2014/02/12에 나눴던 개인적인 대화).

5. Jean E. Woods (2014/02/20에 나눴던 개인적인 대화). '불행히도 알 수집품의 이 부분은 형편없이 전시되어 있고 규모도 상당하다. 가장 큰 문제는 데이터슬립과 알이 따로 배송되었고 대부분 다시 맞춰지지 않았다는 것이다. 나는 알을 훑어보는 동안 루프턴의 이름이 적힌 종잇조각을 여럿 보았지만, 이것들이 어떤 알에 해당하는지 맞출 수 없다. 또 데이터슬립이 함께 있는 알 묶음을 발견할 정도로 운이 좋지도 못했다.' 주: 이 복잡한 상황 전체에 그럴듯한 이유를 덧붙이자면, 듀 폰트는 1997년에 친구를 살해해 유죄를 선고받았다.

6. 이 정보의 출처는 루프턴 가이다.

7. Tim Birkhead, Jamie Thompson and John Biggins – 미발표 논문.

8. Karl Schulze-Hagen (personal communication).

9. Hemmings et al. (2012).

10. http://www.nlm.nih.gov/medlineplus/ency/article/001488.htm

11. Juniper (2002).

12. Hammer and Watson (2012); Hemmings et al. (2012).

13. Deeming 2002 (in Deeming 2002); Deeming and Unwin (2004); Deeming and Ruta (2014).

14. Carey (2002) in Deeming 2002: 238-53.

15. McElwain and Chaloner (1996).

16. http://www.egginfo.co.uk/industry-data

17. 루이스 캐럴, 『거울나라의 앨리스』; Priestley (1921).

18. https://itunes.apple.com/gb/itunes-u/loomery-scrolls/id953108274?mt=10

19. Nature: http://www.nature.com/news/stormy-outlook-for-long-term-ecology-studies-1.16185; Guardian: https://www.theguardian.com/environment/2014/oct/26/guillemots-study-skomer-wales-budget-cut-tim-birkhead; https://www.theguardian.com/science/animal-magic/2014/nov/10/crowdsourcing-funding-seabird-guillemot-skomer

○

본문에 언급된 새의 이름

다음은 본문에 이름이 언급된 새의 종명이다. 본문에서 사용한 이름과 국제조류학협회
International Ornithological Committee (www.worldbirdnames.org)에서 찾을 수 있는 정식 명칭을 함께
기재하였다. 본문에 등장하는 '슴새류'나 '딱따구리류'같은 총칭은 여기 목록에 담지 않
았다. 종은 편의를 위해 알파벳 순서로 나열하였다.

국문명	영문명	학명
아프리카지빠귀	African thrush	*Turdus pelios*
고산칼새	Alpine swift	*Tachymarptis melba*
아메리카물닭	American coot	*Fulica americana*
아메리카레아	American rhea	*Rhea americana*
아메리카울새	American robin	*Turdus migratorius*
아거스 꿩	Argus (great) pheasant	*Argusianus argus*
숲칠면조	Australian brushturkey	*Alectura lathami*
뒷부리장다리물떼새	Avocet (Pied)	*Recurvirostra avocetta*
농장올빼미	Barn owl	*Tyto alba*
제비	Barn swallow	*Hirundo rustica*
검은눈썹알바트로스	Black-browed albatross	*Thalassarche chrysostoma*
유럽바다비둘기	Black guillemot	*Cepphus grylle*
붉은부리갈매기	Black-headed gull	*Larus ridibundus*
대륙검은지빠귀	Blackbird	*Turdus merula*
푸른박새	Blue tit	*Cyanistes caerules*
콜린메추라기	Bobwhite quail	*Colinus virginianus*
갈색머리흑조	Brown-headed	*Molothrus ater*
큰부리바다오리	Brünnich's guillemot	*Uria lomvia*
말똥가리	Buzzard (Common)	*Buteo buteo*

유럽파랑새	European roller	*Coracias garrulus*
피오드랜드왕관펭귄	Fiordland crested penguin	*Eudyptes pachyrhynchus*
흰눈썹상모솔새	Firecrest	*Regulus ignicapilla*
두갈래꼬리바다제비	Fork-tailed storm petrel	*Oceanodroma furcata*
가넷	Gannet (Northern)	*Morus bassana*
정원솔새	Garden warbler	*Sylvia borin*
흰갈매기	Glaucous gull	*Larus hyperboreus*
상모솔새	Goldcrest	*Regulus regulus*
오색방울새	Goldfinch	*Carduelis carduelis*
큰바다쇠오리	Great auk	*Alca impennis*
큰검은등갈매기	Great black-backed gull	*Larus marinus*
티나무	Great tinamou	*Tinamus major*
박새	Great tit	*Parus major*
그레이트바우어새	Greater bowerbird	*Chlamydera nuchalis*
청딱따구리	Green woodpecker	*Picus viridis*
그레이걸	Grey gull	*Leucophaeus modestus*
회색머리슴새	Grey-faced petrel	*Pterodroma macroptera gouldi*
노랑할미새	Grey wagtail	*Motacilla cinerea*
그리폰독수리	Griffon vulture	*Gyps fulvus*
기라뻐꾸기	Guira cuckoo	*Guira guira*
왜가리	Heron (grey)	*Ardea cinerea*
재갈매기	Herring gull	*Larus argentatus*
히히새	Hihi (Stitchbird)	*Notiomystis cincta*
후투티	Hoopoe	*Upupa epops*
집참새	House sparrow	*Passer domesticus*
일본메추라기	Japanese quail	*Coturnix coturnix japonica*
킹펭귄	King penguin	*Aptenodytes patagonicus*
세가락갈매기	Kittiwake (black-legged)	*Rissa tridactyla*

본문에 언급된 새의 이름

키위	Kiwi (North Island Brown)	*Apteryx mantelli*
댕기물떼새	Lapwing (Northern)	*Vanellus vanellus*
웃는갈매기	Laughing gull	*Leucophaeus atricilla*
줄무늬노랑갈매기	Lesser black-backed gull	*Larus fuscus*
쇠흰턱딱새	Lesser whitethroat	*Sylvia curruca*
덤불해오라기	Little bittern	*Ixobrychus minutus*
쇠제비갈매기	Little tern	*Sternula albifrons*
까치	Magpie (Eurasian)	*Pica pica*
청둥오리	Mallard	*Anas platyrhynchos*
풀숲무덤새	Malleefowl	*Leipoa ocellata*
맨섬슴새	Manx shearwater	*Puffinus puffinus*
겨우살이개똥지빠귀	Mistle thrush	*Turdus viscivorus*
나이팅게일	Nightingale	*Luscinia megarhynchos*
북방풀머갈매기	Northern fulmar	*Fulmarus glacialis*
타조	Ostrich	*Struthio camelus*
야자나무칼새	Palm (African) swift	*Cypsiurus parvus*
공작	Peacock	*Pavo cristatus*
보석눈지빠귀사촌	Pearly-eyed thrasher	*Margarops fuscatus*
송골매	Peregrine falcon	*Falco peregrinus*
필리핀무덤새	Philippine megapode	*Megapodius cumingii*
알락딱새	Pied flycatcher	*Ficedula hypoleuca*
비둘기	Pigeon (domestic)	*Columba livia*
퍼핀	Puffin (Atlantic)	*Fratercula arctica*
레이저빌	Razorbill	*Alca torda*
적색야계	Red junglefowl	*Gallus gallus*
붉은배지느러미발도요	Red phalarope	*Phalaropus fulicarius*
붉은벼슬딱따구리	Red-cockaded woodpecker	*Picoides borealis*
붉은머리개개비	Red-faced cisticola	*Cisticola erythrops*

목도리지빠귀	Ring ouzel	*Turdus torquata*
목도리앵무	Ring-necked parakeet	*Psittacula krameri*
꼬마물떼새	Ringed (Common) plover	*Charadrius hiaticula*
울새	Robin (Eurasian)	*Erithacus rubeluca*
뇌조	Rock ptarmigan	*Lagopus muta*
떼까마귀	Rook	*Corvus frugilegus*
로스투라코	Ross's turaco	*Musophaga rossae*
아메리카큰제비갈매기	Royal tern	*Thalasseus maximus*
샌드위치제비갈매기	Sandwich tern	*Thalasseus sandvicensis*
소쩍새	Scops (Eurasian) owl	*Otus scops*
쇠부리슴새	Short-tailed shearwater	*Ardenna tenuirostris*
넓적부리	Shoveller	*Anas clypeata*
종다리	Sky lark (Eurasian)	*Alauda arvensis*
귀뿔논병아리	Slavonian grebe	*Podiceps auritus*
노래지빠귀	Song thrush	*Turdus philomelus*
세로무늬키위	Southern brown kiwi	*Apteryx australis*
서던로열알바트로스	Southern royal albatross	*Diomedea epomorphora*
스픽스유리금강앵무	Spix's macaw	*Cyanopsitta spixii*
점박이바우어새	Spotted bowerbird	*Chlamydera maculata*
바다제비	Storm petrel (European)	*Hydrobates pelagicus*
날개부채새	Tawny-flanked prinia	*Prinia subflava*
댕기흰죽지	Tufted duck	*Aythya fuligula*
물꿩	Wattled jacana	*Jacana jacana*
중부리도요	Whimbrel	*Numenius phaeopus*
황새	White stork	*Ciconia ciconia*
사할린뇌조	Willow ptarmigan	*Lagopus lagopus*
숲비둘기	Woodpigeon	*Columba palumbus*
굴뚝새	Wren (Eurasian)	*Troglodytes troglodytes*

본문에 언급된 새의 이름

개미잡이새	Wryneck	*Jynx torquilla*
북미황금솔새	Yellow warbler	*Setophaga petechial*
노랑가슴바우어새	Yellow-breasted bowerbird	*Chlamydera lauterbachi*
노랑멧새	Yellowhammer	*Emberiza citrinella*
금화조	Zebra finch	*Taeniopygia guttata*

일반적인 바다오리 알. 알의 서식지에서 찍은 것이며, 약간의 분변이 그 표면에 묻어있
다. 박물관에 전시된 알은 반대로 깔끔하게 닦여있다.

FLAMBOROUGH. Egg GATHERING. A FIND. 596

1 | 2
──┼──
    3

1 1900년대 초,
벰턴 절벽을 내려오는 클리머.

2 1920년대 혹은 1930년대의
조지 루프턴(루프턴은 그의 가족
과 친구에게는 프레드릭 조지Frederick
George라는 이름으로 불리었다).

3 1931년 7월 21일, 루프턴의
열 살배기 딸 패트리샤가 절
벽 위에서 자신이 찾은 두 개
의 바다오리 알을 들고 있다.

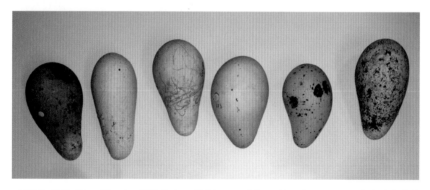

다양한 새의 알 모양. (위) 왼쪽에서 오른쪽으로 검은목두루미common crane, 세가락갈매기 kittiwake, 민물가마우지great cormorant, 민물가마우지, 송골매peregrine falcon, 그리고 큰아비great northern diver, (중간) 왜가리grey heron, 잿빛개구리매hen harrier, 새호리기hobby, 흰점찌르레기European starling, 겨우살이개똥지빠귀missel thrush, 까마귀carrion crow, 검은가슴물떼세golden plover, 물수리osprey, (아래) 루프턴이 벰턴 절벽에서 수집한 다양한 모양의 바다오리 알

미국지빠귀 American robin

티나무 great tinamou

아랫벗자카나 wattled jacana

검은댕기해오라기 striated heron

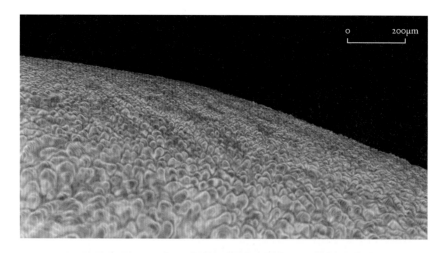

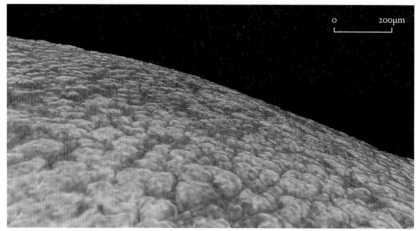

마이크로-CT로 촬영한 바다오리(위)와 레이저빌(아래)의 난각 표면. 바다오리 알의 표면
이 더 울퉁불퉁하다는 것을 확인할 수 있다. 척도(200㎛=0.2mm)는 사진의 전경에만 적
용된다.

(좌측 위에서부터 시계방향으로) 식초에 담근 바다오리 알(좌측 위)과 칼슘이 전부 녹아 알이 난 각막에만 싸여있는 모습(우측 위), 아래 두 개의 바다오리 알 단면은 알의 나이테(매일 알이 자라는 정도)를 보여주고 있다.

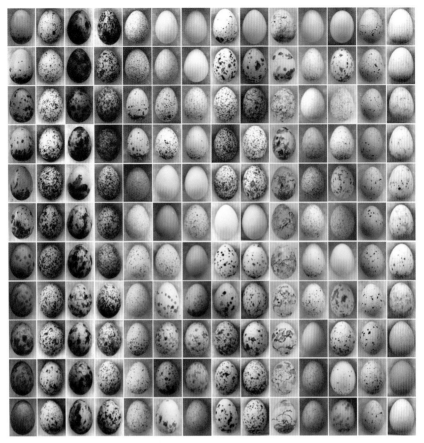

디데릭뻐꾸기_{diederik cuckoo}와 뻐꾸기방울새_{cuckoo finch}가 탁란하는 각기 다른 잠비아의 울새와 베짜는새의 알(각 세로열은 다른 종을 나타낸다) 변화. 숙주 새들(울새와 베짜는새)은 종의 안팎으로 자신만의 특별한 색과 무늬를 발달시켜 탁란하는 새들의 알을 식별하고자 했다. 이렇게 탁란하는 새들의 알을 식별한 숙주 새들은 그 둥지에서 탁란하는 새들의 알을 제거할 수 있다.